KB071163

운석

운석

돌이 간직한 우주의 비밀

팀 그레고리 지음
이충호 옮김

열린책들

METEORITE

METEORITE
by TIM GREGORY

Copyright (C) 2020 by Tim Gregory
First published in Great Britain in 2020 by John Murray (Publishers)
An Hachette UK company.
Korean Translation Copyright (C) 2024 by The Open Books Co.
All rights reserved.

Korean translation rights arranged with JOHN MURRAY Press Limited through
EYA (Eric Yang Agency).

일러두기

- 이 책의 각주는 원주와 옮긴이 주입니다. 원주는 따로 표시하지 않고, 옮긴이 주는 〈— 옮긴이 주〉로 표시하였습니다.
- 원서에서 이탤릭으로 강조한 부분은 굵은 글씨로 표시하였습니다.

이 책은 실로 꿰매어 제본하는 정통적인 사철 방식으로 만들어졌습니다.
사철 방식으로 제본된 책은 오랫동안 보관해도 손상되지 않습니다.

이 책을 당신에게 바칩니다.

내 비석을 바라보는 모든 사람이여,
오, 내가 얼마나 빨리 떠났는지 생각해 보라.
죽음은 언제나 예고 없이 찾아온다네.
그러니 어떻게 살아야 할지 조심하라.

이 애가(哀歌)는 요크셔주 이스트라이딩의 월드뉴턴 교회 묘지에 묻혀 있는 존 시플리John Shipley(1779~1829)의 묘비에 새겨져 있다. 시플리는 부근의 월드코티지 사유지에서 쟁기질을 하며 살아갔는데, 하마터면 하늘에서 떨어진 운석에 최초로 맞은 사람으로 기록될 뻔했다.

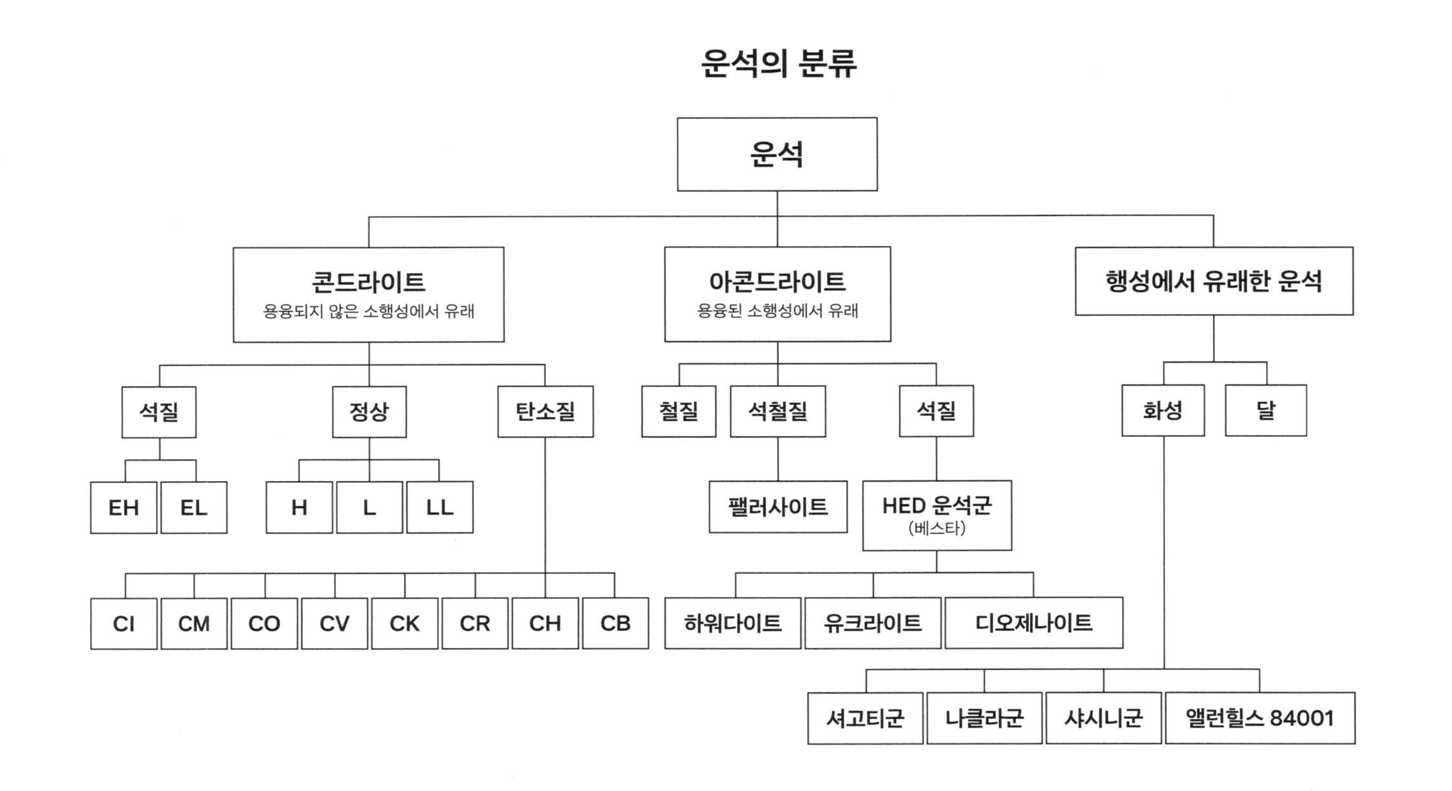
운석의 분류
운석
콘드라이트
용융되지 않은 소행성에서 유래
아콘드라이트
용융된 소행성에서 유래
행성에서 유래한 운석
석질
정상
탄소질
철질
석철질
석질
화성
달
EH
EL
H
L
LL
팰러사이트
HED 운석군
(베스타)
CI
CM
CO
CV
CK
CR
CH
CB
하워다이트
유크라이트
디오제나이트
셔고티군
나클라군
샤시니군
앨런힐스 84001

영국에 떨어진 운석

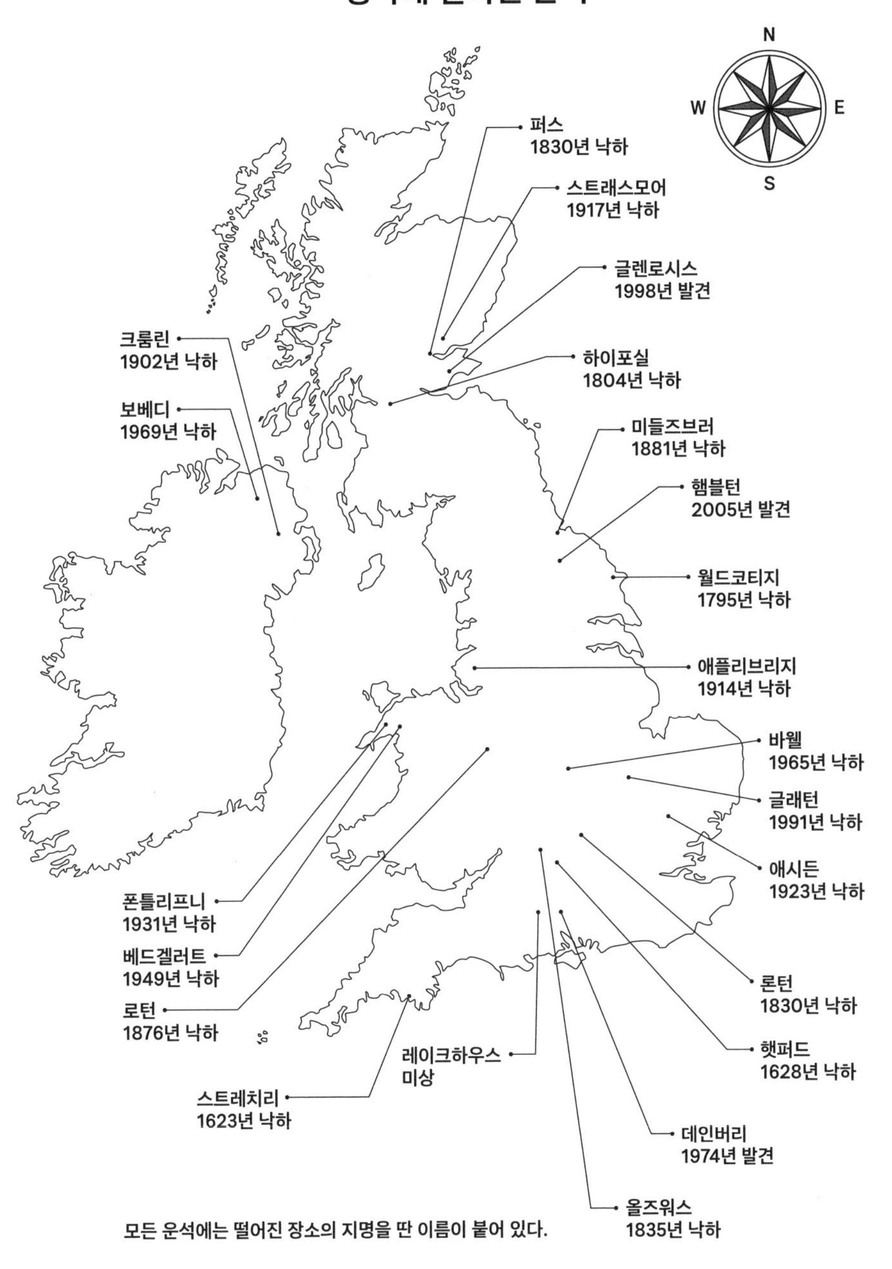

모든 운석에는 떨어진 장소의 지명을 딴 이름이 붙어 있다.

머리말
암석에 새겨진 이야기

아주 오래된 이야기에는 환상적인 존재와 기이한 사건이 등장한다. 태양을 끌고 하늘을 가로질러 달리는 전차, 세계를 집어삼키는 거대한 뱀, 노래를 부름으로써 우주를 탄생시키는 신, 토막 난 신들의 몸에서 태어나는 우주. 이런 이야기들은 과학적 방법이 발명되기 이전 시대 사람들이 만들어 냈는데, 비록 오늘날의 관점에서는 현실과 너무나도 동떨어진 이야기로 들릴지 몰라도, 우리 조상들에게 세계를 이해할 수 있는 틀을 제공했다.

인류의 역사에서 상당 기간 이 이야기들은 구전을 통해 대대로 전해졌다. 이야기를 저장할 수 있는 장소는 오직 마음뿐이었다. 만약 누가 어떤 이야기나 그중 한 토막을 말하지 않거나 듣지 못하거나 기억하지 못하는 일이 일어나면, 그것이 자리 잡고 있던 마음의 죽음과 함께 그 이야기도 사라져 갔다. 이야기는 오로지 말과 기억, 그리고 그것을 전하겠다는 의지를 통해서만 한 사람의 생애를 넘어 다음 세대에 전달될 수 있었다.

현생 인류의 역사가 시작된 지 약 12만 5,000년이 지난 뒤에야 이야기와 개념이 마음에서 해방되어 실제 세계의 물체로 변하기 시작했다. 가장 오래된 인류의 미술품은 남아프리카 공화국의 블롬보스 동굴에서 발견되었는데, 약 7만 5,000년 전의 것으로 추정된다. 그것은 평범한 돌 조각에 다홍색 점토로 교차 평행선들을 그려 넣은 것으로, 폭은 수 센티미터 — 엄지와 검지로 집을 수 있을 정도로 작은 크기 — 에 불과했다. 인류 최초의 미술품은 암석을 종이 겸 잉크로 사용했다. 사람의 생각을 의식적으로 기록하는 데 사용된 최초의 재료는 바로 암석이었다.

이야기와 개념을 이런 식으로 기록하는 방법은 오랜 전통이 되었고, 인류의 역사가 흘러감에 따라 생각을 물리적으로 표현하는 방법은 점점 더 정교해졌다. 이야기가 기록되기 시작했다. 블롬보스 동굴에서 돌에 교차 평행선 패턴을 그린 지 3만 5,000년 뒤에 우리 조상은 인도네시아의 마로스에 있는 석회암 동굴 벽에 동물들을 그렸다. 그 이유는 이 동물들이 그들에게 중요했기 때문이다. 이 동물들은 그들과 동료 부족민이 살아가는 데 꼭 필요한 식량원이었다. 그림들은 그들이 이 동물들을 깊이 존중했음을 보여 준다. 이 동물들은 미술가들의 세계와 삶의 이야기에서 큰 부분을 차지했고, 그래서 그들은 그 이야기를 동굴 벽에 영구히 기록했다.

이 동굴들에서 살아간 사람들은 자신들의 흔적도 암석에 남겼다. 마로스의 동굴들에는 스텐실 기법으로 그린 사람 손 모양이 10여 개 남아 있다. 그들은 손을 차가운 동굴 벽에 대고 축축한 안료를 뿜어(아마도 입으로) 이런 자국을 만들었다. 이 단순한 행동은 우리 종의 의식에 일어난 또 하나의 큰 도약을 보여 준다. 손바닥 자국은 우리 조상이 물리 세계에 자신의 흔적을 남기려고 한 시도를 명백히 보여 준다. 즉 〈내가 여기에 있었다〉라는 사실을 길이 남기려고 한 것이다. 그들은 필시 구체적인 미래 개념을 갖고 있었을 것이다. 즉 그들이 더 이상 지구 위를 걸어다니고 있지 않을 시점, 그들이 없더라도 이 세계의 이야기가 계속될 시점에 대한 개념을 갖고 있었을 것이다. 그로부터 4만 년이 지난 지금, 우리는 석회암 벽에 새겨진 것을 봄으로써 그들의 작은 이야기를 읽는다.

문자로 인정받을 만한 것이 처음 나타난 것은 약 5,000년 전이다. 우리가 하나의 종으로서 (지금까지) 살아온 전체 시간 중 97퍼센트 이상이 지났을 때였다. 최초의 문자는 뾰족한 도구로 점토판이나 판 위에 새겨 기록했는데, 나중에는 양피지에 잉크를 묻히는 방법으로 기록했다. 그 목적은 아주 단순한 것이었는데, 생각과 이야기를 물리적 세계에 정밀하고 정확하게 기록하여 나중에 다른 사람들이 읽도록 하기 위해서였다. 문자는 말 이외에 한 사람의 생각을 다른 사람의 마음속으로 전달하는 수단이지만, 말과 달리 애초에 그 생각을 한 사람의 생애를 초월해 전달할 수 있다. 그것은 지금까지 인류가 발견한 것 중 독심술에 가장 가까운 것이자, 죽은 자와 소통하는 방법에 가장 가까운 것이다(비록 그 대화는 완전히 일방통행으로만 일어나지만). 이러한 문자 기록은 기묘한 모양의 기호를 석판에 새기거나, 잉크로 양피지 조각에 긁적이거나, 이 책의 경우에는 종이에 인쇄함으로써(혹은 전자책 단말기에서 빛나게 하는 방식으로) 일어난다.

문자는 생각의 기록 방식을 변화시켰을 뿐만 아니라, 생각이 마음에서 마음으로 전달되는 과정에서 의미가 모호해지거나 다르게 변할 여지를 많이 줄였다. 문자는 또한 이미 발견된 것들을 더 쉽게 따라잡을 수 있게 해주었다. 문자 덕분에 세대가 바뀔 때마다 백지 상태에서 지식과 개념을 새로 배울 필요가 없어졌고, 그렇게 해서 절약한 시간과 머리로 새로운 발견을 하거나 새로운 지식을 깊이 파고들 수 있게 되었다.

지식 습득과 세계에 대한 이해는 이야기를 기록하는 오랜 전통의 결과로 가속화되었는데, 그 모든 것은 이야기를 암석에 기록하면서 시작되었다.

암석에 새겨진 또 다른 이야기

이것 말고도 암석에 새겨진 이야기가 또 있는데, 그 이야기는 우리가 새긴 것이 아니다. 그 이야기는 자연이 쓴 것으로 인류의 이야기보다 먼저 시작되었다. 그것도 훨씬 더 이전에 시작되었다. 그 이야기는 엄청나게 광대한 시간 척도에서 펼쳐지기 때문에, 인간의 마음으로 완전히 이해하기가 불가능하다.

그 이야기는 약 45억 년 전에 시작되었다. 45억 년은 인류가 지금까지 지구 위를 걸어다닌 시간인 약 20만 년과는 비교도 안 될 정도로 긴 시간으로, 〈심원한 시간deep time〉 또는 〈지질학적 시간〉이라고 부른다. 이것은 지구 이야기가 그 위에서 펼쳐진 시간의 실이다. 이 엄청나게 긴 시간의 실 위에서 대륙들이 이동하고, 해저 바닥이 솟아올라 산봉우리를 만들고, 수백만 종의 생물이 진화와 멸종을 거듭하며 나타났다 사라져 간 사건들이 일어났다.

지질학적 시간이 얼마나 긴지 감이라도 잡으려면, 비유와 은 유에 의존하는 수밖에 없다. 45억 년이라는 지구의 전 역사를 24시간으로 압축했다고 상상해 보라. 이 시간 척도에서 인류의 역사 — 20만 년 — 는 4초도 채 되지 않는다. 블롬보스 동굴에서 교차 평행선 패턴을 그린 사건은 겨우 1.5초 전에 일어났다. 문자는 0.1초 전에 발명되었는데, 0.1초는 눈을 한 번 깜박이는 시간과 비슷하다. 사람들이 흔히 아주 먼 과거의 동물로 생각하는 공룡이 나타난 것은 한 시간 15분 전이었고, 지구에서 사라진 것은 55분 전이었다. 나무가 지구에 나타나 지금까지 존재한 시간은 겨우 두 시간밖에 안 된다. 두 시간 반쯤 전에 육상 식물이 진화하기 전에는 지구의 육지에는 온통 황량한 암석 사막만 널려 있었다. 그리고 바다에서 물고기가 진화한 것은 그보다 30분쯤 전이었다.

지구 이야기 — 그리고 그 지질학적 역사 — 는 지구가 생겨난 때부터 지금까지 일어난 일들을 들려준다. 그동안 상상하기 어려운 변화가 많이 일어났다. 인류 이야기와 마찬가지로 그중 대부분의 이야기는 사라졌지만 그래도 많은 이야기가 남아 있고, 우리는 그것을 읽을 수 있다. 어디를 찾아야 하고 어떻게 읽어야 하는지 알기만 한다면 말이다. 인류 이야기의 처음 몇 장처럼 이 이야기는 암석에 새겨져 있고 지질학 언어를 사용하면 읽을 수 있다.

책의 페이지들과 비슷하게 기록된 지질학적 역사

캄캄한 해저 심연에 쌓이던 실트, 지표면 아래 깊숙한 곳에서 결정화가 일어나던 용융된 암석, 먼 옛날의 사막 위에서 이동하던 모래 언덕들……. 어떤 암석이 생성된 환경은 대개 그 암석의 지질학적 특성으로부터 추론할 수 있다. 각 암석마다 자기 나름의 짧은 이야기를 담고 있지만, 일련의 암석들에는 훨씬 긴 시간에 걸쳐 펼쳐진 이야기가 포함되어 있다. 지구 전체를 샅샅이 뒤지면서 지구의 지질학적 역사가 기록된 페이지들을 넘김으로써 우리는 지구 이야기에 대해 많은 것을 알아냈다.

하지만 지구의 역사, 그리고 그 연장선상에서 우리 자신의 역사는 더 웅장한 이야기의 서브플롯*에 지나지 않는다. 그 이야기는 훨씬 더 이전의 시간에서 시작되었고, 행성 차원을 뛰어넘는 규모에서 펼쳐진다. 천문학적 시간에 걸쳐 펼쳐지고 그 범위가 성간 공간까지 뻗어 나가는 그 이야기는 바로 우리 태양계 이야기이다.

우리는 부근의 우주 공간을 태양계의 여러 행성과 함께 공유하고 있다. 지구도 태양계의 행성 중 하나이다. 태양계에는 거대 기체 행성 2개, 거대 얼음 행성 2개, 암석 행성 4개 외에 위성 수백 개, 그리고 혜성과 소행성이 수십억 개 이상 존재한다. 이 모든 물체는 태양계 중심에서 빛을 내뿜는 별 주위의 궤도를 돌고 있는데, 그 별은 바로 태양이다. 그리고 각각의 행성은 자기 나름의 독특한 역사와 이야기를 지니고 있는 반면 공통의 유산도 지니고 있다. 이들은 모두 동일한 태양계에 속하고, 시간을 거슬러 충분히 먼 과거로 가면 모든 역사가 동일한 곳으로 수렴한다. 즉 이들의 이야기 중 처음 몇 페이지는 모두 동일하다.

* subplot. 부차적 플롯. 그 자체로 하나의 완전한 이야기를 가지고 있으면서 중심 플롯과 병행하거나 엇갈리며 흥미를 더해 작품의 전체적인 효과를 끌어올리는 역할을 한다 — 옮긴이 주.

지구의 암석들은 태양계의 기원과 생성에 관해 알려 줄 정보가 별로 없는데, 우리를 먼 과거로 데려갈 수 있는 시간이 제한되어 있기 때문이다. 무엇보다도 태양계가 처음 생겨날 당시에 지구는 존재하지도 않았다. 그리고 지구의 역사를 통해 지질학적 힘들이 끊임없이 지구의 암석들을 파괴했다가 다시 만들기를 반복했고, 판 구조론의 힘과 날씨의 풍화와 침식 작용은 암석들을 순환시켰다. 지구 이야기가 기록된 책에서 처음 몇 페이지는 찢어져 나가 사라졌고, 많은 장은 중복 인쇄되었다.

우리에게는 다행하게도 태양계가 만들어지던 당시에 일어난 사건들이 **기록된** 암석들이 있다. 그 암석들 중 일부가 오늘날까지 살아남았다. 이 암석들은 우리 근방의 우주 공간에서 가장 오래된 물체들이다. 아직도 그 답을 알아내지 못한 질문이 많이 있긴 하지만, 우리는 지질학 언어와 과학의 도구를 사용해 이 암석들이 초기 태양계에 대해 말해 주는 이야기를 아주 자세히 이해하게 되었다. 이 이야기를 알아내는 과정에서 우리는 태양계와 행성들과 결국에는 우리 자신의 기원을 알게 되었다.

그런데 이 암석들은 원래 지구에 있던 것이 아니다. 이것들은 하늘에서 떨어진 암석으로, 우리는 그것을 운석이라 부른다.

차례

1장
하늘에서 떨어진 암석

우리의 먼 조상들이 호기심 어린 시선을 하늘로 돌렸을 때, 갑자기 밝은 빛을 내뿜으며 하늘을 가로질러 질주하는 별들이 눈에 들어왔다. 이 세상 어디에서건 맑은 날 밤에 충분한 인내심을 갖고 하늘을 응시하면, 하늘에서 벌어지는 빛의 쇼를 볼 수 있다. 유성(流星) — 영어로는 〈meteor〉라고 하는데, 〈높은 곳에 있는 물체〉라는 뜻의 그리스어 〈μετέωρον(meteōron)〉에서 유래했다 — 이라고 부르는 이 빛들은 우리 종이 지구에 나타난 순간부터 줄곧 경험해 온 현상 중 하나였다. 밤하늘을 바라보면 늘 유성이 나타났다. 유성은 전 세계 모든 곳에서 항상 사람들의 상상력을 사로잡았고, 〈별똥별〉이 하늘을 가로지르는 동안 사람들은 소원을 빌었다.

하지만 유성과 그보다 더 크고 밝은 화구(火球)* 는 별이 아니다. 유성과 화구는 상식에서 벗어나는, 너무나도 예상 밖의 물체

* 매우 밝은 유성. 보통 금성 이상의 밝기를 가진 것을 가리키며, 때로는 폭음을 내며 공중에 불꽃을 남기기도 한다 — 옮긴이 주.

가 빚어내는 현상이어서 현대 과학자들이 그 기원과 중요성을 알아챈 것은 겨우 200여 년밖에 안 된다. 유성과 화구의 기원은 천문학이 아니라 지질학에서 찾아야 한다. 왜냐하면 그 정체는 우주에서 날아와 지구 대기권으로 들어오는 암석이기 때문이다.

전형적인 유성은 초속 20~70킬로미터로 달리기 때문에, 불과 30초 만에 영국을 남북 방향으로 가로지를 수 있다. 하늘을 가로지르며 나는 유성은 마치 배의 이물이 물을 가르며 나아가듯이 지구 대기권의 공기를 가르고 지나가면서 앞에 있는 기체를 압축시킨다. 진행 경로에 있는 공기는 아주 빠르게 압축되면서 그 온도가 순식간에 섭씨 수천 도까지 치솟고, 그 결과로 아주 강렬하게 빛난다.

우주에서 지구로 떨어지는 암석의 전면은 화산에서 막 분화한 용암보다 더 뜨거운 온도로 가열된다. 그 결과로 암석 바깥층이 서서히 기화하면서 완전히 사라진다. 대부분의 암석은 대기권을 지나는 동안 다 타서 없어지지만, 극소수는 살아남아 지표면에 떨어진다. 이 여행에서 살아남은 암석을 〈운석〉이라고 부른다.

하늘의 들판

전설에 따르면, 약 4,000년 전 어느 날 새벽에 오늘날 아르헨티나의 일부인 차코 지역 사람들은 지평선 아래에서 태양신이 따뜻하게 돌아오길 기다리고 있었다. 그러다 갑자기 하늘에서 태양신이 나타나 땅으로 떨어졌다. 어슴푸레하던 하늘이 갑자기 환한 빛으로 가득 차더니 요란한 소리가 공기를 찢으며 사방으로 퍼져 나갔다. 태양신은 겉은 새카맣고 속은 은색인 거대한 쇳덩어리 모습으로 그들 앞에 나타났다. 태양신 주위에는 온통 뜨거운 불길이 솟아오르고 있었다. 태양신이 지구를 찾아온 이 사건은 에스파냐인 정복자들이 올 때까지 3,500년 동안 차코 원주민의 집단 기억과 신화 속에서 지속되었다. 금과 은, 힘에 대한 탐욕에 사로잡힌 유럽인 정복자들은 16세기에 남아메리카의 광대한 땅을 자기네 땅이라고 주장했다. 그런데 그들은 차코 원주민이 보기 드문 최상품질의 철로 만든 도구와 무기를 사용한다는 사실을 알고서 혼란에 빠졌다. 그 지역에는 먼 옛날에 태양신이 거대한 쇳덩어리 형태로 지구로 떨어졌다는 전설이 전해 내려오고 있었다. 오만한 유럽인들은 이 이야기를 헛소문에 불과하다고 일축하면서 그 쇳덩어리가 실제로는 거대한 은 광상일 거라고 기대했다.

1576년에 에스파냐인들은 원주민에게 금속 덩어리가 있는 곳으로 안내하게 했다. 원주민은 그들을 그물처럼 얽힌 오솔길로 안내했다. 많은 왕래로 잘 다져진 그 길은 수로와 암석이 전혀 없는 평원 위로 죽 뻗어 있었다. 그런데 평원 곳곳에 폭이 수 미터나 되는 구멍들이 여기저기 널려 있었다. 이 지역을 피구엠 논랄타 Piguem Nonraltá라고 불렀는데, 에스파냐인들은 이를 캄포 델 시엘로Campo del Cielo(하늘의 들판)라고 번역했다. 그리고 거기서 그것을 발견했다. 부드러운 흙 밖으로 커다랗고 표면이 매끈한 금속 덩어리가 삐죽 나와 있었다. 그것의 폭은 약 2미터나 되었고, 무게는 14톤으로 추정되었다. 에스파냐인들은 이곳이 원주민에게 신성한 숭배 장소라는 사실을 무시하고서 조사를 위해 금속 덩어리에서 일부 조각을 떼어 냈다.

한 대장장이는 그 돌이 은이 아니라 상질의 철로 이루어져 있다고 확인했다. 정복자들은 자신들이 발견한 것이 철광상이고, 메손 데 피에로Mesón de Fierro(철제 탁자)라고 이름 붙인 이 쇳덩어리는 그 끝부분이 겉으로 드러난 것이라고 생각했다. 그것은 틀린 생각이었다. 그 지역 여기저기에 더 많은 쇳덩어리가 널려 있었지만, 문서상으로 보고된 이 발견 소식은 그 후 300년 동안 대체로 인정받지 못하고 넘어갔다. 1783년에 또 다른 에스파냐인 탐사대가 메손 데 피에로를 마지막으로 방문하고 나서 그 위치는 역사 속에서 실종되고 말았다. 1783년의 탐사대는 그토록 거대한 쇳덩어리를 운반할 수단이 없었을 것이다. 어쩌면 그들이 그것을 굴려서 근처의 구덩이로 옮겼는데, 그 후 범람한 물에 실려 온 실트가 그것을 뒤덮어 시야에서 사라졌는지도 모른다.

캄포 델 시엘로의 철은 철광상에서 유래한 것이 아니었다. 이 철은 운석의 잔해이다. 우리는 이 거대한 우주의 철 덩어리가 하늘에서 떨어진 시기를 그때 발생한 들불 덕분에 상당히 정확하게 알 수 있다. 거대한 운석이 충돌하면서 주변의 식물과 관목 숲이 불탔고 하늘의 들판 중 광대한 면적이 숯으로 변했다. 그 숯에 포함된 탄소 동위 원소 지문을 자세히 측정하면 식물이 죽은 — 화재가 발생한 — 시기를 측정할 수 있다. 이것은 곧 운석이 충돌한 시기에 해당한다. 그렇게 해서 측정한 시기는 약 4,000년 전으로 밝혀졌다. 이것은 원주민의 전설과 조상의 기억에 등장하는 시기와 대략 일치한다.

캄포 델 시엘로는 예외적으로 큰 운석이다. 지구 대기권에 들어올 때에는 하나의 거대한 덩어리였을 테지만 지상에 가까워지면서 고열 때문에 대부분이 기화되어 사라졌을 것이다. 엄청난 힘과 압력도 운석의 크기를 줄이는 데 한몫을 하면서 운석을 다수의 작은(그래도 상당히 큰 편인) 파편으로 쪼갰다. 10개가 넘는 운석 파편이 하늘의 들판에 떨어졌고, 아직 발견되지 않은 채 땅속에 묻혀 있는 파편이 필시 더 있을 것이다.

〈옵툼파Optumpa〉라는 이름이 붙은 운석 파편은 폭이 1미터에 무게는 0.5톤이 넘는데, 지금은 런던 자연사 박물관에 전시되어 있다. 나는 열아홉 살에 학교 단체 견학으로 자연사 박물관을 처음 방문했을 때 이 운석을 보았다. 그때 내가 지질학을 가르치는 커리 선생님에게 〈언젠가 여기서 일하면 참 좋겠어요〉라고 말했던 기억이 난다. 실제로 나중에 나는 박사 과정 연구 중 일부를 이곳에서 마쳤다. 그 후로 나는 옵툼파를 특별히 좋아하게 되었다.

하늘의 금속

이란 중부의 건조한 지역에 테페시알크라는 고대 도시 유적이 있다. 이곳에서는 20세기 초에 지질학 발굴 작업이 진행되어 고대 건축물과 정교한 도자기, 장엄한 무덤 등 수백 점의 인공 유물이 발견되었다. 그중에는 작은 쇠구슬 3개가 있었는데, 약 6,300년 전에 만들어진 것으로 밝혀졌다. 이 쇠구슬의 용도는 알려지지 않았다. 하지만 이 쇠구슬이 고고학자의 눈길을 끈 이유는 그 모양보다는 성분 때문이었다. 쇠구슬이 만들어진 시기는 철기 시대보다 무려 3,000년이나 앞선 것이었다. 그때는 철을 제련하거나 가공하는 기술이 발명되기 전이었다.

분석해 보니 이 철은 하늘에서 온 것으로 드러났다. 연성(延性)*이 좋은 운석 철을 숙련된 장인이 망치로 두드려 구슬로 만든 것이었다. 석기 시대에 이 금속 — 밀도가 높고 광택이 나고 펴서 늘일 수 있고 촉감이 좋은 것 — 은 테페시알크 사람들에게 아주 기묘한 물질로 보였을 것이다. 그 사람들이 이 철 덩어리들이 하늘에서 떨어지는 것을 보았는지, 혹은 도시 주변의 사막에서 이것들을 우연히 발견했는지는 알 수 없다. 어쨌든 이 작은 쇠구슬들은 인류가 최초로 철을 가공해 만든 물체 중 하나이다.

인류가 최초로 철 — 현대 문명의 기반을 이루는 금속 — 을 만난 이 사건이 특히 흥미로운 것은 그 철이 하늘에서 온 것이기 때문이다. 여기에는 얼핏 보기에 아무 상관이 없는 것 같지만 서로 밀접한 관련이 있는 두 이야기가 얽혀 있다. 그것은 바로 우주 이야기와 인류 이야기이다.

왕에게 어울리는 단도

1922년에 투탕카멘 왕의 무덤을 발굴했을 때 나온 보물 중에 멋진 철제 단도가 있었다. 황금 손잡이와 칼집이 딸린 이 단도는 파라오 미라를 석관에 넣기 전에 그의 몸을 친친 감은 리넨 천 속에 집어넣은 것이었다.

카이로의 이집트 박물관이 이 단도의 화학적 성분을 조사했을 때, 고대 이집트인이 운석 철에 영적인 의미를 부여했다는 주장에 대한 의심이 싹 사라졌다. 단도에 강렬한 전자 빔을 쏘자 단

* 길게 잡아 늘일 수 있는 성질 — 옮긴이 주.

도에서 X선 형광이 나오기 시작했다. X선의 색(파장)을 분석함으로써 단도의 화학적 조성을 알 수 있었다.

단도는 상당량의 니켈과 함께 거의 순수한 철로 만들어진 것으로 드러났다. 이 철은 분명히 하늘에서 온 것이었다.[1] 이렇게 원소들이 특정 비율로 섞인 금속은 지구에서는 만들어지지 않는다. 투탕카멘 왕의 단도는 철질 운석으로 만든 것이다. 가장 소중한 물체만이 파라오의 무덤에 어울리기 때문에 옛날에 이 금속은 영적으로 큰 의미를 지녔을 가능성이 높다. 테페시알크의 쇠구슬과 마찬가지로 이 단도를 만든 사람이 하늘에서 운석이 떨어지는 것을 보았는지, 아니면 북동 아프리카 사막에서 우연히 운석을 발견했는지는 알 수 없다. 그래도 그것이 하늘에서 왔다는 것을 어느 정도 알았음을 시사하는 단서들이 있다.

투탕카멘 왕이 이집트를 통치하던 무렵에 새로운 상형 문자 관용구가 사용되기 시작했다.

이것은 〈하늘에서 온 철〉이라는 뜻이다. 이 관용구는 하늘에서 온 것이건 지구에서 난 것이건 가리지 않고 온갖 종류의 철을 가리키는 데 쓰였다. 그래서 다소 모호하긴 하지만, 그 당시 사람들이 이 철이 어디에서 왔는지를 어느 정도 알고 있었음을 시사한다. 일부 고대 문명에서는 유성과 화구가 가끔 그것과 함께 나타나는 기묘한 물체와 연관이 있다고 생각했다. 그들은 아마도 하늘에서 가끔 철 덩어리가 떨어진다는 사실을 알았을 테고, 하늘에서 온 이 암석들을 신성한 것으로 숭배했다. 그들은 이 물체들이 중요하다는 것을 알았다. 하지만 이 깨달음은 그 밖의 많은 지식과 함께 암흑시대에 들어와 단절되었고, 2,000년 이상 잊힌 상태로 남아 있었다. 하지만 18세기의 계몽 시대에 들어 근대 과학의 발전과 유럽에서 일어난 일련의 우연한 사건과 뜻밖의 행운을 통해 하늘에서 암석이 떨어질 수 있다는 개념이 재발견되었다.

*

1751년 어느 여름날 저녁, 크로아티아 북부에서 희귀한 우주적 사건이 발생하면서 즐거운 저녁의 평온을 깨뜨렸다. 은은하게 빛나던 저녁 하늘에 아주 밝은 섬광이 나타나더니 흐라슈치나 마을 상공을 환하게 밝혔다. 뒤이어 거의 동시에 큰 폭음이 주변 농경지를 뒤흔들었는데, 그 소리가 들린 범위는 무려 2,000제곱킬로미터에 이르렀다. 이 폭음의 메아리는 마치 많은 마차가 질주하는 것처럼 우르릉거리는 소리로 들렸다. 산책에 나섰다가 그 광경을 본 목격자 일곱 명은 공 모양의 불덩어리 2개가 환하게 빛나는 불의 사슬로 연결된 채 하늘에서 떨어지는 것을 보았다. 몇몇 사람은 커다란 암석 덩어리 2개가 얼마 전에 간 밭에 떨어졌고, 땅에 커다란 틈이 생겼다고 보고했다. 나중에 떨어진 암석 조각들을 부드러운 흙 속에서 회수했는데, 하나는 거의 1.5미터나 깊은 곳에 박혀 있었다. 이 암석들은 마치 강렬한 불에 그을린 것처럼 표면이 기묘한 검은색 껍질로 뒤덮여 있었다. 이 껍질은 암석이 지닌 금속의 속성을 가리고 있었다. 불덩어리가 떨어지면서 남긴 기다란 연기 자국은 저녁 공기 중에 몇 시간이나 떠 있다가 결국 밤의 어둠 속으로 사라져 갔다. 현지의 한 성직자가 이 사건을 기록으로 남겼다. 그는 〈무지한 일반 대중은 하늘이 열렸다고 생각했다〉라고 썼다.

충분히 그럴 만도 했다. 18세기 중엽에 하늘에서 일어나는 폭발은 자주 볼 수 있는 사건이 아니었다. 그 당시의 통념에 따르면, 고체 물체는 아무것도 없는 곳에서 난데없이 나타날 수가 없었다. 그것은 상식적으로 말이 안 되는 일이었는데, 그 당시 사람들은 하늘이 완전무결하다고 믿었기 때문이다. 역사상 가장 위대한 과학자이자 가장 큰 영향력을 떨친 과학자 중 한 명인 아이작 뉴턴Isaac Newton은 『광학*Opticks*』(1704)에서 우주 공간은 암석이나 금속 조각을 포함해 작은 물체가 전혀 없이 텅 비어 있어야 한다고 상정했다. 그가 발견한 중력 법칙이 성립하려면 그래야만 했다. 유성은 대기 중에서 일어나는 현상이며 천상의 세계에서 일어나는 일과는 아무 관계가 없다는 것이 그 당시의 보편적인 견해였다.

만약 우주 공간에 행성과 위성, 그리고 가끔 나타나는 혜성 외에는 암석이 전혀 없다면, 하늘에서 암석이 땅으로 떨어지는 것도 불가능한 일이었다. 하지만 크로아티아 북부의 목격자 일곱 명은 자신들이 본 것을 선서와 함께 증언했다. 하늘에서 암석이 떨어졌으며, 그것도 어디서 왔는지 짐작도 할 수 없게 난데없이 나타났다고 말한 것이다.

클라드니의 새로운 견해

1756년에 독일 동부에서 태어난 에른스트 플로렌스 프리드리히 클라드니Ernst Florens Friedrich Chladni는 소년 시절부터 물리학과 박물학에 큰 흥미를 느꼈다. 하지만 아버지의 반대로 결국 법학과 철학을 공부했고 스물여섯 살에 법학 박사 학위를 땄다. 그랬다가 아버지가 세상을 떠나자마자 예전의 열정으로 되돌아갔다. 그리고 1787년에 음향학 분야에서 획기적인 연구서인 『소리의 이론에 관한 발견*Entdeckungen über die Theorie des Klanges*』을 출간했다. 역사는 클라드니를 음향학의 아버지로 기억한다. 그런데 덜 알려져 있는 사실이지만 클라드니는 또 하나의 새로운 과학 분야인 우주화학에서도 중요한 업적을 남겼다.

클라드니는 1791년에 괴팅겐(독일 북부에 위치한 도시) 상공에서 극적인 화구를 목격한 철학자 게오르크 크리스토프 리히텐베르크Georg Christoph Lichtenberg와 대화를 나누다가 영감을 얻었다. 클라드니는 리히텐베르크에게 점점 늘어나는 화구 목격 사례와 하늘에서 가끔 기묘한 암석과 금속이 떨어졌다는 보고를 어떻게 생각하느냐고 물었다. 리히텐베르크는 자신은 개인적으로 화구가 대기 현상이 아니라 외부 우주에서 유래한 우주적 현상이라고 생각한다고 대답했다. 또 하늘에서 암석과 철 덩어리가 떨어졌다는 증언들도 사실일지 모른다고 추측했지만, **정말로** 그럴 것이라고는 믿지 않았다.

이 대화는 클라드니의 상상력에 불을 질렀다. 그다음 몇 주일 동안 괴팅겐에 머물면서 1676년부터 1783년까지 목격되고 잘 기록된 화구 24개의 명단을 정리했다. 그중 18개는 하늘에서 떨어졌다는 암석 조각과 연관이 있다고 주장되었지만, 이 주장을 신뢰하는 학자는 거의 없었다. 그 암석들은 속성이 제각각 다른 것처럼 보였다. 주성분이 암석인 것, 금속인 것, 그리고 두 가지가 섞인 것도 있었다. 클라드니는 화구의 속도와 겉보기 크기, 비행경로, 그리고 목격된 폭발 횟수 및 강도와 떨어질 때 난 굉음처럼 그 밖의 세세한 내용을 종합해 정리했다. 그렇게 기술한 내용들은 놀랍도록 비슷했다. 이 사건들은 100년 이상에 걸쳐 여러 대륙에서 일어났는데도 불구하고 그랬다. 법학을 공부하면서 쌓은 수련 과정 덕분에 목격담에서 진실을 찾아내는 능력이 뛰어났던 클라드니는 이 진술들이 사실이라고 간주했다. 그 진술들은 너무나도 비슷해서 사실이 아니라고 부정하기 어려웠다. 목격자들이 굳이 거짓말을 할 이유도 없었다. 그리고 만약 그들이 진실을 말하는 것이 아니라면, 어떻게 진술들이 서로 그토록 비슷할 수 있겠는가?

클라드니는 1794년에 출판된 『팔라스가 발견한 철 덩어리와 그와 비슷한 철 덩어리들의 기원에 관해, 그리고 그것과 연관된 몇몇 자연 현상에 관해 *Über den Ursprung der von Pallas gefundenen und anderer ihr änlicher Eisenmassen und über einige damit in Verbindung stehende Naturerscheinungen*』— 영어로는 간단히 『철 덩어리 *Ironmasses*』로 소

개되었다 — 에서 이 생각을 세상에 밝혔다. 그는 정말로 암석 — 석질 암석과 금속질 암석 모두 — 이 하늘에서 떨어지며, 그것은 우리가 밟고 서 있는 지구만큼 분명히 실재한다고 주장했다. 그리고 모든 화구와 그보다 작은 빛을 내며 하늘을 가로지르는 **유성**은 고체 물체가 아주 빠른 속도로 대기권으로 들어와 떨어지면서 생긴다고 주장했다.

화구와 유성(별똥별)을 분명하게 고체 물체와 연결 지어 설명한 사람은 클라드니가 처음이었다. 이것은 그 당시의 모든 상식과 어긋나는 주장이었다. 하지만 클라드니는 거기서 더 나아가 하늘을 가로지르는 화구와 유성의 엄청난 속도로 미루어 보아 이것들은 대기 현상이 아니라고 결론 내렸다. 그토록 빠른 속도로 달리려면 유성의 암석, 즉 운석은 대기보다 훨씬 위에 있는 외부 우주권에서 날아와야 한다고 주장했다. 즉 운석은 지구의 물체가 아니라고 주장한 것이다. 클라드니는 또한 낙하 운석과 비슷하지만, 화구와 연관이 있다는 사실이 밝혀지지 않은 그 밖의 기묘한 암석들 — 표면이 타서 검게 변한 — 역시 우주에서 유래했을 거라고 추론했다.

과학계는 주류 세계관에서 크게 벗어난 이 견해를 곱게 받아들이지 않았다. 리히텐베르크조차 처음에는 받아들이는 데 큰 어려움을 겪었다. 그런데 다음 해에 하늘에서 또다시 암석이 떨어지는 장면이 목격되었다. 이번에는 제때에 적절한 장소에 떨어졌고 그곳에서 제 임자를 만났다.

특이한 암석

요크셔주 이스트라이딩의 고원 지역에는 녹색 농경지가 죽 뻗어 있는데, 그림 같은 마을들이 여기저기 자리 잡고 있다. 그런데 1795년 12월 어느 날, 하늘에서 발생한 폭발음이 이곳의 정적을 깨뜨렸다. 그 소리는 15킬로미터 떨어진 해안 마을들에서도 들렸다. 굉음이 아직 땅 위에서 메아리치고 있을 때, 세 농부는 하늘에서 커다란 돌이 날아와 둔탁한 소리와 함께 땅에 떨어지는 모습을 놀란 눈으로 바라보았다. 그 돌은 시플리가 서 있는 곳에서 불과 8미터 떨어진 곳에 떨어졌다. 땅에 충돌하는 순간, 흙이 공중 높이 튀어 올랐다. 무게가 25킬로그램에 식빵 덩어리만 한 크기의 그 돌은 아주 빠른 속도로 날아와 땅속으로 50센티미터나 뚫고 들어가 그 아래의 단단한 암석에 박혔다.

근처에 있던 월드코티지의 소유주는 에드워드 토펌Edward Topham이었는데, 운석이 떨어졌을 때 사업차 출타 중이었다. 극작가이자 스캔들을 주로 다루던 신문 『더 월드*The World*』의 창립자인 토펌은 조지 왕 후기 시절에 머튼촙스* 스타일의 수염과 전통에서 벗어난 패션 감각과 괴짜(그는 자주 풍자만화의 소재가 되었다)라는 명성을 안겨다 준 카리스마로 런던에서 주목을 끌었다. 하지만 그는 공정하고 정의로운 사람으로 널리 알려졌다. 토펌은 몇 년 전에 은퇴해 세 딸(〈요크셔주에서 말을 가장 잘 타는 여성들〉이라고 불린)과 함께 월드코티지로 와서 살고 있었다. 이곳에서 농사를 짓고 그레이하운드를 기르고 자신이 살아온 삶을 글로 쓰면서 여생을 보낼 계획이었다. 그의 개집들은 이미 영국에서 가장

* 귀 아래에서 턱 쪽으로 길고 넓게 기른 구레나룻 — 옮긴이 주.

훌륭한 것으로 평가받았고, 그레이하운드 스노볼은 〈가장 훌륭하고 빠른 그레이하운드 중 하나〉라는 칭송을 받았다. 하지만 운석이 그의 계획을 방해했고 자서전은 결코 완성되지 못했다.

집으로 돌아온 토펌은 농부들이 자신의 집으로 가져온 그 운석이 작은 소동의 원인이라는 사실을 알게 되었다. 거의 3주 동안 매일 30~40명이 운석을 보려고 찾아왔고 더 자세한 내용을 문의하는 편지들이 쌓였다. 토펌은 세 농부의 진술을 기록하고 이 기묘한 사건에 대한 자신의 생각을 덧붙여 『젠틀맨스 매거진 *The Gentleman's Magazine*』에 발표했다.[2] 여기서 중요한 사실은 토펌이 농부들을 믿었고 토펌의 판단을 신뢰한 다른 사람들 역시 농부들의 말을 믿었다는 것이다. 하지만 어떻게 하늘에서 돌이 떨어졌는지 그 수수께끼는 풀리지 않은 채 남았다. 그런 물체들이 우주에서 날아왔다는 클라드니의 기이한 주장은 아직 받아들여지지 않고 있었다.

요크셔주에서 런던으로 간 운석

월드코티지 운석은 전국적으로 커다란 호기심을 불러일으켰다. 1801년부터 1815년까지 시리즈로 출판된 『잉글랜드와 웨일스의 아름다운 장소들 *The Beauties of England and Wales*』 중 「요크셔주」 편에서는 월드코티지 사건을 집중적으로 조명했다. 런던에 연줄이 많은 토펌은 그 운석을 런던으로 가져가 도심에서 전시를 했다. 이 전시는 『타임스 *The Times*』를 비롯해 여러 신문이 대대적으로 홍보했다.

별로 비싸지 않은 1실링(오늘날의 가치로는 약 6,400원)의 요금을 내면 방문객들은 그 기묘한 물체를 직접 볼 수 있었다. 게다가 세 농부의 증언과 운석 삽화가 실린 소책자도 받았다. 왕립 학회 회장인 조지프 뱅크스Joseph Banks도 유명한 돌을 보기 위해 1실링을 지불했다. 이 돌은 1년 전에 이탈리아에서 화구가 나타났을 때 하늘에서 떨어졌다는 돌과 놀랍도록 비슷해 보였다. 두 돌은 거의 똑같았지만, 18개월 이상의 간격을 두고 서로 다른 나라에 떨어진 것이었다.

하지만 뱅크스는 이 돌들은 유성의 **원인**이 아니라 유성이 대기에서 **만든** 것이라고 굳게 믿었다. 큰 호기심을 느낀 뱅크스는 젊고 재능 있는 영국 화학자 에드워드 하워드Edward Howard에게 이 돌들을 분석해 보라고 제안했다.

왕립 학회 회원이던 하워드는 화기(火器)에 사용할 새 폭발물을 합성하는 연구를 헌신적으로 수행한 것으로 유명했다. 그는 실험 도중에 많은 부상을 입었다. 하워드는 추가로 운석 6개를 더 확보해 분석해야 할 표본이 모두 8개로 늘어났다. 이 암석들은 지질학적 특성에서 차이가 있었다. 운석 4개의 주성분은 암석이었고, 2개는 순수한 금속이었으며, 나머지 2개는 암석과 금속이 섞여 있었다.

철질 운석 중 하나는 런던 자연사 박물관에서 빌린 것으로 캄포 델 시엘로에 떨어진 운석이었다. 약 4,000년 전에 남아메리카에 떨어지는 장면이 목격된 그 운석이 빅토리아 시대에 런던의 화학 실험실에서 연구 목적으로 분석되고 있었다. 이것은 역사에서 운석의 영적 의미와 과학적 의미가 돌이킬 수 없게 결합된 순간이었다.

하워드는 1802년에 분석 결과를 발표했다. 그 논문은 운석의 역사에서 손꼽힐 만큼 중요한 논문으로 남아 있다.[3] 하워드는 운석의 화학적, 지질학적 조성을 처음으로 체계적으로 분석해 문서로 남겼다. 이전에도 몇몇 화학자가 이 운석들의 화학적 조성을 밝히려고 시도했지만, 하워드의 분석은 훨씬 정교했다. 그는 석질 운석을 특별히 세밀하게 분석했다. 이 운석이 수많은 알갱이로 이루어져 있다는 사실을 발견하고는 알갱이들을 일일이 네 가지 성분으로 분리했다. 네 가지 성분은 기묘한 구상체와 노란 황철석, 작은 거품 모양의 금속, 퍼석퍼석한 암석으로 이루어진 미세한 〈흙 같은〉 물질이었는데, 앞의 세 가지 성분은 네 번째 성분 사이에 끼여 꽉 붙들려 있었다. 분석 작업은 몹시 지루하고 힘들었을 것이다. 석질 암석을 이루는 알갱이는 아주 작다. 그것은 여러 가지 성분이 섞여 있는 새 모이 자루에서 양귀비씨를 일일이 손으로 분리하는 작업과 비슷했을 것이다.

하워드는 석질 운석 속의 작은 금속 거품에 니켈이 포함되어 있다는 사실을 발견했다. 앞서 프랑스 화학자들이 철질 운석에 니켈이 많이 들어 있다는 사실을 발견한 바 있었다. 하워드는 자신의 철질 운석과 석질 운석을 분석해 동일한 결과를 얻음으로써 그 발견이 옳음을 확인했다. 지구의 암석에 니켈이 높은 함량으로 포함되어 있는 경우는 드물기 때문에, 하워드는 석질 운석이 철질 운석 및 석철질 운석과 화학적으로 연관이 있다는 사실을 처음으로 밝혔다. 이 암석들은 이전에 기술된 어떤 암석과도 달랐다.

지구의 암석과 다르게 니켈 함량이 풍부한 화학적 조성과 이 기묘한 암석들이 떨어진 장소들 사이의 거리와 사건들 사이의 시간 간격을 고려하면, 이전에는 웃어넘겼던 개념을 지지하지 않을 수 없었다. 그것은 바로 이 암석들이 우주에서 날아왔다는 개념이었다. 하워드는 클라드니의 가설을 지지하는 최초의 물리적 증거를 제공했을 뿐만 아니라 우주에서 온 물질을 화학적으로 연구하는 분야인 우주 화학을 창시했다.

그래도 이 주장은 여전히 믿기 어려웠지만, 하워드는 이 상황을 〈단순히 이해하기 어렵다는 이유로 믿지 않는다면 자연의 작용을 대부분 부정하는 것과 다를 바가 없다〉라고 아름답게 표현했다.

과학계는 천천히 그리고 처음에는 주저하면서 유성과 화구가 정말로 우주에서 날아온 암석이며, 가끔 이 암석들이 지표면까지 도달한다는 개념을 받아들이게 되었다. 월드코티지 운석이 우연히 토펌의 땅에 떨어진 것은 행운이었다. 만약 다른 사람 — 아마도 토펌보다 홍보 능력이 훨씬 떨어지는 사람 — 의 땅에 떨어졌더라면 문 받침대로 쓰였을지도 모른다. 실제로 레이크하우스 운석에 이런 일이 일어났다. 이 운석은 엘리자베스 양식의 시골 저택 문간에 거의 100년 동안이나 아무렇지도 않게 놓여 있다가 마침내 런던 자연사 박물관 과학자들이 하늘에서 떨어진 것임을 밝혀냈다. 이 운석의 이름은 영국 남서부의 윌트셔주에 있는 그 집의 이름에서 딴 것이다.

오늘날 월드코티지 운석이 떨어진 장소에는 높은 기념비가 서 있다. 토펌이 직접 의뢰해 적갈색 벽돌로 만든 이 기념비에는 다음 글귀가 새겨진 장식용 석판이 붙어 있다.

여기

바로 이 장소에, 1795년 12월 13일에

특이한 암석이

대기권에서 떨어졌다.

폭은 28인치, 길이는 30인치, 무게는 56파운드였다.

이를 기념해 이 기둥을 세우노라.

에드워드 토펌

1799년

19세기 중엽이 되자 가장 완고한 사람들만 빼고 모든 지식인이 클라드니의 가설을 받아들였다. 하지만 아직도 큰 의문이 남아 있었다. 운석이 우주에서 날아온다고는 하지만, 정확하게 어디에서 오는 것일까?

화성과 목성 사이에서 새로 발견된 천체들

클라드니는 운석이 단순히 지구 대기권 밖이 아니라 태양계 밖에서 온다고 가정했다. 운석이 대기권에 들어올 때 번개처럼 빠른 속도로 달린다는 사실을 근거로 성간(〈별들 사이〉) 기원설을 주장했다. 클라드니는 또 다른 가설에서 운석이 파괴된 행성의 파편에서 유래했을 가능성이 있다고 주장했지만, 그때까지 밤하늘을 망원경으로 관측한 결과에서 큰 행성 파편의 존재를 뒷받침하는 증거는 목격된 적이 없었다. 그러다가 얼마 후 또 다른 가설이 나왔다.

하워드가 운석의 화학적 특성에 관한 연구를 발표한 것과 같은 해인 1802년에 프랑스의 수학자이자 천문학자 피에르-시몽 라플라스Pierre-Simon Laplace는 운석이 지구로부터 더 가까운 장소에서 유래했다는 가설을 유행시켰는데, 바로 달에서 왔다고 주장했다. 독일 출신의 영국 천문학자 윌리엄 허셜William Herschel은 1787년에 달에서 화산이 분화하는 장면을 〈관찰〉했다(이 관찰은 나중에 오류였던 것으로 밝혀졌다). 라플라스는 지구에서 보는 것과 같은 강렬한 화산 활동이 달에서도 일어난다면, 거기서 나온 분출물이 우주 공간으로 튀어 나갔다가 지구로 올 수 있다는 가설을 세웠다. 그것은 완벽한 가설처럼 보였다. 이 가설이 아주 큰 인기를 끌자, 『잉글랜드와 웨일스의 아름다운 장소들』 시리즈의 「요크셔주」 편에서는 월드코티지 운석을 달에서 온 암석이라고 소개했다.

그런 와중에 알려진 운석의 명단은 계속 늘어났다. 19세기 중엽에 이르자 박물관 컬렉션이나 부잣집의 진기한 물품 캐비닛에 보관된 운석이 150개 이상이나 되었다. 이 무렵에 달 기원설은 치명타를 맞고 꼬리를 내리게 되었다. 미국의 천문학자 벤저민 앱소프 굴드Benjamin Apthorp Gould는 1859년에 달 화산에서 분출된 파편이 지구에 도달할 확률을 계산해 그 결과를 발표했다. 그 확률은 100만분의 1도 안 되었다. 굴드의 계산은 달 용암 파편이 지구에 하나 도착할 때마다 150만 개 이상이 우주 공간으로 날아가야 한다는 것을 보여 주었다. 만약 지난 수백 년 동안 지구에 떨어진 150여 개의 운석이 정말로 달 표면에서 유래한 것이라면, 그동안 달은 화산 분화로 잃어버린 막대한 양의 물질 때문에 그 크기가 눈에 띄게 줄어들어야 했다. 하지만 달의 크기는 줄어들지 않았다. 그런데 운석의 기원 문제에 대한 답은 그 당시 천문학자들을 괴롭히던 또 다른 수수께끼 속에 숨어 있었다. 그 수수께끼는 바로 〈잃어버린 행성〉을 둘러싼 것이었다.

천문학에서 유용하게 쓰이는 거리 단위 중 하나로 천문단위 astronomical unit, 즉 AU가 있다. 천문단위는 태양과 지구 사이의 평균 거리를 말하는데, 약 1억 4960만 킬로미터에 해당한다. 1AU는 상당히 먼 거리이다. 우주에서 가장 빠르게 달리는 빛도 1AU를 지나가는 데 8분 19초가 걸린다. 만약 자동차를 타고 간다면, 쉬지 않고 달려도 150년 이상이 걸릴 것이다. 태양에서 가장 가까운 행성인 수성은 태양에서 0.4AU 거리에서 태양 주위를 돈다. 다음 행성인 금성은 0.7AU에서 태양 주위를 돈다. 지구는 당연히 1AU에서 태양 주위를 돈다. 붉은 행성인 화성은 1.5AU를 조금 넘는 곳에서 태양 주위를 돈다. 그다음에는 텅 빈 공간이 한참 이어지다가 5.2AU에서 목성이 태양 주위를 돈다. 수백 년 동안 천문학자들은 화성과 목성 사이에 이토록 큰 틈이 존재한다는 사실에 고개를 갸웃했다. 많은 사람은 그 사이에 아직 발견되지 않은 행성이 있을 것이라고 믿었다.

1801년 1월 1일, 이탈리아 천문학자 주세페 피아치Giuseppe Piazzi는 시칠리아에서 별들의 위치를 하늘의 지도로 작성하는 성도 편찬을 위해 망원경으로 별을 관측하다가 이상한 천체를 발견했다. 그것은 빛의 점으로 보였지만, 이상한 색을 띠고 있었고 별처럼 보이지 않았다(피아치는 그때까지 성도를 만드느라 9년 동안 작업을 해오고 있었다). 의아한 생각이 든 그는 별처럼 보이지 않는 이 천체를 다음 날 저녁에 다시 관찰했는데, 그 위치가 조금 바뀌어 있었다. 이것은 기묘한 일이었다. 별은 하룻밤 사이에 위치가 변하지 않는다.* 세 번째 날 밤에도 그 천체를 바라보았더니 이번에도 위치가 조금 변해 있었다. 피아치는 이 천체는 별일 리가 없다고 결론 내렸다. 이 사건은 아주 대단한 과학적 발견이 때로는 〈그다지 적절한 순간처럼 보이지 않는〉 때에 일어난다는 것을 보여 주는 좋은 사례이다.

피아치는 처음에는 새 천체가 혜성이라고 생각했다. 행성이라고 하기에는 너무 작았기 때문인데, 최고 배율의 망원경 렌즈를 사용해도 아주 작은 빛의 점으로만 보였다. 하지만 자신과 동료 천문학자들의 후속 관측에서도 그 주변에서 혜성 특유의 흐릿한 구름이 보이지 않았다. 궤도 역시 혜성과 전혀 달랐다. 혜성은 매우 길쭉한 타원 궤도를 그리며 태양 주위를 돈다. 반면에 이 천체의 궤도는 거의 원에 가까웠다. 그것은 행성과 비슷한 궤도였다. 게다가 이 천체는 화성과 목성 사이에서 궤도를 돌고 있었다. 피아치는 우연히 〈잃어버린 행성〉을 발견한 것이었다. 천체에 신의 이름을 붙이는 오랜 전통 — 밤하늘의 신성한 본질을 강조한 관행 — 에 따라 피아치는 로마 신화에 나오는 농업의 신 이름을 따서 그 천체를 케레스Ceres라고 불렀다.

불과 1년 뒤에 독일의 천문학자 하인리히 빌헬름 마티아스 올베르스Heinrich Wilhelm Matthias Olbers도 하늘에서 비슷한 속성을

* 엄밀하게는 이 진술은 사실이 아니다. 하늘의 모든 별은 늘 서로에 대해 움직이지만, 그 변화 정도가 극히 미미하기 때문에, 지구에서 볼 때 하룻밤 사이에 그 위치 변화를 알아채기가 거의 불가능할 뿐이다.

가진 천체를 발견했다. 그 천체는 밤마다 하늘에서 위치가 변했고 그 궤도도 원에 아주 가까워 혜성이라고 보기 어려웠다. 혜성을 구름처럼 둘러싼 코마도 없었고, 케레스와 똑같이 화성과 목성 사이의 공간에서 태양 주위를 돌고 있었다. 올베르스는 새 행성의 이름을 팔라스Pallas라고 정했는데, 그리스 신화에 나오는 지혜의 여신의 이름을 딴 것이다. 팔라스도 케레스처럼 크기가 작았고, 캄캄한 우주 공간을 배경으로 작은 빛의 점으로만 보였다. 하지만 케레스와 팔라스가 거의 같은 거리에서 태양 주위를 돈다는 사실이 이상했다. 천문학자들은 원래 그곳에 〈잃어버린 행성〉이 하나만 있을 것이라고 예상했다. 2개나 있을 것이라고 생각한 사람은 아무도 없었다. 알려진 나머지 행성들은 모두 자신이 지나가는 궤도 주변에서 지배적인 천체였지만, 케레스와 팔라스는 이 규칙을 어기는 것처럼 보였다. 올베르스는 케레스와 팔라스가 원래는 하나였던 행성이 혜성과 충돌하거나 내부 폭발로 쪼개지면서 생겼다는 가설을 세웠다. 그리고 다른 파편들도 곧 발견될 것이라고 예측했다.

허셜은 왕립 학회의 간행물에서 새로운 두 〈행성〉의 발견과 특성을 정리했다.[4] 두 행성은 망원경으로 보면 별처럼 보이고, 혜성처럼 크기가 작지만 혜성 특유의 코마로 둘러싸여 있지 않으며, 행성처럼 태양 주위의 궤도를 돌았다. 별과 혜성, 행성과 비슷한 점이 있지만 분명히 다른 점도 있기 때문에, 허셜은 이들을 새로운 천체 집단으로 분류할 수 있다고 주장했다. 그래서 이런 천체들을 가리키기 위해 그리스어로 〈별〉을 뜻하는 〈아스티르ἀστήρ〉와 〈형태〉를 뜻하는 〈에이도스εἶδος〉를 합쳐 〈asteroids〉라는 단어를 만들었는데, 문자 그대로 해석하면 〈별과 비슷한〉이라는 뜻이다.* 하지만 이 단어는 금방 받아들여지지 않았고 천문학자들은 여전히 이 천체들을 〈행성〉 또는 〈행성 파편〉이라고 불렀다.

1805년에 독일의 천문학자 카를 루트비히 하르딩Karl Ludwig Harding이 세 번째 소행성 주노Juno를 발견했다. 1807년에는 올베르스가 네 번째(자신이 발견한 것으로는 두 번째) 소행성 베스타Vesta를 발견했다. 화성과 목성 사이의 궤도에서 작은 행성이 4개나 발견되자, 올베르스가 주장한 행성 파편 가설이 더욱 힘을 얻게 되었다. 화성과 목성 사이의 궤도에서는 이상한 일이 일어나고 있는 것이 분명했다.

클라드니는 한껏 고무되었다. 자신의 저서 『철 덩어리』에서 클라드니는 순전히 추측을 바탕으로 운석이 파괴된 행성의 파편일 수 있다고 주장했다. 소행성은 그 가설을 뒷받침하는 물리적 증거였다. 어쩌면 운석은 격변이 일어난 행성에서 튀어나온 파편이 지구에 떨어진 것일 수도 있었다. 게다가 여러 천문학자는 소행성의 밝기 변화를 보고했는데, 부서지면서 불규칙한 모양을 갖게 된 것이 그 원인이라고 추정했다. 만약 소행성이 정말로 파괴된 행성의 파편이라면, 그 불규칙한 모양 때문에 궤도를 도는 동안 구르고 회전하면서 반사하는 빛의 양이 계속 달라질 것이다.

그러고 나서 거의 40년 동안은 소행성이 더 발견되지 않았다. 하지만 1845년과 1855년 사이에 새로운 소행성이 봇물 터지듯이 발견되었다. 33개가 더 발견되어 모두 37개가 목록에 올랐다. 10년 뒤에는 그 수가 85개로 늘어났다. 이 무렵에는 대다수 사람

* 우리말로는 이런 어원을 무시하고 그냥 〈소행성〉으로 번역한다 — 옮긴이 주.

이 이 **모든** 천체가 행성일 수는 없다는 사실을 받아들여 〈asteroid〉라는 단어가 일반적으로 쓰이게 되었다. 그리고 화성 궤도와 목성 궤도 사이의 우주 공간은 〈소행성대asteroid belt〉라고 부르게 되었다. 소행성들은 넓은 띠 모양으로 분포한 이 공간에서 태양 주위의 궤도를 도는 암석 조각들로 보였다. 소행성대는 대략 2AU에서 4AU 사이의 우주 공간에 분포하고 있으며, 그 간격은 태양과 지구 사이 거리의 두 배에 해당하는 약 3억 킬로미터에 이른다. 〈잃어버린 행성〉의 궤도는 수많은 소행성이 분포하고 있는 광대한 행성 간 공간으로 변해 갔다.

놀라운 틈

점점 더 많은 소행성이 발견되고 그 궤도가 계산되면서 소행성대 내에서도 어떤 패턴이 나타나기 시작했다. 미국 천문학자 대니얼 커크우드Daniel Kirkwood는 소행성대에서 소행성이 전혀 없는 틈(간극)들이 동심원 형태로 존재한다는 사실을 발견했다. 이 간극들을 그의 이름을 따서 〈커크우드 간극〉이라 부른다. 커크우드는 이 간극들을 1866년에 〈경이로운 간극remarkable chasms〉이라고 불렀다. 소행성대는 혼란스러운 파편들이 태양 주위의 궤도를 돌고 있는, 단순히 넓은 고리 모양의 영역이 아니었다. 소행성들은 동심원 모양의 고리들을 이루어 질서 정연하게 배열되어 있었다. 커크우드는 고리들 사이의 간극이 태양계에서 가장 큰 행성인 목성과 소행성들 사이의 중력 상호 작용을 통해 생겨났다고 정확하게 간파했다. 소행성들이 태양 주위를 돌 때 소행성대의 특정 지역들에서는 목성과 〈궤도 공명〉이 일어난다. 뉴턴이 발견한 만유인력의 법칙에 따르면, 행성이나 소행성, 혜성이 궤도를 도는 속도는 태양과의 거리에 따라 결정된다. 태양에서 멀어질수록 궤도 속도가 느려진다. 소행성대의 궤도 공명은 소행성의 공전 주기와 목성의 공전 주기가 정수비로 딱 맞아떨어질 때 일어난다.

태양계를 시계판이라고 상상해 보자. 태양은 중심에 있고, 행성들과 소행성들은 제각각 다른 거리에서 그 주위를 돌고 있다. 우리 시계에서 목성은 시계판의 바깥쪽 가장자리를 따라 궤도를 돈다. 이제 시계판의 중심(태양)에 더 가까운 곳에서 궤도를 도는 소행성이 있다고 상상해 보자. 이 소행성은 훨씬 바깥쪽에 있는 목성보다 궤도를 한 바퀴 도는 속도가 더 빠를 것이다. 소행성이 시계판을 한 바퀴 도는 속도가 목성보다 두 배 빠르다고 가정하자. 그러면 목성이 한 바퀴 도는 동안 소행성은 두 바퀴를 돌 것이다. 이런 상황을 2:1 궤도 공명이 일어난다고 이야기한다. 소행성이 두 바퀴를 돌 때마다 목성과 소행성은 시계판 위에서 똑같이 12시 자리에 있을 것이다(애초에 12시에서 출발했다면). 이 위치에서 목성의 강한 중력장은 소행성을 살짝 끌어당겨 그 궤도를 약간 타원으로 비틀어지게 만든다. 이런 상태로 궤도를 수십만 번 돌고 나면, 12시 위치에서 미치는 이 작은 중력 영향의 결과가 누적되어 소행성의 궤도가 카오스적으로 변한다. 비슷한 궤도 공명 위치(따라서 간극 위치)는 3:1, 5:2, 7:2, 7:3에서도 발견된다.

이러한 카오스적 궤도는 소행성을 소행성대에서 중력 상호 작용이 더 안정적인 장소로 이동하게 한다. 일부 소행성은 카오스적 궤도를 그리다가 소행성대에서 벗어나 태양계 안쪽으로 태양을 향해 다가가거나 반대로 차가운 바깥쪽 지역으로 나아갈 수 있다. 혹은 다른 소행성과 격변적 충돌 경로로 나아가 수많은 파편을 남길 수도 있다. 그 운명이야 어떻게 되건, 궤도 공명 위치에 놓인 소행성은 금방 궤도가 바뀌게 된다. 그래서 궤도들의 우아한 공모를 통해 소행성대의 특정 지역들에서는 소행성이 사라지게 된다.

소행성대의 특정 지역들에서 소행성을 쫓아내는 궤도 공명은 소행성들 — 그리고 소행성의 작은 파편들 — 을 충돌시키거나 태양계의 다른 지역으로 옮겨 갈 수 있는 수단을 제공한다. 만약 소행성이나 소행성 파편의 궤도가 교란되어 지구 궤도를 지나가게 된다면, 이것들은 지구가 태양 주위를 도는 동안 지구의 중력에 끌려 지구에 가까이 다가갈 가능성이 있다. 그 당시 과학자들은 운석이 소행성대에서 날아온 그런 파편일 가능성에 주목했다.

소행성 파편

천문학자들이 망원경으로 위를 올려다보는 동안 지질학자들은 현미경으로 아래를 내려다보았다. 19세기 중엽에 프랑스의 지질학자 아돌프 부아스Adolphe Boisse는 운석의 기원이 행성 파편이라는 증거를 발견했다고 생각했다. 이것은 소행성 기원 가설과 궤를 같이하는 주장이었다. 부아스는 지구 같은 행성의 내부 구조와 비슷하게 운석들을 밀도에 따라 순서대로 배열했다. 철질 운석을 금속 핵에 해당하는 한가운데에 놓고, 석철질 운석을 그 주위에 배치하고, 석질 운석 — 맨 바깥쪽의 암석질 맨틀과 지각에 해당한다 — 으로 전체를 빙 둘러쌌다. 운석들이 큰 행성의 각 층들에 해당하는 물질과 닮았다는 사실은 소행성이 행성의 파편이며 운석이 거기에서 유래했다는 가설을 강하게 뒷받침하는 물리적 증거로 간주되었다.

하지만 아직 큰 문제가 남아 있었다. 클라드니는 『철 덩어리』에서 화구와 유성이 하늘을 가로지르는 속도로 볼 때, 이들이 태양계 내에서 유래했을 가능성이 없다고 지적했다. 그는(그리고 결국에는 다른 사람들도) 그렇게 빠른 속도를 고려하면, 화구와 유성은 성간 공간에서 유래한 것이 틀림없다고 생각했다. 이것은 소행성 기원 가설과 충돌했다. 과학계는 화구와 유성이 우주에서 지구 대기권으로 들어온 암석에서 생기며, 그중 일부는 불타면서 지표면까지 추락하는 동안 살아남는다는 개념을 일반적으로 받아들인 반면, 정확한 기원을 둘러싼 문제는 20세기 중엽에 와서야 풀렸다.

1930년대와 1940년대에 과학자들은 대기권으로 들어오는 화구를 카메라로 포착하려고 집중적인 노력을 기울였는데, 우주 공간에서 그 운행 경로를 파악하기 위해서였다. 만약 그 궤적을 정확하게 촬영한다면 그 속도와 궤도 경로를 계산할 수 있었다. 그러면 운석이 성간 물체인지 아니면 태양계 내에서 유래한 물체인지 마침내 그 답을 알아낼 수 있을 것으로 기대되었다. 화구를 카메라에 담으려면 행운과 오랜 기다림이 결합되어야 한다. 하지만 그런 기다림은 보람이 있었다. 미국의 여러 천문대에서 마침내 머리 위로 지나가는 화구를 장시간 노출 사진 필름으로 촬영하는

데 성공했다. 대기권 진입 시의 속도와 방향을 바탕으로 계산한 결과는 화구가 태양 주위의 궤도를 도는 암석에서 유래했다는 사실을 보여 주었다. 화구는 **성**간 공간이 아니라 **행성** 간 공간에서 유래한 것이었다. 즉 원래부터 이 태양계에 속한 물질이었다.

1950년대 중엽에 많은 나라와 마찬가지로 체코슬로바키아도 냉전의 긴장 상황 속에서 머리 위로 지나가는 인공위성들의 경로를 포착하려고 하늘로 향한 카메라 네트워크를 구축했다. 우주 관측은 국가 안보가 달린 문제였다. 1959년 4월, 프라하에서 남서쪽으로 55킬로미터 떨어진 소도시 프르지브람에 설치된 관측 기지에서 여러 대의 카메라가 머리 위를 지나가는 화구를 동시에 포착했다. 밤하늘을 환하게 밝힌 그 화구는 지상에서도 목격되었는데, 8,000제곱킬로미터나 되는 지역에서 목격되었다. 화구가 두 대 이상의 카메라에 포착된 것은 역사상 처음이었다. 화구의 비행 경로가 둘 이상의 각도에서 포착되었기 때문에 삼각법으로 화구의 진행 궤적을 아주 정확하게 계산할 수 있었다. 그 덕분에 추락 장소도 예측할 수 있었다. 그 예측은 큰 도움이 되었고, 몇 주 이내에 하늘에서 막 떨어진, 큰 사과만 한 크기의 석질 운석이 발견되었다. 그 후 몇 달 사이에 같은 운석의 파편이 3개 더 발견되어, 운석이 대기권을 통과하는 동안 여러 조각으로 쪼개졌다는 사실이 밝혀졌다.

과학자들은 이 화구의 진행 궤적뿐만 아니라 역궤적도 계산했다. 화구의 대기권 진입 속도와 방향을 바탕으로 이 암석이 우주 공간에서 움직인 경로를 알 수 있었다. 이 암석은 매우 길쭉한 타원 궤도를 그리며 지구와 충돌하는 경로로 움직이다가 지구에 도착했다. 프르지브람 운석은 소행성대 외곽에서 날아온 것으로 드러났다. 이것은 하늘의 암석들이 정말로 화성 궤도와 목성 궤도 사이의 소행성대에서 유래한다는 것을 뒷받침한 최초의 확실한 증거였다.

전 세계 각지에 설치된 카메라 시스템 네트워크로 수십 년 동안 하늘을 관측하면서 화구의 경로를 역추적한 결과, 대기권 진입 속도와 방향을 바탕으로 더 많은 운석의 궤도를 정확하게 계산해냈다. 그중에는 1977년에 캐나다 앨버타주에 떨어진 이니스프리 운석, 2000년에 체코 공화국에 떨어진 모라프카 운석, 2003년에 미국 일리노이주에 떨어진 파크포리스트 운석도 포함되어 있었다. 모두 프르지브람 운석처럼 카메라에 떨어지는 모습이 포착되었고 그 파편들이 수거되었다. 모라프카 운석의 경우에는 사과만한 크기의 운석 파편이 가문비나무에 충돌했다가 어느 운 좋은 사람의 집 뒷마당에 떨어졌다.

운석의 출발지가 될 수 있는 소행성은 상당히 많다. 피아치가 1801년에 케레스를 우연히 발견한 이래 소행성대에서 발견되어 목록에 오른 소행성은 수십만 개나 된다. 케레스는 최초로 발견된 소행성일 뿐만 아니라, 지금까지 발견된 소행성 중 가장 크다. 케레스는 그 폭이 1,000킬로미터에 조금 못 미치는데, 영국 제도의 남북 길이와 얼추 비슷하다. 팔라스와 베스타는 폭이 약 500킬로미터로 잉글랜드와 비슷한 크기이다. 폭이 1킬로미터 이상인 소행성은 100만~200만 개로 추정된다. 이들 모두를 발견해 지도로 작성하려면 아직도 갈 길이 멀다. 하지만 큰 소행성은 규칙보다는 예외에 속하며 작은 소행성에 비해 아주 드물게 존재한다. 폭이

1킬로미터 미만인 소행성은 수십억, 수백억 개나 있을 것으로 예상되며, 작게는 1미터 미만까지 그 크기가 아주 다양하다.

소행성들은 조용히 태양 주위를 돌다가 가끔 서로 충돌하여 아주 빠른 속도로 파편을 방출하거나, 궤도 공명이 일어나는 커크우드 간극 중 하나에 너무 가까이 다가가는 바람에 그 파편을 태양계 안쪽으로 보낸다. 이 파편들은 행성 간 공간에서 이동한다. 지구의 경로로 흘러드는 파편은 대부분 먼지에서 완두콩 크기 정도로 아주 작다. 그래서 대기권을 통과하는 동안 완전히 타서 사라진다. 하지만 큰 파편은 활활 타면서 대기권을 통과하는 여행에서 살아남아 지표면에 도달함으로써 자신의 긴 역사에서 새로운 장을 연다. 대다수 운석은 발견되지 않은 채 남아 있다가 긴 지질학적 시간이 지나는 동안 지표면의 일부로 포함되어 지구 물질로 변한다. 호기심 많은 지구 주민에게 발견되는 것은 그중 극히 일부에 지나지 않는다.

운석으로부터 그것이 유래한 소행성에 대해 세부적인 사실을 많이 알게 되었고, 그 결과로 소행성은 하늘에서 별처럼 보이는 희미한 빛의 점에 불과한 존재에서 어엿한 세계(천체)로 변했다. 소행성은 각자 자신만의 독특한 역사와 이야기를 지닌 세계이다. 소행성에는 태양계 역사의 첫 장에 해당하는 이야기와 행성계를 만드는 방법과 새로운 세계를 만드는 데 필요한 성분이 기록되어 있다.

이 책의 나머지 장들에서는 주로 먼 옛날부터 암석들 속에 갇혀 있었던 이야기들을 살펴볼 것이다. 하지만 태양계 이야기의 첫 장을 살펴보기 전에 먼저 운석부터 발견할 필요가 있다.

2장
운석의 종류와 기원

운석이 떨어지는 장면을 목격하고서 그것이 떨어진 장소를 정확하게 찾아내는 것은 엄청나게 희귀한 일이다. 떨어지는 장면이 목격되고 난 직후에 발견된 운석을 〈낙하 운석〉이라고 부르는데, 알려진 운석 6만여 개 중에서 1,200개도 안 된다.[1] 비율로 따지면 2퍼센트(50개당 1개)도 안 된다. 낙하 운석은 가치가 아주 높으며 여러 측면에서 가장 중요한 운석이다. 낙하 운석은 문화적으로도 중요한데, 열광적인 목격담과 전설에 가까운 이야기를 수반하는 경우가 많기 때문이다. 또 과학적으로도 중요한데, 운석에 새겨진 지질학적 이야기가 가장 잘 보존되어 있기 때문이다.

지표면에 도착하기 전까지 운석은 비활성 진공 상태인 우주 공간에 머문다. 반응할 기체가 없는 조건 때문에 수십 년 동안 불변의 상태로 보존된다. 심지어 대기권에 진입하면서 격렬한 충격과 고열에 휩싸이는 동안에도 운석은 대체로 원래의 상태를 그대로 유지한다. 다만 바깥쪽 껍질만 과열되며 그 열이 내부에 작용하기 전에 금방 벗겨져 나간다. 하지만 지표면에 떨어지고 나면 운석은 즉각 풍화되기 시작한다. 사방에서 대기 중의 산소와 빗물과 미생물 군단이 공격해 온다. 지구의 암석들에 새로운 이야기를 새기는 지질학적 과정은 운석에 새겨진 이야기들 위에 새로운 이야기를 겹쳐 쓰기 시작한다. 아직 지구의 환경에 오염되지 않은 상태의 낙하 운석은 같은 무게의 금보다 몇 배나 더 값이 비쌀 때가 많다.

운석은 적도 부근 위도 지역에 조금 더 많이 떨어지긴 하지만, 대체로 지표면 전체에 골고루 떨어진다. 따라서 운석이 스코틀랜드 들판에 떨어질 확률은 같은 면적의 오스트레일리아나 페루 들판에 떨어질 확률과 거의 비슷하다. 지표면 중 상당 부분은 바다로 덮여 있어서 지구에 떨어지는 운석은 대부분 심연 속으로 가라앉아 영원히 사라지고 만다. 운이 좋아 마른땅에 떨어지는 운석에는 대개 그 장소의 이름이 붙는다. 그래서 운석에는 예스러운 것(월드코티지)에서부터 발음하기 힘든 것(밀빌릴리)과 재미있는 것(캐멀동가)에 이르기까지 온갖 지명이 붙어 있다.

우주에서 지구로 떨어지는 물질은 1년에 약 4만 톤이나 된다. 그렇다면 왜 지표면이 두꺼운 운석 층으로 뒤덮여 있지 않을까? 그 이유는 크기에 있다. 지구는 엄청나게 크다. 지구는 태양계에서 가장 큰 암석 행성이며, 표면적은 5억 제곱킬로미터에 이른다. 그래서 4만 톤의 물질을 그 위에 뿌린다고 해도 티가 나지 않는다. 비유를 들자면 센트럴런던의 세인트제임스파크*에 외계 암석을 매년 한 찻숟가락씩 뿌리는 것과 비슷하다. 지구의 크기에 비하면

* 뉴캐슬 유나이티드 FC의 홈구장으로 쓰이고 있는, 잉글랜드 북동부에서 가장 오래된 축구 경기장 — 옮긴이 주.

그 양은 눈에 띄지도 않을 정도로 적다.

지구에 떨어지는 외계 물질이 모두 암석만 한 것도 아니다. 대부분은 〈우주 먼지〉라고 부르는 아주 작은 암석 입자의 형태로 지구로 들어온다. 예리한 눈과 현미경의 도움을 받아야만 볼 수 있는 크기이다. 낙하 운석 중 〈암석 크기〉에 해당하는 것은 극히 일부에 지나지 않으며, 월드코티지나 흐라슈치나에 떨어진 것과 같은 크기의 운석은 예외적일 정도로 드물다. 옛날에 캄포 델 시엘로에 떨어진 것처럼 자동차 크기의 매머드 운석은 한평생에 한 번 떨어질까 말까 할 정도로 드물며, 설령 떨어진다 하더라도 대부분은 바다에 떨어져 영영 회수가 불가능하다.

떨어지는 모습이 목격되지 않은 약 5만 9,000개의 운석을 〈발견 운석〉이라고 부른다. 이 운석들은 지표면에 놓여 있다가 마침내 발견된 뒤에 안전한 보관 시설로 옮겨진다. 때로는 대기 중의 습기와 반응하는 것을 막기 위해 습기가 전혀 없는 공기와 일정한 온도 환경에서 보관한다. 일부 시설에서는 녹이 스는 것을 예방하기 위해 아주 귀한 운석을 진공 상태나 순수한 질소 공기 속에서 보존한다.

발견 운석은 수만 년 혹은 수십만 년 뒤에야 발견되는 경우도 많다. 발견 운석은 제때 발견되지 않으면 풍화 작용으로 알아볼 수 없게 변해 주변의 모래와 흙과 뒤섞이고 만다. 그러면 여느 자갈과 구별할 수 없다. 수십억 년 전에 태양계가 생겨난 뒤 행성 간 공간에서 살아남은 암석이 지표면에서 100만 년도 안 되는 시간을 보내다가 파괴되고 만다면 너무 허무하다는 생각이 들 수 있다.

낙하 화석처럼 발견 화석도 과학적으로 가치가 있지만, 결함이 섞여 있는 경우가 많아 분석할 때 주의해야 한다. 금속은 산소와 반응해 녹이 슬고, 스며든 빗물로 인해 물과 암석의 복잡한 상호 작용을 통해 새로운 광물이 생기기도 하고, 균열 사이로 액체가 파고들어 염 침전물이 생기기도 한다. 운석 고유의 특징과 지구에서 생긴 특징을 구별하는 것이 가끔 골치 아픈 문제가 된다.

우리는 운석 연구에서 많은 정보를 얻었다. 분석이 가능한 운석의 수가 아주 많았던 것이 한 가지 요인이었다. 물론 늘 그랬던 것은 아니다. 하워드가 19세기 초에 중요한 분석을 할 때 사용한 운석은 8개밖에 없었고, 20세기 중엽까지도 운석의 수는 모두 합쳐 2,000개가 안 되었다. 그런데 지구에서 가장 외딴 장소에서 일어난 우연한 발견이 운석 골드러시를 촉발하면서 상황을 반전시켰다.

차가운 사막의 발견 운석

1969년 남반구의 여름 동안 일본의 과학자 팀이 남극 동부 빙상에서 빙하 얼음의 흐름과 변형을 추적하기 위해 관측 기지를 설치했다. 12월 21일 오후, 그중 여러 명이 얼음 위에 놓여 있는 이상한 돌들을 발견했다. 그 돌들은 모두 바깥쪽이 검은색 껍질로 뒤덮여 있었다. 현장에 있던 지질학자 요시다 마사루(吉田勝)는 이 돌이 운석일 수도 있다고 생각해, 나머지 대원들에게 그런 돌이 더 있는지 찾아보게 했다. 그다음 열흘 동안 그런 돌이 6개 더 발견되어 모두 9개가 되었다. 이 검은색 돌들은 옅은 파란색 빙하 얼음 위에서 두드러져 보여서 찾기가 쉬웠다. 채집한 표본들은 포장

용 테이프로 묶은 뒤 천으로 싸서 깡통에 넣어 분석을 위해 일본으로 보냈다.

일본에서 표본의 분석을 맡은 지질학자 고라이 마사오(牛來正夫) 교수는 돌들을 잘라 현미경으로 자세히 살펴보았다. 9개 모두 운석이라는 사실을 확인하기까지는 오랜 시간이 걸리지 않았다. 이 운석들의 조직과 지질학적 조성은 제각각 큰 차이가 있었다. 모두 석질 운석이긴 했지만(금속을 상당량 포함한 것은 하나도 없었다) 적어도 다섯 종류의 운석을 분명히 구별할 수 있었다. 이 운석들은 같은 운석의 파편으로 한꺼번에 떨어진 것이 아니라 아마도 수만 년의 시간에 걸쳐 제각각 따로 떨어진 것이 분명했다. 그토록 많은 별개의 운석들이 한 장소에서 발견된 것은 일어나기 힘든 우연이었다. 심지어 아예 불가능한 일에 가까웠다.

그러다가 1973년에 일본 과학자들이 우연히 같은 얼음 지역에서 운석을 12개 더 발견했다. 이 운석들 역시 모두 석질 운석이었지만, 적어도 다섯 종류가 섞여 있었는데(그중 세 종류는 1969년 표본에서 발견되지 않았던 것이다), 이들은 광물 조성이 제각각 달랐다. 운석 노다지 가능성에 흥분한 일본은 1974년에 더 많은 운석을 찾기 위한 탐사대를 조직해 남극 동부 빙상으로 파견했다.

그들은 불과 2주 만에 660개 이상의 운석을 발견해 그때까지 알려진 운석의 수를 3분의 1이나 늘렸다. 그것은 전례가 없는 일이었다. 운석의 종류도 24종 이상이었다. 대부분은 석질 운석이었지만 하나는 석철질 운석이었다.

그런데 이것은 빙산의 일각에 불과했다.

일본 과학자들은 어떤 특이한 일이 일어나지 않고서는 이렇게 운석들이 한곳에 모일 수 없다는 사실을 즉각 알아챘다. 하나씩 따로 떨어진 운석들이 같은 빙상 위의 좁은 지역에 이렇게 모일 수가 없기 때문이었다. 그런 일은 불가능해 보였다. 어떻게 그런 일이 일어날 수 있었을까?

답은 얼음 속에 있었다. 오랜 시간에 걸쳐 운석들은 지구의 나머지 지역에 떨어지는 것과 마찬가지로 남극 동부 빙상—지구에서 가장 큰 빙상—위에도 여기저기 무작위로 떨어졌다. 떨어진 운석은 새로 내린 눈에 묻혀 점점 더 깊이 내려가다가 빙상에 포함되면서 그 속에 갇혔다. 그렇게 수천 년이 지나는 동안 위에 점점 더 많이 쌓인 눈이 짓누르는 무게로 얼음 속에 갇혔던 공기가 빠져나가면서 얼음은 찬란한 흰색에서 옅은 파란색으로 변한다. 운석은 이 파란색 교도소에 갇힌다. 거대한 빙상이 대륙 가장자리를 향해 흘러가면 그 속에 갇힌 운석도 함께 이동한다. 마치 천연 컨베이어 벨트 위에 실려 움직이는 것과 비슷하다.

흘러가던 얼음이 가끔 빙상 아래에 숨어 있던 산맥을 만나 방해를 받는 일이 일어난다. 이 방해물을 만난 빙상은 접히면서 위로 밀려 올라가는데, 이때 깊은 곳에 있던 오래된 얼음이 그 힘에 밀려 표면으로 드러나게 된다. 이곳에 쌓인 얼음은 대륙 가장자리에 있는 바다를 향해 계속 흘러가면서 그 속에 갇힌 운석을 함께 물속으로 데려가는 대신에 엄청난 풍속으로 부는 극풍에 흩날려 사라진다. 무거운 운석들은 대부분 그 자리에 남는다. 강한 바람은 눈이 새로 쌓이는 것도 방해한다. 그리고 표면의 얼음이 바람에 불려 흩어지면 그 자리를 채우기 위해 아래에서 추가로 얼음이 밀려 올라온다. 이렇게 수천 년이 지나는 동안 이곳에는 많은 얼음이 사라지는 대신에 운석이 아주 많이 쌓이게 된다.

일본 탐사대가 수색을 시작한 지 1년도 지나기 전에 남극 대륙에서 엄청나게 많은 운석이 발견되었다는 소문이 전 세계 과학계에 파다하게 퍼졌다. 그러자 아폴로 시대의 영광에 아직 도취되어 있던 미국도 운석 사냥에 나서기로 결정했다. 이렇게 해서 운석 골드러시가 시작되었다.

1980년까지 매년 파견된 미국과 일본의 공동 탐사대는 새로운 운석을 약 5,000개나 발견해 전 세계에서 알려진 운석의 수를 두 배로 늘렸다. 이 글을 쓰고 있는 현재 남극 동부 빙상에서 발견된 운석은 무려 4만 개에 이르며, 매년 수백 개씩 더 발견되고 있다. 지금도 운석을 찾기 위해 남극 빙상의 파란 얼음을 수색하는 탐사대가 매년 파견되고 있다.

남극 대륙에서 채집한 이 보물은 운석 연구에 불을 지폈다. 이제 우주 화학자들은 세계적인 박물관들에 보관되어 있는 아주 귀한 역사적 낙하 운석에만 매달릴 필요 없이, 남극 대륙에서 채집된 방대하고 종류도 많은 운석 컬렉션에 접근할 수 있다.

뜨거운 사막의 발견 운석

전체 운석 중 3분의 2는 세계 최대의 차가운 사막에서 발견되었지만, 5분의 1은 세계 최대의 뜨거운 사막에서 발견되었다. 그곳은 바로 사하라 사막이다.

사하라 사막은 건조한 기후 덕분에 운석이 수십만 년 동안 잘 보존되는데, 간헐적으로 떨어지는 운석들이 모래 위에 많이 쌓인 채 보존된다. 운석은 검게 변한 껍질 때문에 밝은 모래를 배경으로 두드러져 보이며, 운석 외에는 암석과 바위(그리고 나무와 관목)가 존재하지 않는 환경이다 보니 이곳에 암석이 있다면 그것이 올 곳은 딱 한 군데, 하늘밖에 없다.

사하라 사막에 사는 사람들은 과학자들과 아마추어 수집가들이 기이한 암석에 기꺼이 큰돈을 지불하려 한다는 사실을 알고서,[2] 운석을 채집해 사막 가장자리에 늘어서 있는 시장에 가져가 판다. 희귀한 종류의 운석을 발견하면 큰돈을 만질 수 있다.

하지만 사하라 사막의 운석에는 어두운 측면도 있다. 아프리카 북부에 위치한 많은 나라는 엄격한 관리와 규정으로 이 경이로운 자연물의 거래를 감독하고 있기 때문에, 많은 운석이 불법적으로 밀반출된다. 이 우주 밀수품은 여러 차례 손이 바뀌면서 전 세계 각지의 개인 컬렉션이나 큐레이션 시설, 과학 연구소로 흘러간다. 그래서 증빙 서류는 물론이고 출처를 추적할 방법이 없는 경우가 많다. 윤리적 문제 때문에 일부 시설들은 아프리카에서 발견된 운석을 받아들이길 꺼리지만 — 런던 자연사 박물관도 그런 곳 중 하나이다 — 과학적 탐구열에 불타는 많은 시설은 그런 것에 구애받지 않고 사하라 사막의 운석을 입수해 방대한 연구를 해왔다. 싫든 좋든 간에 사하라 사막에서 채집한 운석들은 그것들이 유래한 소행성들에 대한 지식을 크게 발전시켰다. 따라서 사하라 사막의 운석은 양날의 칼인 셈이다.

뜨거운 사막과 차가운 사막은 둘 다 자연이 운석과 그 속에 새겨진 이야기를 채집하고 저장하고 보존하는 방식이다. 남극 동부 빙상은 마치 하늘에서 샅샅이 해체되어 떨어진 책의 페이지들을 한 곳에 모으는 것처럼, 엄청난 수의 운석을 한 곳에 모으는 경이로운 능력으로 우리를 나머지 태양계와 먼 과거로 연결시키는 입구 역할을 한다. 얼음과 뜨거운 모래에 새겨진 이야기들은 마치 오래된 책이 책장에 꽂힌 채 끈기 있게 기다리듯이 오랜 세월 동안 기다린다. 길게는 100만 년 동안 기다리다가 마침내 탐험가에게 발견된다. 사막은 자연의 거대한 도서관이다.

운석의 분류

하워드를 비롯해 우주 화학의 개척자들은 처음부터 운석에는 크게 세 종류 — 석질 운석, 석철질 운석, 철질 운석 — 가 있다는 사실을 알았다. 하지만 그들은 유럽의 여러 박물관에 보관된 수십 개의 운석 표본만 조사할 수 있었기 때문에 운석의 종류가 얼마나 다양한지 제대로 알 수 없었다.

지난 200년 동안 수집된 엄청난 수의 운석과 과학 도구의 발전에 힘입어 운석의 종류가 엄청나게 다양하다는 사실이 밝혀졌다. 그래서 운석들이 유래한 소행성들의 그림이 뚜렷이 나타나기 시작했다. 운석은 소행성에서 무작위로 떨어져 나온 파편이 아니다. 운석을 종류별로 조직하고 분류할 수 있는 기본 체계가 있다. 거의 모든 운석은 검게 그을린 용융각(鎔融殼)으로 덮여 있지만, 다이아몬드 톱날로 잘라 보면 운석의 지질학적 특성이 드러나는데, 지구에 존재하는 수많은 암석만큼 다양하고 경이롭다.

크게 세 종류로 나누었던 운석들을 지금은 지질학적 특성에 따라 40개 이상의 집단으로 분류할 수 있다. 석질 운석은 적어도 30개, 석철질 운석은 적어도 6개, 철질 운석은 적어도 14개 집단으로 세분할 수 있다. 일부 철질 운석은 마그마가 식어서 생기는 화성암 결정들의 모자이크로 이루어져 있는 반면, 다른 철질 운석은 아스팔트처럼 자극적인 냄새가 나면서 탄소를 기반으로 한 복잡한 분자와 물이 많이 들어 있다. 일부 석철질 운석은 금속 철로 된 뼈대에 동전만 한 크기의 진녹색 감람석 — 일상적으로 〈페리도트peridot〉라고도 부르는 준보석 — 결정들이 박혀 있다. 일부 철질 운석은 작은 바늘 모양의 금속 광물들로 이루어져 있고, 어떤 철질 운석은 기다란 손가락들이 서로 맞물린 형태의 금속으로 이루어져 있다. 소행성대에서 유래한 암석의 종류는 놀랍도록 다양하다.

이렇게 놀랍도록 많은 운석 집단의 종류는 즉각 〈산산조각 난 행성〉 가설에 어두운 그림자를 드리운다. 어떻게 한 행성의 파편에서 이토록 많은 종류의 운석이 유래할 수 있겠는가? 물론 이곳 지구의 암석도 아주 다양하다는 사실을 지적할 수는 있다. 지구를 끊임없이 빚어내는 지질학적 힘들이 만들어 낸 암석의 종류는 수천수만 가지나 된다. 이 질문에 대한 답은 운석에 들어 있지만, 그것을 제대로 읽으려면 우주 화학의 도구 중 아주 강력한 것을 사용해야 한다. 그 도구는 바로 동위 원소이다.

각각의 원자 — 모든 물질의 화학적 기본 구성 요소 — 중심에는 밀도가 높은 원자핵이 있는데, 원자핵은 양성자와 중성자로 이루어져 있다. 원자의 화학적 성질을 좌우하는 것은 양성자 수이다. 주기율표에 실린 천연 원소들의 양성자 수는 1개(원자 번호가

1번인 수소)에서부터 92개(원자 번호가 92번인 우라늄)까지 다양하다. 양성자는 원소를 정의하는 핵심 요소이다. 예를 들면 네온은 양성자 수가 10개, 철은 26개, 백금은 78개이다. 하지만 주기율표가 알려 주는 이야기는 절반에 지나지 않는데, 원자핵에 들어 있는 중성자 수는 고정되어 있지 않고 변할 수 있기 때문이다.

양전하를 가진 양성자와 달리 중성자는 전하가 없어 원자의 화학적 행동에 아무런 영향을 미치지 않는다. 하지만 중성자는 질량이 양성자와 비슷해서 원자핵 속의 중성자 수가 변하면 원자의 질량도 변한다. 원자 번호는 같지만 중성자 수가 서로 다른 원자를 동위 원소라고 부른다. 동위 원소를 뜻하는 영어 단어 〈isotope〉는 고대 그리스어로 〈같은〉이라는 뜻의 〈이소스ἴσος〉와 〈장소〉라는 뜻의 〈토포스τόπος〉에서 유래했다. 동위 원소는 질량만 다를 뿐 동일한 원소이기 때문에 주기율표에서 〈같은 장소〉를 차지한다.

8번 원소

생명을 주는 원소이자 지구 대기에서 두 번째로 풍부한 기체 원소인 산소는 대부분의 암석에 가장 많이 들어 있는 원소이다. 산소는 암석을 이루는 많은 광물의 결정 구조에 필수 성분으로 포함되기 때문에, 우리가 숨 쉬는 공기보다 발밑에 있는 암석 속에 들어 있는 산소가 더 많다. 산소는 운석에 많이 포함되어 있을 뿐만 아니라 독특하고 중요한 화학적 성질을 지니고 있어, 우주 화학에서 아주 중요한 원소이다. 산소는 충실하고 강한 힘을 지닌 이야기꾼이다.

산소는 산소-16, 산소-17, 산소-18의 세 가지 동위 원소 형태로 존재하는데, 기호로는 각각 ^{16}O, ^{17}O, ^{18}O로 표기한다. 각각의 산소 동위 원소는 정의상 원자핵에 양성자가 8개(산소는 주기율표에서 8번 원소이다) 있지만 중성자 수가 서로 다르다. ^{16}O에는 중성자가 8개, ^{17}O에는 9개, ^{18}O에는 10개가 있다. 셋은 모두 산소이기 때문에 화학적 성질이 동일하지만, 종류가 다른 동위 원소이므로 질량이 서로 다르다. 셋 중 ^{18}O이 가장 무겁고 ^{16}O이 가장 가볍다.

그중에서 압도적으로 많이 존재하는 산소 동위 원소는 ^{16}O이다. 바닷물이 담긴 물통에서 물 분자(H_2O) 1만 개를 무작위로 선택한 다음에 거기에 포함된 산소 원자 1만 개를 일일이 조사해 본다면, 약 24개를 제외한 나머지는 모두 ^{16}O일 것이다. 그리고 24개 중 20개는 ^{18}O이고 나머지 4개는 세 가지 동위 원소 중 가장 희귀한 ^{17}O일 것이다.

세 동위 원소의 비율은 지구상의 장소에 따라 아주 미소하지만 측정 가능한 차이가 난다. 예를 들어 뜨거운 김이 모락모락 솟아오르는 찻잔의 경우처럼 물의 온도를 높이면 가벼운 동위 원소가 무거운 동위 원소보다 더 쉽게 증발한다. 물 — 산소 원자를 포함한 H_2O 분자 — 의 경우, 찻잔에서 증발하는 수증기에는 남은 물에 비해 ^{16}O과 ^{17}O(^{16}O보다는 그 정도가 덜하지만)의 농도가 조금 더 높아질 것이다. 무게가 더 가볍기 때문에, ^{16}O은 ^{17}O보다, 그리고 ^{17}O은 ^{18}O보다 아주 조금이긴 하지만 더 쉽게 증발한다.

사실, ^{16}O을 기준으로 비교할 때 ^{17}O은 ^{18}O보다 증발하기가 두 배나 어려운데, ^{17}O과 ^{16}O의 질량 차이는 ^{18}O과 ^{16}O의 질량 차이의 절반이기 때문이다.* 이것은 수증기 중에서 ^{16}O에 대한 ^{17}O 수의 상대적 변화 차이가 ^{16}O에 대한 ^{18}O 수의 상대적 변화 차이의 절반에 불과하다는 것을 의미한다. 만약 전 세계의 여러 장소에서 많은 물질(공기와 물에서부터 암석과 사람에 이르기까지)을 대상으로 ^{16}O에 대한 ^{17}O의 비율과 ^{16}O에 대한 ^{18}O의 비율 차이를 측정하고, 그 결과를 그래프 위에 나타낸다면, 기울기가 $\frac{1}{2}$인 직선 위에 분포할 것이다. 이 직선을 〈지구 분별 선terrestrial fractionation line〉이라고 부른다. 지구상에 존재하는 모든 것은 이 직선 위에 분포한다.

찻잔에서 솟아오르는 수증기에 포함된 것이건 오래된 암석이 녹는 과정이나 새로운 암석을 만드는 결정화 과정에서 나오는 것이건 간에, 산소가 지구상에서 이리저리 돌아다니는 동안 그 동위 원소들의 조성은 항상 이렇게 체계적이고 질서 정연하게 변한다. 모든 것은 기울기가 $\frac{1}{2}$인 동일한 직선 위에 나타난다. ^{16}O에 대한 ^{17}O의 상대적 비율 변화는 ^{16}O에 대한 ^{18}O의 상대적 비율 변화에 비하면 절반에 해당한다. 모든 것은 지구 분별 선을 따른다. 자연은 체계적이고 예측 가능하다.

태양계의 다른 곳들에서는 산소 동위 원소들의 비율이 조금 다르다. 태양계의 서로 다른 지역에서 생성된 행성들은 이렇게 제각각 다른 동위 원소 비율을 물려받는다. 각각의 행성은 기울기가 $\frac{1}{2}$인 자신만의 독특한 기울기 직선을 갖고 있다. 산소를 포함하고 있는 모든 물질(암석처럼)이 이 직선을 따른다. 이 직선들 —

* 이것은 직접 계산을 통해 확인할 수 있다. ^{17}O과 ^{16}O의 질량 차이는 1(17-16=1)이고, ^{18}O과 ^{16}O의 질량 차이는 2(18-16=2)이다. 따라서 상대적 질량 차이는 $1 \div 2 = \frac{1}{2}$이다.

수성 분별 선, 금성 분별 선, 지구 분별 선, 화성 분별 선 — 은 서로 평행하지만, 수직 방향의 높이에서 약간 차이가 난다.

기울기가 $\frac{1}{2}$인 이 직선들은 강력하면서도 검증할 수 있는 가설을 제공하는데, 여기서 검증 가능하다는 점이 무엇보다 중요하다. 만약 소행성이 한때 온전했던 행성이 부서져서 생긴 파편이라면, 소행성의 파편인 운석은 모두 기울기가 $\frac{1}{2}$인 독특한 직선 위에 위치할 것이다.

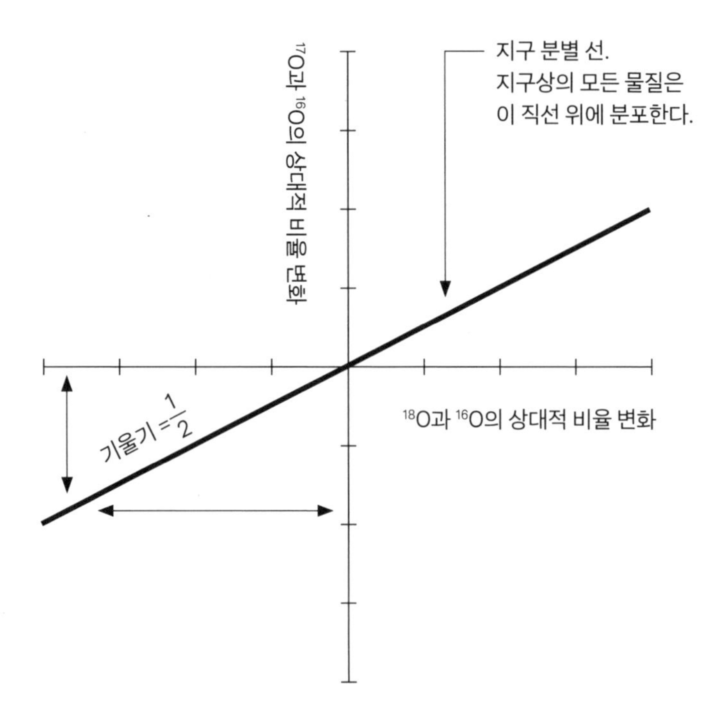

우주 화학에서 흔히 쓰이는 산소 동위 원소 그래프. 지구상의 모든 물질 — 바닷물에서부터 공기와 암석에 이르기까지 — 에 포함된 ^{16}O, ^{17}O, ^{18}O의 비율은 지구 분별 선과 일치한다. 소행성이나 혜성, 그리고 다른 행성에서 온 물질의 경우에는 이 직선에서 벗어난다.

그런데 1970년대에 시카고 대학교 우주 화학자 팀이 석질 운석 조각의 산소 동위 원소 조성을 측정하고 그것이 지구 분별 선과 일치하지 **않는다**는 사실을 발견하자, 과학자들은 크게 흥분했다.[3] 그 운석의 산소 동위 원소 조성은 지구의 것과는 완전히 달랐는데, 이것은 그 운석이 지구 밖에서 왔다는 증거였다. 그 운석의 ^{16}O 비율은 지구에서 측정한 어떤 물질보다도 훨씬 높았다. 이 측정으로 운석들의 산소 동위 원소 조성에 대한 관심이 폭발해 오늘날까지 계속 이어지고 있고, 그 후 수십 년간의 연구에서 소행성의 본질을 알려 주는 그림이 분명하게 나타났다.

운석들은 기울기가 $\frac{1}{2}$인 하나의 직선 위에 분포하는 대신에 서로 구별되는 다수의 집단으로 나누어진다. 이 사실은 운석들이 하나의 행성 — 그곳에서는 모든 암석이 기울기가 $\frac{1}{2}$인 독특한 직선 위에 위치해야 한다 — 에서 유래했다는 가설과 모순되며, 운석들이 하나의 세계에서 유래하지 않았다는 것을 강하게 뒷받침하는 증거이다. 운석들은 각자 특유의 ^{16}O, ^{17}O, ^{18}O 비율을 지닌 다수의 독특한 암석질 물체에서 유래한 것이 분명하다.

소행성은 부서진 행성의 파편이 아니라, 처음부터 행성을 만드는 데 합류하지 못한 파편이다. 소행성들은 처음부터 줄곧 따로 존재했으며, 이것들이 합쳐져 전체를 이룬 적이 없다. 소행성들은 늘 제각각 혼자서 배회하며 돌아다녔다.

산소는 이것 말고도 들려줄 이야기가 많다. 겉모습인 지질학적 유사성을 바탕으로 같은 집단으로 분류된 운석들은 산소 동위 원소 조성도 동일하다는 사실이 분명해졌다. 각각의 독특한 운석 집단은 저마다 별개의 소행성에서 유래했고, 자신이 유래한 소행성의 지질학적 역사 이야기를 간직하고 있다. 소행성들은 동일한 천체 물체로 이루어진 균일한 집단이 아니라 운석만큼이나 풍부하고 다양하다.

그 이야기를 들여다보기 전에 우리가 잘 아는 곳에서 유래한 400여 개의 운석을 잠깐 살펴볼 필요가 있다.

달에서 날아온 운석

1982년 1월 18일, 미국이 이끈 연례 운석 탐사에 나선 사람들은 남극 동부 빙상에서 매서운 추위를 무릅쓰고 열심히 작업을 했다. 캠프로 돌아가기 직전에 한 대원이 파란 빙하 얼음 위에 놓여 있는 호두만 한 크기의 검은색 암석을 발견했다. 그 시즌에 373번째이자 마지막으로 발견된 운석이었다. 곧 그것은 평범한 운석이 아닌 것으로 드러났다. 용융각이 떨어져 나간 곳들에서 모서리가 예리한 수 센티미터 크기의 흰색 암석 파편들(지질학자들이 〈암편clast〉이라고 부르는)이 드러났는데, 더 미세한 검은색 암석 파편들이 그 주위를 둘러싸고 있었다. 그것은 그 당시 알려진 운석들과는 사뭇 달랐다. 그 운석은 통상적인 멸균 포장 용기에 담겨 그 해에 채집된 나머지 372개의 운석과 함께 분류 작업을 위해 휴스턴에 있는 NASA의 존슨 우주 센터로 운반되었다. 그 운석에는 앨런힐스 81005Allan Hills 81005라는 이름이 붙었고,[4] 거기서 얇은 조각을 잘라 내 박편(薄片)* 으로 만들었다. 박편은 지질학자들에

* 현미경으로 보기 위해 얇게 만든 시료 — 옮긴이 주.

게 중요한 연구 도구이다. 지질학자는 약 30마이크로미터* 두께로 얇게 자른 이 섬세한 조각을 현미경의 유리 슬라이드 위에 올려놓고 관찰한다. 암석을 이렇게 얇게 잘라 만든 박편에는 빛이 쉽게 통과할 수 있는데, 지질학자는 빛의 광학적 성질을 이용해 암석 속에 들어 있는 광물들을 확인하고 그 지질학적 특성을 기술한다.

앨런힐스 81005 박편은 워싱턴 DC에 있는 스미스소니언 연구소에서 분석했다. 우주 화학자들은 흰색 암편이 회장석이라는 광물 파편이고 어두운 색 암편은 현무암 파편이라는 사실을 알아냈다. 마치 플럼푸딩의 스펀지 구조에 갇혀 있는 과일처럼 암편들은 짙은 갈색 유리에 붙들려 고정되어 있었다. 회장석은 지구에서는 희귀하지만, 매일 지구의 하늘을 우아하게 지나가는 천체 표면에서는 가장 풍부한 광물 중 하나인데, 그 천체는 바로 달이다. 이로써 이 운석이 지구에 좀 더 가까운 곳에서 유래했을 가능성이 부각되었다.

앨런힐스 81005의 화학적 조성과 지질학적 조성, 그리고 동위 원소(특히 산소 동위 원소)의 조성이 그보다 10년 전에 아폴로 우주 비행사들이 달 표면에서 채집해 가져온 한 암석과 동일하다는 사실이 확인되었다. 즉 앨런힐스 81005는 달에서 날아온 파편이었다. 180년 전에 프랑스의 수학자이자 천문학자인 라플라스가 운석이 달에서 날아왔다고 주장한 내용은 완전히 틀린 것이 아니었다.

달의 주요 지질학적 지역은 지구에서 맨눈으로도 볼 수 있다.

* 1마이크로미터는 1만분의 1센티미터이다. 비교를 위해 말하자면, 사람 머리카락의 두께는 약 100마이크로미터이다.

밝은 흰색과 밝은 갈색 지역이 어두운 회색 반점들을 둘러싸고 있는데, 옛날 천문학자들은 이들 지역을 각각 테라이terrae(〈육지〉라는 뜻의 라틴어)와 마리아maria(〈바다〉라는 뜻의 라틴어)라고 불렀다. 세부 내용에서는 틀린 이름이지만 본질적으로는 옳은 이름이다. 달의 바다는 물이 넘치는 바다는 아니지만 그래도 바다였다. 달의 바다는 한때 용융된 현무암이 흘러 다니던 바다였지만 지금은 그것이 식어서 굳은 평원 지역으로 남아 있다. 현무암은 용암이 굳어서 생기는 어두운 회색 또는 검은색 화성암으로, 지구에서도 놀랍도록 흔하다. 하와이 제도와 아이슬란드의 화산섬들과 대부분의 해저는 현무암으로 이루어져 있다. 수십억 년 전에 달에 원형 충돌 크레이터들이 생겼고, 그곳으로 뜨거운 용암이 흘러들어 그 바닥을 가득 채웠다. 달의 바다가 둥근 모양인 이유는 이 때문이다. 밝은 색의 육지는 달의 바다가 생기기 수십억 년 전에 생성된 달의 지각이 그대로 남은 것인데, 우주에서 초음속으로 날아온 크고 작은 암석들의 폭격을 수없이 받았다. 육지가 밝은 흰색인 이유는 흰색 광물인 회장석이 주요 구성 성분이기 때문이다.

앨런힐스 81005에는 수십억 년의 간격을 두고 서로 다른 지역에서 생성된 흰색 육지 물질 파편과 어두운 색 바다 물질 파편이 섞여 있다. 현무암 파편과 회장석 파편이 어떻게 한 암석 속에 들어가게 되었을까? 그 답의 일부는 이 놀라운 운석의 세 번째 성분인 유리에 있다.

시뻘겋게 달아오른 액체 상태의 암석이 식으면 광물이 생긴다. 그 냉각 속도는 새로 자라난 결정의 크기를 보고 알 수 있다.

천천히 식는 액체에서는 큰 결정이 생기고, 빨리 식는 액체에서는 작은 결정이 생긴다. 용융된 암석이 아주 빨리 식으면 — 거의 순간적으로 액체 상태에서 고체 상태로 변하면 — 그 원자들이 제대로 자리를 잡을 시간이 미처 없어 질서 정연한 광물 구조를 만들지 못한다. 그래서 무질서하고 혼란스러운 상태로 남게 되는데, 용융 상태의 모습을 그대로 간직한 채 얼어붙는 셈이다. 이렇게 원자들이 무질서하게 배열한 상태를 지질학자들은 유리라고 부른다. 자연계에서 급속한 냉각은 비정상적 상황에서만 일어난다. 그렇기 때문에 자연계에서 천연 유리는 아주 희귀하다. 하지만 달에서는 유리가 아주 흔한 것으로 드러났다.

앨런힐스 81005에 포함된 유리는 우주에서 날아온 암석이 탄환보다 몇 배나 빠른 속도로 달 표면에 충돌했을 때 생겼다. 초음속 충돌은 표면에 막대한 에너지를 전달하는데, 그 에너지가 충분히 크다면 수분의 1초 만에 열 충격으로 고체 암석을 액체로 변화시키는 힘이 있다. 달은 우주에서 가끔 흘러드는 암석을 걸러내거나 속도를 줄이는 대기권이 없기 때문에, 이러한 충돌의 충격을 고스란히 받게 된다. 앨런힐스 81005가 조립될 때에 1,000°C가 넘는 액체 상태의 암석이 빨갛게 달아오른 손가락처럼 주변 육지와 바다의 균열 사이로 스며들어 갔고, 거기서 급속하게 식으면서 지금 우리가 보는 것과 같은 유리로 변했다. 호두만 한 크기의 이 운석 하나에 달 표면에서 수십억 년 동안 펼쳐진 혼란과 파괴가 기록되어 있다.

앨런힐스 81005에 들어 있는 달의 육지와 바다의 파편은 유리와 비슷한 방식으로 생겨났다. 충돌이 일어날 때, 암석 중 상당

부분은 녹을 만큼 충분히 높은 온도로 가열되지 않고 대신에 큰 바위만 한 것에서부터 가루만 한 것에 이르기까지 다양한 크기의 파편으로 쪼개진다. 암석들은 거대한 장막처럼 공중으로 솟아오른 뒤 혼돈의 담요처럼 달 표면으로 떨어진다. 때로는 출발한 크레이터에서 수천 킬로미터 떨어진 곳에 낙하한다. 이렇게 해서 다른 지역들의 암석들이 서로 섞이게 된다. 육지에서 온 회장석 파편이 바다의 현무암과 섞이고, 바다에서 온 현무암 파편이 육지의 암석과 섞인다.

아주 강하게 충돌한 암석들은 〈충격 변성〉이 일어나는데, 지구 표면에 미치는 대기압보다 수십만 배나 큰 압력을 받는다. 눈 깜짝할 사이에 암석 내부의 광물 구조가 변하고 막대한 압력이 그 속에 기록된다. 달 표면 전체에는 아주 거대한 것에서부터 미세한 것에 이르기까지 곳곳에 충돌 크레이터가 널려 있는데, 이 충돌의 결과로 암석 조각이 달 표면을 영원히 떠나는 일이 가끔 일어난다. 그러한 암석 중 하나가 우연히 지구로 흘러들어 남극 동부 빙상에 떨어졌다. 사람들은 그것에 앨런힐스81005라는 이름을 붙였다.

아폴로 우주 비행사들은 1969년부터 1972년까지 달에서 350킬로그램 이상의 암석을 채집해 지구로 가져왔고, 1970년부터 1976년까지 소련의 루나 로봇 달 착륙선들도 수백 그램의 암석을 채집했다. 사람이나 로봇이 달에서 채취해 지구로 가져온 암석들이 과학적으로 소중한 이유가 두 가지 있다. 첫째, 이 암석들은 풍화 작용을 통한 분해 과정을 겪지 않았다. 둘째, 우리는 이 암석이 달 표면의 어느 지역에서 온 것인지 정확하게 안다.

하지만 운석의 형태로 지구로 온 달의 암석은 공간에 관한 정보를 모두 상실했다. 달의 중력장을 뿌리치고 탈출하려면, 그 운석은 폭이 적어도 수 킬로미터 이상인 크레이터에서 튀어나온 것이어야 하는데, 달 표면에 그런 크레이터는 수십만 개나 널려 있다. 달에서 온 운석은 이 수많은 크레이터 중 어느 것에서라도 출발했을 수 있다.

이 글을 쓰고 있는 현재, 달에서 온 운석은 400개가 조금 넘는다. 야마토 791197Yamato 791197이란 이름이 붙은 운석은 앨런힐스 81005가 발견되기 3년 전에 남극 대륙에서 발견되었지만, 앨런힐스 81005의 정체가 확인되기 전에는 그것이 달에서 온 운석이라는 사실이 알려지지 않았다.

지금까지 달에서 온 운석으로 밝혀진 것은 모두 발견 화석이다. 하늘에서 떨어지는 모습이 목격된 것은 단 하나도 없다. 우주화학자들은 최초의 달 낙하 운석을 발견하길 간절히 기다리고 있다. 그러니 다음에 밤하늘에서 가장 가까운 우리의 천체 이웃을 바라볼 일이 있으면 유심히 지켜보기 바란다. 달의 암석이 지구로 떨어지는 장면을 최초로 목격하는 사람이 될지도 모르니까.

*

소행성 표면에서 암석 파편이 튀어나오는 방식은 달 표면에서와 마찬가지로 충돌을 통해 일어난다. 소행성은 행성과 달에 비해 크기가 작아 중력장이 약하기 때문에 아주 거대한 충돌이 아니더라도 그 표면에서 물질이 튀어나올 수 있다. 만약 튀어나온 암석 파편이 커크우드 간극으로 흘러가거나 우주로 튀어 나가 적절한 궤도에 진입한다면, 행성 간 공간을 이동한 끝에 결국 지구로 올 수 있다.

소행성을 직접 방문한 사람은 아직까지 아무도 없지만, 대신에 무인 탐사선이 소행성을 조사했다. 지금까지 무인 탐사선이 가까이 다가가 조사한 소행성은 작은 이토카와(폭이 약 500미터로 이층 버스 25대를 죽 이어 붙인 것과 같은 길이)에서부터 가장 큰 케레스(지금은 소행성이 아니라 〈왜행성〉으로 분류된다)에 이르기까지 모두 17개인데, 탐사선들은 자세한 표면 사진을 보내왔다.

2020년에 일본 우주 항공 연구 개발 기구의 하야부사 2호와 NASA의 오시리스렉스OSIRIS-REx가 두 소행성을 조사하고 있다. 하야부사 2호는 소행성 류구에서 암석을 채집했는데, 그 표본은 2020년 후반에 지구에 도착할 것이다.* 오시리스렉스는 소행성 베누에서 순수한 암석 표본을 채취해 2023년 후반에 지구로 가져올 것이다.** 두 임무에서는 소행성 표면을 근접 촬영한 영상을 얻었다. 19세기의 천문학자들은 소행성을 단지 하늘에서 이동하는 〈별처럼 보이는〉 희미한 빛의 점으로만 알았고, 가까이에서 보면 어떤 모습일지 알 도리가 없었다. 또한 소행성들이 얼마나 아름다운지도 알지 못했다. 하지만 운 좋게도 인류의 역사에서 태양계 탐사가 시작된 시점에 살고 있는 우리는 몇몇 소행성의 모습을 생생하게 보았다.

소행성은 거의 둥근 것에서부터 땅콩 모양, 감자 모양, 기묘한 사각형 등 온갖 형태로 존재한다. 색도 제각각 다르다. 회색을 띠고서 해변의 밝은 모래처럼 빛을 잘 반사하는 소행성이 있는가

* 하야부사 2호는 2020년 12월 6일 오스트레일리아 사막에 착륙했다 — 옮긴이 주.

** 오시리스렉스는 2023년 9월 24일에 지구로 돌아왔다 — 옮긴이 주.

하면, 석탄 덩어리처럼 어두운 색을 띠고서 햇빛을 잘 반사하지 않는 소행성도 있다. 또 표면이 균일해 밝기가 일정한 소행성도 있다. 특유의 색을 띤 지형이 있는 소행성도 있는데, 그 색은 새카만 색에서부터 갓 내린 눈처럼 밝은 색까지 다양하다. 소행성들은 지질학적으로 다양한 세계이기 때문에, 형태와 특징이 서로 크게 다르고 종류도 아주 많다. 하지만 모든 소행성은 한 가지 공통점이 있는데, 표면이 충돌 크레이터로 뒤덮여 있다는 것이다.

달의 크레이터처럼 소행성의 크레이터도 거대한 것에서부터 현미경으로 보아야 할 정도로 작은 것까지 크기가 아주 다양하다. 2012년, NASA가 보낸 무인 탐사선 돈Dawn은 두 번째로 큰 소행성인 베스타 표면에서 거대 충돌 크레이터 레아실비아Rheasilvia의 사진을 촬영해 보냈다. 폭이 500킬로미터(영국 제도의 남북 길이의 약 절반)를 넘고 깊이가 약 20킬로미터에 이르는 레아실비아는 처음에 생길 때 약 600만×1조 킬로그램의 암석을 행성 간 공간으로 튀어 나가게 해 베스타의 흔적을 완전히 지울 뻔했다. 레아실비아 중심의 크레이터 바닥에서 25킬로미터 높이까지 우뚝 솟은 산은 태양계에서 가장 높은 산으로 알려져 있다. 그 산은 웅덩이에 빗방울이 떨어졌을 때 그 반동으로 물이 위로 솟아오르는 것처럼 땅이 튀어 오르면서 생겨났다.

소행성 표면을 뒤덮고 있는 수많은 충돌 크레이터는 그 표면에서 물질이 우주 공간으로 튀어 나갈 기회를 제공한다. 충돌은 운석 내부에 자국을 남기며, 앨런힐스 81005의 경우처럼 유리는 바로 그러한 격변의 흔적을 드러낸다. 광물 내부에 큰 파괴가 일어나면서 한때 아름다운 형태를 띠었던 결정들 곳곳에 균열이 생긴다. 결정 구조가 원자 차원에서 비틀어지고 곳곳에서 부분적 용융이 일어난다. 어떤 경우에는 충돌의 막대한 압력 때문에 원자의 배열이 바뀌면서 광물들이 이전의 형태에서 새롭고 기이한 버전의 형태로 변한다. 카메라 플래시가 반짝하는 것보다 더 짧은 시간에 만들어지는 다이아몬드도 그중 하나이다. 아주 큰 충돌을 겪은 일부 운석에 다이아몬드가 포함되어 있다.

우주의 스톱워치

소행성에서건 달에서건, 자신의 모체에서 튀어나온 운석이 행성간 공간을 지나 지구까지 여행하는 데 걸린 시간은 천연 동위 원소 스톱워치를 사용해 알 수 있다. 태양계에는 〈우주선(宇宙線)〉이라는 고에너지 입자들이 늘 돌아다니고 있다. 멀리 있는 별이 폭발적인 최후를 맞이할 때 성간 공간으로 여행을 나선 이 입자들은 광속에 가까운 속도로 달린다. 만약 우주선이 고체 물체 — 예컨대 소행성 — 에 충돌하면, 그것으로 우주선은 최후를 맞이한다. 우주선은 우리은하에서 수백 광년을 여행한 끝에 두께 1~2센티미터의 암석에 가로막혀 그 여정이 끝날 수 있다. 하지만 우주선과 충돌한 암석도 무사하긴 어렵다.

대부분의 우주선은 단 하나의 양성자로 이루어져 있다. 비록 아주 작고 질량도 거의 무시할 만한 수준이지만, 굉장한 속도 때문에 충돌할 때 엄청난 충격을 가할 수 있다. 우주선은 고체 암석을 이루는 원자와 충돌할 때 핵반응을 촉발해 〈우주선 유발 핵종 cosmogenic nuclides〉이라 부르는 독특한 동위 원소들을 만들어 낼 수 있다. 태양계를 지나가는 지속적인 우주선의 흐름에 노출된 시간이 길수록 암석 속에 우주선 유발 핵종이 더 많이 생긴다. 우주 공간에 노출된 암석은 수천 년이 지나는 동안 우주선 유발 핵종의 수가 증가한다.

소행성을 이루는 암석들은 대부분 표면 아래에 숨어 있기 때문에 우주선 충돌로부터 보호를 받아 우주선 유발 핵종이 축적될 기회를 전혀 얻지 못한다. 하지만 일단 충돌 사건이 일어나 암석 조각이 소행성 깊은 곳에서 해방되어 행성 간 공간으로 튀어 나가면, 암석 방패를 잃고서 우주선에 무방비 상태로 노출된다. 그래서 암석 속에 우주선 유발 핵종이 마치 모래시계 바닥에 쌓이는 모래처럼 축적되기 시작한다. 그러면서 스톱워치가 재깍거리기 시작한다. 우주 공간을 배회하는 암석은 여행하는 동안 우주선에 무방비로 노출되어 우주선 유발 핵종이 꾸준히 쌓인다. 우주 공간에 머무는 시간이 길수록 우주선 유발 핵종이 더 많이 축적된다.

그러다가 지표면에 떨어지는 순간부터 운석은 또다시 우주선 충돌로부터 보호받는다. 지구의 두꺼운 질소 대기와 지구 중심에서 뻗어 나오는 강력한 자기장이 대부분의 우주선을 차단하여 지표면에 도달하지 못하게 한다. 따라서 운석 내부에서 우주선 유발 핵종이 만들어지는 과정이 멈춘다. 스톱워치도 작동을 멈춘다.

태양계를 지나가는 우주선 흐름의 세기를 측정함으로써, 암석이 지구에 도착하기 전까지 우주 공간을 떠도는 동안 그 내부에서 우주선 유발 핵종이 만들어지는 속도를 계산할 수 있다. 즉 동위 원소 스톱워치가 재깍거리는 속도를 계산할 수 있다. 그리고 실험실에서 운석 속에 우주선 유발 핵종이 축적되는 정도를 측정함으로써, 그 스톱워치가 몇 번이나 재깍거렸는지 계산할 수 있다. 이를 통해 운석이 소행성에서 출발해 지구에 도착할 때까지 시간이 얼마나 걸렸는지 알 수 있다.

운석이 직선으로 나아가지 않는다는 — 운석이 태양 주위를 도는 궤도에 진입했다가 우연히 그 궤도가 지구의 공전 궤도와 교차할 때 지구로 오게 된다는 — 사실을 감안하면, 운석이 지구까지 오는 데에는 오랜 시간이 걸릴 것이다. 일부 석질 운석은 불과 10만 년 만에 지구에 도착하지만, 대다수 운석은 우주 공간에서 1000만 년에서 3억 년을 보내다가 지구에 도착한다. 하지만 많은 철질 운석은 대다수 석질 운석보다 20배나 더 오래 태양 주위를 돌다가 지구에 도착한다. 행성 간 공간에서 길게는 5억 년을 보내다가 지구에 도착하는 철질 운석도 있는데, 이런 경우에는 긴 체류 시간 때문에 우주선 유발 핵종이 아주 많이 축적된다.

석질 운석과 철질 운석이 우주 공간에 머무는 시간에 이토록 큰 차이가 나는 이유는 운석에 얽힌 많은 수수께끼 중 하나이다. 그 답은 단순히 철질 운석이 행성 간 공간에서 더 오래 살아남는다는 사실에 있을지도 모른다. 단단한 재료로 만들어진 철질 운석은 마모되어 먼지로 변하는 일을 겪지 않고 우주 공간에서 오랫동안 살아남을 수 있는 반면에 연약한 석질 운석은 지구로 오는 도중에 작은 충돌에 의해서도 쉽게 침식된다. 즉 석질 운석은 세월의 공격에 더 취약하다. 어쩌면 소행성에서 튀어나온 뒤에 석질 운석이 우주 공간에서 살아남을 수 있는 시간에 한계가 있을지도 모른다. 우주선 스톱워치에 오랜 체류 시간이 기록된 석질 운석이 하나도 없는 이유는 여기에 있을지도 모른다.

*

지구와 달, 그리고 나머지 행성들처럼 소행성은 막 생겨났을 때 아주 뜨거웠다. 하지만 서로 합쳐져 행성만 한 크기의 천체를 만든 적이 없기 때문에, 소행성의 암석에는 방사성 동위 원소 — 행성 내부에서 많은 열을 발생시키는 연료 — 가 많이 포함되어 있지 않다. 소행성이 처음에 생길 때 가졌던 아주 적은 양의 방사성 연료는 금방(지질학적 시간의 척도에서 본다면) 붕괴해 사라졌다. 그래서 처음에 가졌던 적은 양의 내부 열은 차가운 우주 공간으로 빠져나가고 소행성은 차갑게 식어 갔다.

자연의 법칙은 어디서나 동일하고, 이곳 지구의 찻잔에 적용되는 법칙은 화성과 목성 사이에서 태양 주위를 도는 소행성에도 똑같이 적용된다. 그 법칙은 작은 것이 큰 것보다 더 빨리 식는다는 것이다. 그 이유는 아주 단순한데, 표면적과 부피의 변화율 차이 때문이다. 구형에 가까운 행성(또는 소행성)의 부피는 반지름의 세제곱에 비례하는 반면에 표면적은 반지름의 제곱에 비례한다.[5] 따라서 천체가 클수록 그 속에 더 많은 열을 붙들 수 있지만 상대적으로 작은 표면적 때문에 열을 공간으로 방출하는 효율은 더 떨어진다. 그래서 큰 천체일수록 따뜻한 상태를 더 오래 유지한다.

행성에 비해 훨씬 작은 소행성은 열을 아주 빨리 잃는다. 가장 큰 소행성들조차 수천만 년 뒤에는 차갑게 식고 만다. 사람의 관점에서는 이것은 상당히 긴 시간처럼 보이지만, 운석을 이야기할 때에는 지질학적 시간을 배경으로 생각해야 한다. 지구의 전체 역사를 24시간으로 압축한 우리의 시각표에서 본다면, 소행성들은 30분을 조금 넘는 시간 동안은 차가웠고 그 후로는 꽁꽁 얼어붙은 상태가 계속 이어지고 있다. 이에 비해 지구는 나이가 약 46억 년이나 되었지만 아직도 펄펄 끓는 마그마를 늘 지표면으로 내뿜을 정도로 충분히 뜨거운 열을 만들어 내고 있다.

생기자마자 금방 식어 버린 소행성들은 오랫동안 지질학적으로 죽은 세계로 존재해 왔다. 그래서 그 구성 암석들은 생성된 이후로 — 가끔 일어나는 충돌의 영향을 제외하고는 — 거의 변하지 않았다. 그래서 지구에 운석으로 떨어지는 암석들에는 지구상의 어떤 암석보다도 더 먼 과거의 이야기가 담겨 있다. 이 암석들은 지구상의 어떤 암석도 들려줄 수 없는 이야기를 들려줄 수 있다.

하늘에서 떨어진 돌들이 들려주는 이야기 중 가장 웅대하고 놀라운 것은 우주에서 우리가 사는 곳, 곧 태양계가 어떻게 조립되고 만들어졌는가에 관한 이야기이다.

3장
가스에서 먼지로, 먼지에서 세계로

우리는 살아가는 장소로서, 그리고 우리 종이 거주하는 행성으로서 지구를 아주 중요하게 여긴다. 그 역사는 우리 자신의 역사와 긴밀하게 얽혀 있다.

우주에서 촬영한 파란 바다로 뒤덮인 지구 사진을 볼 때면 마음속 깊은 곳에서 울컥하는 감정이 치솟는다. 이곳은 바로 우리가 사는 고향이다. 우리 조상들도 이와 동일하게 지구와 깊은 연결을 느꼈다. 지구는 어떻게 탄생했고, 우리는 어떻게 그 위를 걸어다니게 되었을까? 이 질문들은 이미 먼 옛날의 조상들이 던졌고, 세계 각지의 모든 문화와 지역에서는 이에 답하기 위해 각자 나름의 창조 신화를 만들었다. 우리가 아는 한, 우주에서 분자들이 마음으로 진화해 자신의 기원에 관한 질문을 던진 장소는 오직 지구뿐이다. 그리고 우리가 아는 한, 우주에서 정답 비슷한 것을 발견할 수 있는 존재는 오직 우리 인간뿐이다. 우리가 어디서 왔는지 궁금해하는 것은 사람의 본질 중 일부이다. 이 질문은 모든 사람의 마음속에 있다.

우리 각자의 몸은 우리가 숨 쉬는 공기, 마시는 물, 먹는 음식물에서 온 약 1조×1경 개의 원자로 만들어졌다. 이 원자들은 산소 함량이 높은 지구의 대기와 그 표면을 흐르는 물과 하늘에서 떨어지는 비, 그리고 음식물의 경우에는 공기 중의 기체를 이용해 땅 위에 자라는 식물에서 온다. 우리가 먹고 마시고 숨 쉴 때마다 〈외부에서〉 우리 몸으로 들어오는 원자들 중 일부는 내부에 머물면서 적어도 일시적으로는 새로운 세포를 만들어 〈우리 몸〉의 일부가 된다. 우리는 정말로 지구로 만들어졌다. 지구가 어떻게 탄생했고, 우리가 어떻게 이곳에 나타났는가 하는 질문은 충분히 먼 과거로 거슬러 올라간다면 동일한 하나의 질문이다.

우리는 인류의 역사에서 20만 년의 사색 끝에 우리의 기원에 지구와 하늘이 얼마나 크게 기여했는지 마침내 밝혀지는 시대에 살고 있다. 위대한 깨달음을 얻는 데에는 운석이 결정적 역할을 했다.

성운

가끔 예외적으로 특이한 것을 제외하고 태양계의 모든 것이 똑같은 방향으로 회전한다는 사실은 초기의 천문학자들도 알아챘다. 모든 행성과 혜성과 소행성은 똑같이 시계 방향으로 태양 주위의 궤도를 돈다. 태양계의 위성들도 대부분 같은 방향으로 모행성 주위를 돈다. 8개의 행성 중 6개는 같은 방향으로 팽이처럼 자전하고, 그 위성들도 거의 다 같은 방향으로 자전한다.* 태양조차 행성

* 태양에서 두 번째로 가까운 행성인 금성은 눈길을 끄는 별종인데, 나머지 행성

들이 공전하고 자전하는 것과 같은 방향으로 25일마다 한 바퀴씩 자전한다. 마치 태양계 전체가 영원히 빙빙 도는 소용돌이 물결에 휩쓸린 것처럼 보인다.

태양계는 또한 놀라울 정도로 납작하다. 태양계를 옆에서 바라보면, 행성들과 주요 위성들은 마치 보이지 않는 탁자 위에 파인 동심원 홈들을 따라 달리는 것처럼 놀랍도록 얇은 평면 위에서 궤도를 돌고 있다. 만약 해왕성 — 태양계에서 가장 먼 곳에 있는 행성 — 의 궤도 폭이 20센티미터가 될 때까지 태양계를 압축한다면, 태양계는 레코드판처럼 납작해 보일 것이다. 행성에 비하면 궤도를 도는 부스러기에 불과한 소행성과 혜성만이 이 좁은 궤도 평면에서 크게 벗어나는 움직임을 보인다. 소행성들은 크게는 45°까지 기울어진 궤도 평면에서 태양 주위를 돈다. 그리고 일부 혜성의 궤도는 거의 직각으로 기울어져 있다.

태양계의 이 소용돌이 구조는 1755년에 독일 철학자 이마누엘 칸트Immanuel Kant가 자신의 저서 『일반 자연사와 천체 이론 *Allgemeine Naturgeschichte und Theorie des Himmels*』에서 처음으로 자세하게 설명하려고 시도했다. 그것은 아주 경이롭고 정확한 추측이었다. 칸트는 창조 직후에 태양계는 광대한 구름의 모습으로 우주 공간에 떠 있었는데, 그 구름은 일정한 형태가 없이 혼돈 상태로 흩어져 있었다고 주장했다.

칸트는 이 성운이 천천히 회전했다는 가설을 세웠다. 또 뉴턴

들과 정반대 방향으로 자전을 한다. 그 이유는 수수께끼로 남아 있다. 태양에서 일곱 번째 행성이자 거대 얼음 행성인 천왕성은 옆으로 드러누운 자세로 궤도를 돈다. 아마도 태양계 역사 초기에 일어난 큰 충돌 때문에 옆으로 기울어진 것으로 보인다.

의 중력 이론을 인정하면서 자체 중력 때문에 서로 뭉쳐 밀도가 높은 덩어리를 형성하기 시작했다고 주장했다. 중력의 영향으로 수축이 진행될수록 중력이 더 강하게 작용했고 그 결과로 수축이 더 크게 일어났다. 초기의 회전 운동이 그대로 유지되면서 덩어리가 점점 빽빽해지고 밀도가 높아지는 와중에도 회전은 계속되었고 결국 회전하는 태양계로 변해 갔다. 칸트는 계속해서 구름 속의 일부 물질이 옆 방향으로 뻗어 나가면서 태양으로 빨려 드는 운명을 피했으며, 납작한 공통 평면 위에서 태양 주위를 원형 궤도로 돌았다고 설명했다. 그리고 이 잔존 물질들이 뭉쳐 작은 덩어리를 무수히 많이 만들었으며, 이 덩어리들이 뭉쳐 행성들이 만들어졌다고 주장했다.

1796년에 프랑스의 유명한 수학자 라플라스는 태양 주위의 궤도를 도는 행성들 — 지구를 포함해 — 과 혜성들이 어떻게 생겨났는지 설명하는 가설을 제시했는데, 처음에 일정한 형태가 없이 우주 공간에서 천천히 돌고 있던 가스 장막에서 생겨났다고 했다. 라플라스는 회전하던 구름이 자체 중력장의 막대한 힘에 짓눌려 붕괴했고, 그러면서 회전 속도가 점점 더 빨라졌으며, 밀도가 높은 거대한 공 모양의 가스 덩어리가 되었다가 마침내 거기에 불이 붙어 태양이 태어났다고 설명했다. 라플라스는 태양 주위에서 빠른 속도로 돌던 거대한 물질의 띠들이 우주 공간으로 떨어져 나와 동심원 고리들의 형태로 제각각 태양 주위의 궤도를 도는 모습을 상상했다. 그리고 태양 주위를 돌고 있던 고리들에서 새로운 행성들이 생겨났고, 오늘날까지 같은 궤도에서 계속 돌고 있다고 주장했다.

나는 태양계 생성에 관한 현재의 견해가 이전의 어떤 신화보다도 더 경이롭고 심오하다고 생각한다. 곧 보게 되겠지만, 이 이야기에는 거대한 별들의 폭발적인 죽음, 성간 공간을 가르고 지나가는 항성풍, 세계들의 파괴와 탄생이 포함되어 있다. 칸트와 라플라스의 가설은 세부 사실에서는 조금 부족한 면이 있지만 본질적인 내용은 옳은 것으로 드러났다.

*

여기서 잠깐 심원한 시간의 풍경을 살펴보고 가는 게 좋겠다. 우주 — 즉 세상에 존재하는 모든 것 — 는 약 138억 년 전에 빅뱅에서 탄생했다. 태양계는 약 45억 년 전에 탄생했는데, 45억 년은 우주의 나이에 비하면 3분의 1에 해당하는 시간이다. 그 사건은 아주 웅장한 서막과 함께 시작되었다.

깜빡이던 불빛이 활활 타오르다

처음에 태양계는 아주 차갑고 일정한 형태가 없는 가스 구름의 일부였고, 가스 구름 여기저기에 아주 작은 암석 알갱이들이 드문드문 흩어져 있었다. 처음에 아주 희박했던 성간 구름은 주로 기체 상태의 수소와 헬륨으로 이루어져 있었을 것이다. 가스 구름은 지구만 한 크기라 하더라도 포함된 물질의 양은 갓난아기의 몸무게와 맞먹는 겨우 몇 킬로그램에 불과했을 것이다. 가스 구름은 너무나도 희박하여 거의 아무것도 없는 것이나 다름없었다. 그러한 구름은 지금도 밤하늘 여기저기서 볼 수 있다. 이를 성운(星雲)이라고 부른다. 영어로는 〈네뷸라nebula〉라고 하는데, 〈엷은 안개〉를 뜻하는 라틴어에서 유래했다. 약간의 먼지가 섞인 희박한 가스 집단에 불과한데도 불구하고, 성운은 수십에서 수백 광년*에 이르는 아주 넓은 성간 공간 지역을 차지하고 있다.

성운은 밤하늘에서 반짝이는 별들의 바다 사이에서 볼 수 있다. 불분명한 형태와 주변의 어둠에 섞여 분간하기 힘든 경계 때문에 어두운 우주 공간 배경 앞에서 희미한 얼룩처럼 보인다. 몇몇 성운은 맨눈으로도 관측되며 심지어 거리의 불빛 때문에 밤하늘이 희끄무레한 주황색으로 보이는 장소에서도 볼 수 있다. 북반구의 겨울철 밤하늘에서는 오리온자리의 성운(오리온성운은 오리온의 검에 해당하는 곳에 위치한다)과 플레이아데스성단을 희미한 얼룩처럼 둘러싸고 있는 성운을 볼 수 있다. 이 두 성운은 발견하기가 특별히 쉬운데, 심지어 광공해가 심한 일부 도시 지역에서도 경이로운 천체 관측 대상이다.

고배율 망원경으로 보면 성운의 딴 모습이 드러난다. 실 모양으로 뻗은 가스 물질이 서로 뒤엉켜 있고, 밀도가 높은 구름 기둥들이 굴뚝처럼 우뚝 솟아 있으며, 가느다란 천상의 구름 줄기가 기다란 실처럼 우주 공간으로 뻗어 있다. 일부 성운은 새카만 색을 띠고서 잉크 얼룩처럼 밤하늘을 뒤덮어 그 뒤의 별들을 가리지만, 대다수 성운은 희미한 붉은색 색조로 빛난다. 성운은 온도가 너무 낮아 자체적으로 빛을 내지 못하는 대신에 가스 물질이 근처의 별빛을 받아 밝게 빛난다. 별빛을 받은 가스 원자들은 아원자

* 1광년은 빛이 1년 동안 달리는 거리를 말하며, 약 9조 5000억 킬로미터에 해당한다.

수준에서 미소한 에너지 준위 변화가 일어나면서 빛을 방출한다. 광대한 지역에 뻗어 있는 전체 구름에서 나온 이 빛들이 합쳐져 우리가 보는 성운의 빛을 우주 공간으로 내뿜는다.

특별히 뜨겁고 에너지가 강한 별들에서 나오는 바람(항성풍)은 성운에서 상당 부분을 뒤쪽으로 날려 보냄으로써 넓은 지역을 도려내 텅 빈 공간으로 바꾼다. 그 결과로 주변 지역에는 가스 밀도가 높은 곳들이 덩굴손 모양으로 생겨난다. 태양보다 질량이 훨씬 큰 별들이 최후를 맞이해 폭발할 때에는 강한 충격파가 나와 성간 공간을 휩쓸고 지나가는데, 충격파가 성운을 지나갈 때에는 가스 물질을 뭉치게 해 가스 밀도가 높은 곳들이 실과 같은 형태로 잔물결처럼 나타난다. 질량이 큰 별들은 강한 중력으로 주변 성운에서 막대한 양의 가스 물질 실들을 끌어당긴다. 이 움직임 때문에 엷게 분산되어 있던 가스가 뭉쳐 짙은 안개 같은 형태로 변한다. 성간 구름은 인간의 시간 척도에서는 정적으로 보이지만, 많은 시간이 흐르는 동안 들썩이고 흘러가면서 역동적인 사건이 일어나는 장소이다.

구름 속의 소용돌이 흐름과 강한 자기장이 성운을 천천히 부풀어 오르고 빙빙 돌게 하면서 그 형태를 지속시킨다. 별의 영향으로 성운에서 밀도가 높아진 곳은 중력이 강하게 작용해 성운 붕괴가 일어날 수 있다. 중력의 작용으로 가스와 먼지가 안쪽으로 끌려가 밀도가 높은 덩어리 지역인 성운 노듈nodule이 생겨난다. 노듈은 급속 붕괴 과정의 방아쇠가 될 수 있다. 노듈 핵의 밀도가 클수록 주변 성운 물질을 끌어당기는 중력도 커지기 때문에 주변의 가스와 먼지를 더 많이 끌어당기면서 밀도가 더 커질 수 있다.

성운이 일단 이 단계에 도달하면 이제 다시는 뒤로 돌아갈 수 없다. 성운 하나에서 이렇게 밀도가 높은 핵들이 수백 개나 생겨날 수 있고, 각각의 핵은 가스와 먼지를 끌어당긴다. 성능이 아주 좋은 망원경을 사용하면 지금 현재 일어나고 있는 성운 붕괴 과정을 실시간으로 볼 수 있다. 오리온성운 한 곳에서만 성운 붕괴가 일어나는 장소가 200개 이상 확인되었다. 각각의 장소는 중력에 굴복해 붕괴가 일어나는 성운의 노듈에 해당한다. 그 밖에도 하늘의 다른 곳에서 관측된 노듈이 수천 개나 된다.

태양계도 한때는 상황이 이와 비슷했다. 태양계가 탄생한 아주 차가운 구름 중 한 작은 부분이 약 45억 년 전에 안쪽으로 붕괴하기 시작하면서, 폭 수십억 킬로미터의 밀도가 높은 가스와 먼지 노듈을 만들었다. 처음에는 노듈 내부가 칠흑같이 어두웠는데, 별빛이 불투명한 가스와 먼지를 통과할 수 없었기 때문이다. 노듈 핵은 주변에서 더 많은 가스 물질을 끌어당기면서 밀도와 질량이 점점 더 커지고 온도가 서서히 오르기 시작했다. 이렇게 점점 자라는 핵에서 중력이 더 큰 위력을 발휘하면서 온도는 수천 도를 지나 수백만 도로 치솟았다.

그러다가 어느 순간, 불빛이 반짝이면서 별의 생명이 시작되었다.

붕괴하는 성운 중심부의 엄청난 온도와 압력 속에서 핵반응 — 수소 핵이 융합하여 헬륨 핵이 만들어지는 과정 — 이 시작되었고, 거기서 나온 별빛이 처음으로 막 태어나던 태양계를 뒤덮었다. 그것은 바로 태양이 탄생하는 순간이었다. 태양계의 긴 역사에서 빛의 시대가 도래한 것이다.

붕괴하는 성운 중심에서 바깥쪽으로 별빛이 뿜어져 나오자 나머지 가스와 먼지에 처음으로 빛이 비쳤다. 막 태어난 태양 주위에 폭이 수백억 킬로미터나 되는 납작한 원반 — 〈원시 행성 원반〉이라고 부르는 — 이 생겨 회전목마처럼 주위의 궤도를 돌고 있었다.

붕괴가 시작되기 전에도 성운은 천천히 회전하고 있었다. 초기의 회전은 가스와 먼지 물질이 안쪽으로 끌려 들어가는 와중에도 물리학의 기본 법칙 때문에 계속 유지되고 증폭되었다. 그 법칙은 바로 각운동량 보존의 법칙으로, 회전하는 물체는 외부의 힘이 작용하지 않는 한 그 회전 운동을 계속 유지한다는 것이다. 붕괴하는 동안 성운의 회전 운동을 멈추는 힘이 전혀 없었기 때문에 성운은 중심을 축으로 하여 계속 빙빙 돌았으며, 수축하면서 회전 속도는 점점 빨라졌다. 발레리나가 한 발로 서서 피루엣pirouette* 을 할 때 다리를 몸 쪽에 갖다 붙이면 회전 속도가 더 빨라지는 것처럼.**

자연에서 회전하는 물체는 납작해지는 경향이 있다. 붕괴가 시작되기 전에 가스 입자와 작은 먼지는 아주 혼란스럽게 움직였다. 즉 성운은 전체적으로는 회전했지만, 개개 입자의 운동은 본질적으로 무작위적이었다. 그러다가 가스와 먼지가 중심부의 중력에 영향을 받으면서 상하 운동과 좌우 운동이 상쇄되어 성운은 납작한 원반 모양으로 변하기 시작했다. 중심에 있는 거대한 별

* 한 발을 축으로 빠르게 도는 춤 동작 — 옮긴이 주.

** 사무실 의자를 사용해 각운동량 보존의 법칙이 성립하는 예를 직접 체험할 수 있다. 의자에 앉아 빙빙 돌면서 팔과 다리를 바깥쪽으로 쭉 뻗으면 회전 속도가 줄어든다. 반대로 팔과 다리를 몸에 갖다 붙이면 회전 속도가 빨라진다.

주위에서 궤도를 돌던 이 원반은 각운동량 보존의 법칙 때문에 회전 운동을 계속 유지했다. 그래서 하늘에서 일어나는 피루엣은 오늘날까지도 계속되고 있다.

암석이 생겨나다

처음에 성간 구름은 일정한 형태가 없었지만, 자연은 여기에 질서를 만들어 냈다. 붕괴하는 성운에서 태양과 원시 행성 원반이 생겨나기까지는 수백만 년밖에 걸리지 않았다. 지질학적 시간에서 수백만 년은 찰나에 지나지 않는다. 지구의 역사를 24시간으로 압축한 우리의 지질학적 하루에서 그것은 90초를 조금 넘는 시간에 불과하다. 따라서 1분 30초가 지난 뒤에는 태양계가 사실상 완성되었다.

전체 태양계가 중력의 영향으로 안쪽으로 끌려 들어가고, 각운동량 보존의 법칙 때문에 납작해지는 동안 태양 근처에서 다른 별들도 생겨나고 있었다. 그중 몇몇은 질량이 엄청나게 커서 — 질량이 태양의 50배 혹은 심지어 100배나 되는 별도 있었다 — 별들의 세계에서는 거인에 해당했고 그 결과로 연료를 엄청나게 빨리 태웠다. 그래서 태양과 원시 행성 원반이 생겨날 무렵에 이런 별들은 연료를 모두 소진했다. 마지막 남은 찌꺼기마저 다 태우고 나자, 별 표면에서 엄청나게 강한 항성풍이 쏟아져 나왔다. 그동안의 핵반응으로 중심부에서 만들어진 무거운 원소들이 주변의 성운으로 퍼져 나갔다. 그러고 나서 별은 빛이 꺼졌다. 핵반응이 멈춘 별은 엄청난 중력장에 대항할 힘이 없어 격변적 붕괴가 일어나면서 곧 폭발해 초신성이 되었다.

엄청나게 뜨겁고 밀도가 높았던 별들의 중심부에서 만들어진 무거운 원소들은 주변의 성운에 새로운 원소들을 공급했다. 새로 합성된 원소들 중 일부가 납작해지고 있던 태양계의 원시 행성 원반에도 흘러들었다. 그리고 가까이에서 초신성이 우주 폭죽처럼 폭발할 때, 그 충격파가 막 생겨난 태양계를 지나갔다.

붕괴하는 성운에서 막대한 에너지가 나왔고, 한때 매우 차가웠던 구름이 엄청나게 뜨거워졌다. 이때 방출된 엄청난 에너지는 대부분의 암석을 단지 녹이는 데 그치지 않고 기화시켰다. 그 결과로 붕괴하는 성운에 포함되어 있던 암석질 먼지는 대부분 가스로 변했다. 그 당시 태양계의 온도는 상상을 넘어설 정도로 뜨거웠다. 만약 밖에서 바라보았더라면, 이 시점의 태양계는 활활 타오르는 가스 원반이 화난 듯이 어린 별 주위를 빙빙 도는 모습이었을 것이다.

원반이 어린 태양 주위를 돌면서 밀도가 점점 높아지자 가스의 상태가 변하기 시작했다. 점점 더 작은 부피로 압축되자 원자들 사이에 화학 반응이 일어나기 시작했다. 또한 성간 공간으로 에너지를 방출하면서 원반은 점점 식어 갔다. 그렇게 약 10만 년이 지나자 광물들 — 고체 물질 조각 — 이 생겨나기 시작했다. 어린 별 주위를 돌고 있던 성운 조각에서 마침내 지질학이 탄생한 것이다.

이곳 지구에서 우리는 액체에서 생겨나는 광물들에 익숙하다. 대부분은 시뻘겋게 달아오른 용암이 식어서 생기는 화성암이나 광물을 많이 포함한 액체에서 침전되는 염이다. 하지만 원시 행성 원반에서는 가스가 냉각되면서 〈응축〉이라는 과정을 통해 광물들이 직접 생겨났다. 태양에 가까워 온도가 아주 높은 곳 — 1500℃를 넘어서는 — 에서는 응축을 통해 생겨날 수 있는 광물은 기묘한 종류의 산화물인 알루미늄과 칼슘 산화물(산소와 알루미늄, 칼슘 비율이 제각각 다른 광물들)뿐이었다. 다른 광물들은 그렇게 높은 온도에서 화학적으로 안정한 상태를 유지할 수 없다. 작열하는 가스가 천천히 식으면서 최초로 생겨난 광물은 산화 알루미늄(Al_2O_3)인 강옥(鋼玉)이었다. 강옥 중 붉은 것은 루비, 파란 것은 사파이어라고 불린다.* 가스에서 티끌로 변하는 일이 일어난 것이다.

어린 태양 주위를 도는 원반에서 반짝인 강옥은 태양계에서 최초로 생겨난 고체 물체였지만, 가스가 계속 식어 가자 가스 물질이 강옥과 반응하여 강옥을 파괴했다. 하지만 한 광물의 파괴는 다른 광물을 탄생시켰다. 강옥으로부터 히보나이트hibonite($CaAl_{12}O_{19}$)라는 광물이 생겨났다. 순수한 히보나이트는 강옥처럼 무색이지만, 새로 응축된 결정이 가끔 불순물에 오염되어 선명한 파란색이나 짙은 초록색과 주황색을 띤다. 온도가 더 식어 가면서 가스 응축에서 칼슘과 알루미늄 함량이 높은 기묘한 광물들이 차례로 생겨났다. 먼저 페로브스카이트perovskite($CaTiO_3$)가, 그 뒤를 이어 멜릴라이트melilite($Ca_2Al_2SiO_7$)와 스피넬spinel($MgAl_2O_4$)이 생겨났다. 특이한 환경은 특이한 지질학을 만들어 냈다.

* 순수한 형태의 강옥(Al_2O_3)은 무색이다. 루비와 사파이어는 화학적 불순물 때문에 그런 색을 띤다. 루비는 크로뮴(크롬)이 미량 포함된 산화 알루미늄이고, 사파이어는 타이타늄(티타늄)이나 철 같은 금속이 미량 포함된 산화 알루미늄이다.

거대한 원반이 태양 주위를 도는 동안 가스는 계속 식어 갔다. 그러면서 서서히 광물이 차례로 응축되고 결정화되었다. 이때 생겨난 광물은 대부분 티끌만 한 크기였다.

원시 행성 원반에서 더 바깥쪽에 위치한 곳은 펄펄 끓어오르는 태양 표면에서 멀찌감치 떨어진 탓에 온도가 충분히 낮아 감람석 티끌과 금속 철 방울이 생겨났다. 이보다 더 멀리 떨어진 곳에서는 먼지 같은 장석 알갱이가 응축하면서 이미 생성된 나머지 광물 집단에 합류했다. 이렇게 해서 태양계에서 최초의 암석들이 만들어지면서 암석의 기록이 시작되었다.

태양에서 약 5억 킬로미터(태양과 화성 사이 거리의 약 두 배) 떨어진 지점에서 천천히 식고 있던 원반 지역에서는 온도가 충분히 내려가 물-얼음 알갱이가 응축되었다. 그 너머에서는 물-얼음이 생성될 만큼 온도가 충분히 낮은 가상의 선을 우주 화학자들은 애정을 담아 〈설선(雪線)〉이라고 부른다.* 만약 얼음 조각이 이 선을 넘어 태양 쪽으로 다가가면 얼음 조각은 증발하여 다시 기체로 변한다. 설선을 지나 바깥쪽으로 더 멀리 나아가면 온도가 더욱 떨어져 얼음 조각이 더 많이 응축하지만, 이 얼음 조각은 물 대신에 암모니아 기체와 메탄 기체가 언 것이다. 어린 태양계의 아주 추운 외곽 지역에 새로 생긴 얼음들은 먼 태양에서 날아온 훨씬 희미하고 차가운 빛을 받아 반짝였다.

원반의 다양한 얼음들 사이에는 일련의 복잡한 화학 반응을 통해 자연 발생적으로 합성된 유기 분자들도 다양하게 섞여 있었

* 지구에서는 높은 산에서 일 년 내내 눈이 녹지 않는 부분과 녹는 부분의 경계선을 설선이라고 부르는데, 우주 화학자들은 이 용어를 빌려 우주에도 적용했다 — 옮긴이 주.

다. 유기 분자는 분자 구조에서 탄소가 중심 뼈대를 이루는 화합물을 말한다. 유기 분자는 화학적으로 우아한데, 많은 분자 팔로 주변 원자들을 붙잡아 반응하는 경우가 많다. 유기 분자는 생명의 기반이 된 분자이기도 하다. 원시 행성 원반에서 시작된 이야기는 암석의 기록뿐만이 아니다. 생명의 이야기도 여기서 시작되었다. 하지만 그 이야기는 나중에 다른 장에서 자세히 다루기로 하자.

작은 세계들의 탄생

태양에서 뿜어져 나오는 강한 항성풍(태양풍)에 휩쓸려 먼지들은 위로 솟아오르는 호를 그리며 원반에서 더 추운 지역으로 밀려났다. 원반에서 먼지가 많은 지역에 고온 응축물과 저온 응축물 혼합물이 상당히 많이 모여 쌓이면서 태양 주위의 궤도를 도는 동심원 경로들이 생겨났다. 가느다란 가스 줄기에 몰아치는 난류(亂流)와 소용돌이는 먼지들을 우주의 회전초*처럼 한 곳으로 몰아 소용돌이치는 구름으로 만들었다.

응축된 광물들 — 가장 큰 것도 새끼손톱 정도에 불과했지만 — 이 태양 주위를 돌기 시작하자 먼지 알갱이들이 상호 작용을 하기 시작했다. 정전기의 작용으로 티끌들이 서로 들러붙으면서 마치 방치된 가구 밑에 쌓인 먼지 뭉치 같은 작은 덩어리가 만들어졌다. 만약 두 알갱이가 너무 빨리 충돌하면 서로 튀어 나가거나 더 작은 조각으로 쪼개졌다. 알갱이들 사이의 고속 충돌은 결정 파편들을 만들어 냈지만, 많은 충돌은 충분히 부드럽게 일어나

* 뿌리에서 분리되어 바람에 굴러다니는 풀 — 옮긴이 주.

알갱이들이 서로 들러붙는 결과를 낳았다. 큰 알갱이와 작은 알갱이가 서로 들러붙으면서 다양한 크기의 알갱이들이 무질서하게 섞인 혼합물이 생겨났다. 원반 중 더 추운 지역에서는 얼음이 알갱이들이 서로 들러붙는 과정을 도왔는데, 얼음의 유연성이 접착제 같은 역할을 했다.

태양 주위를 한 바퀴 돌 때마다 알갱이 무리들은 점점 더 커져 갔고 충돌할 때마다 더 단단하게 뭉쳤다. 알갱이 무리들은 어지럽게 몰아치는 태양풍에 실려 한 곳에 모여 밀도가 높은 덩어리들을 이루었다. 이렇게 만들어진 큰 구름들에는 미세한 먼지 알갱이가 수많이 포함되어 있었다. 그러다가 먼지 알갱이가 충분히 많이 모였고, 우리가 익히 아는 힘이 영향력을 발휘하기 시작했는데, 그 힘은 바로 중력이다. 한 곳에 밀집한 먼지 알갱이 무리들은 중력 상호 작용으로 합쳐지면서 폭이 수 킬로미터에 이르는 먼지 집합체를 형성했다. 이렇게 해서 미행성체 — 행성의 조상에 해당하는 최초의 암석질 물체 —가 태어났다. 먼지에서 세계로.

암석질 미행성체가 수많이 생겨났다. 미행성체의 크기도 아주 다양해 폭이 1~100킬로미터에 이르렀다. 먼지 크기의 알갱이들과 작은 충돌을 수없이 겪으면서 단단하게 다져지고 자체 중력으로 압축된 미행성체는 태양계에서 최초로 고체 표면을 가진 물체였다. 약한 중력장에도 불구하고 원리적으로는 그 위에 설 수 있었다. 태양계의 아주 뜨거운 안쪽 지역에서 생겨난 미행성체는 암석 물질로만 만들어져 바싹 마른 상태였다. 설선 너머에서는 미행성체가 얼음과 유기 물질을 흡수해서 슬러지와 함수 광물로 이루어진 아주 차가운 세계로 변했다. 태양 주위를 돌아다니던 수많은 미행성체는 중력을 통해 상호 작용이 일어나면서 궤도가 진화하기 시작했다.

중력은 새로 생겨난 이 세계들의 형태에도 큰 영향을 미쳤다. 더 크고 밀도가 더 높은 구름이 붕괴하면서 생겨난 미행성체는 암석질 몸체에 더 많은 물질을 흡수했고 중력이 더 커졌다. 만약 미행성체가 〈감자 반지름potato radius〉인 250킬로미터를 넘어서는 크기로 성장하면, 돌무더기가 무질서하게 뭉쳐 있던 형태에서 구형으로 변하면서 소형 행성의 모습을 갖추게 된다.

일부 미행성체는 이야기가 본격적으로 시작되기도 전에 끝나고 말았다. 서로를 아슬아슬하게 비켜 가는 일이 일어날 때마다 미행성체의 궤적이 헝클어지는데, 그 결과로 많은 미행성체는 경로가 곧장 태양을 향하는 쪽으로 변하면서 최후를 맞이했다. 일부 미행성체는 훨씬 차가운 운명을 맞이했는데, 태양계에서 영원히 방출되어 성간 공간으로 날아갔다.

서로 아슬아슬하게 스쳐 지나가는 사건은 〈중력 초점 모임〉이라는 과정을 통해 많은 미행성체의 궤적을 서로를 향해 다가가게 만들었는데, 그 결과로 미래에 충돌이 일어날 가능성이 높아졌다. 태양 주위를 도는 작은 세계가 아주 많았다는 상황을 감안하면 충돌은 불가피한 일이었다. 미행성체는 충돌을 통해 태양계에서 보낸 짧은 생애를 격변적으로 끝내는 경우가 대다수였지만, 일부 파편은 다른 미행성체에 흡수되어 새로 생겨난 세계의 일부가 되었다. 창조와 파괴와 부활이 반복되었다.

부드러운 합체와 행성 배아

미행성체들이 엄청나게 빠른 속도 — 보통 초속 수십 킬로미터 이상* — 로 태양 주위를 돌아다녔는데도 불구하고 모든 충돌이 파국으로 끝나진 않았다. 만약 두 미행성체가 비슷한 궤도를 따라 움직인다면 언젠가 공간상의 같은 지점에서 만나 충돌이 일어날 수밖에 없었다. 하지만 서로에 대한 상대 속도가 느리면 부드러운 합체가 일어나면서 미행성체들이 서로 들러붙어 더 큰 미행성체가 되었다. 큰 미행성체는 중력 초점 모임 과정을 통해 큰 질량으로 작은 물체들을 자신의 궤도 경로로 끌어당겼고, 그 결과로 금방 덩치가 눈덩이처럼 불어났다. 태양 주위를 한 바퀴 돌 때마다 운 좋은 일부 미행성체는 더 작은 미행성체들을 집어삼키면서 〈행성 배아〉로 성장해 갔다.

하지만 행성 배아들이 모두 다 완전한 행성으로 발달하지는 않았다. 많은 행성 배아는 격렬한 충돌을 통해 파괴되었고, 그중 일부는 태양으로 빨려 들어갔다. 살아남는 데 성공한 행성 배아는 그런 운명을 피했고 충분히 오래 존속하면서 안정적인 궤도를 확보할 수 있었다. 운 좋은 일부 행성 배아들은 서로 멀찌감치 떨어진 동심원 경로를 따라 궤도를 돌면서 남아 있던 미행성체와 먼지를 흡수했다. 궤도를 돌면서 원반 내의 텅 빈 공간에 자신만의 경로를 개척한 행성 배아들은 태양계에서 암석 부스러기들을 서서히 제거해 갔다.

* 이 정도 속도라면 존오그로츠(영국 제도에서 가장 북쪽에 위치한 마을 — 옮긴이 주)에서 랜즈엔드(영국 남서쪽 끝에 있는 마을 — 옮긴이 주)까지 가는 데 1분 30초밖에 걸리지 않을 것이다.

마지막 성장 단계는 종말론적 규모의 충돌과 합체로 일어났지만, 이때쯤에는 미행성체가 너무 커져서 완전히 파괴되지 않았다. 파괴에서 살아남아 폭이 수천 킬로미터나 되는 거대한 천체로 성장하면서 미행성체는 마침내 완전한 행성이 되었다.

지금 지구를 이루는 모든 것은 한때 하늘에 있었다. 우리 발밑의 단단한 땅, 즉 전체 지구를 이루는 암석은 아주 작은 성운 먼지가 수많이 합쳐져 만들어졌다.

태양에서 제각각 다른 거리에서 생겨난 각 행성은 저마다 독특한 미행성체와 먼지의 조합에서 성장했고, 그래서 각자 독특한 화학적 조성과 동위 원소 조성을 갖고 있다. 태양에서 가까운 궤도를 돌면서 내부 태양계를 이루는 네 행성은 순전히 암석 물질로 만들어졌다(일부 행성은 얼음 물질도 포함하고 있긴 하지만). 그 네 행성은 수성, 금성, 지구, 화성이다. 태양에서 멀리 떨어진 곳에서는 행성들이 암석 물질과 얼음과 기체 물질의 혼합물에서 성장했는데, 이곳에는 목성과 토성, 천왕성, 해왕성, 이렇게 네 행성이 있다. 해왕성 궤도 밖에는 수많은 얼음 천체(명왕성과 카론을 포함해)가 태양 주위를 돌고 있다. 천왕성은 특이하게도 거의 직각으로 기울어진 자세로 자전하고 있다. 아마도 막 생겨났을 때 미행성체들과 격렬하게 충돌하면서 그렇게 되었을 것이다. 금성이 다른 행성들과 반대 방향으로 자전하는 이유도 이 때문일지 모른다. 각 행성의 독특한 조성과 특성 — 화학적으로나 동위 원소 조성으로나 — 은 먼지가 모여 덩어리가 형성될 때의 독특한 조합에서 비롯된 유산이다.

태양계의 수많은 위성 — 지금까지 150개 이상이 알려졌다 —

도 다양한 방식으로 생겨났다. 그 결과로 위성 역시 지질학적 특성이 행성만큼이나 다양하다. 태양으로 끌려가는 운명을 피하고 살아남은 먼지와 가스가 모여 행성이 만들어진 것처럼 행성에 끌려가는 운명을 피하고 살아남은 먼지가 모여 위성이 되었다.

적어도 한 위성은 이보다 훨씬 격렬한 방식으로 탄생했는데, 그 위성은 바로 지구에 딸린 달이다. 달은 지구가 생겨난 직후에 한 행성 배아가 지구에 충돌하면서 생겨났다. 그 충돌은 정면충돌이 아니라 비스듬히 치고 지나가는 것이었지만, 그래도 기화되고 액화된 암석들이 거대한 장막을 이루어 어린 행성 표면에서 우주 공간으로 튀어 나갔다. 그중 상당수 물질이 즉각 다시 지표면 위로 비처럼 떨어졌지만, 일부는 우주 공간에 머물다가 합쳐져 달을 만들었다.

최초의 응축물이 만들어진 지 약 5000만 년이 지났을 때, 태양계는 행성을 만들 물질이 고갈되었다. 이로써 행성 생성 시대가 끝났다. 모두 공통의 기원에서 출발했지만, 8개의 행성(4개는 암석 세계, 4개는 기체 세계)과 수많은 위성과 더 작은 세계의 이야기들은 각각 제 갈 길로 갈라져 나갔고, 각자 독특한 길을 따라 먼 미래를 향해 나아갔다.

오랜 시간이 지나면서 이들 세계는 거의 알아볼 수 없을 정도로 진화하고 변화해 갔다. 적어도 네 행성의 표면에는 도처에 활화산이 들끓었고, 적어도 두 행성의 암석 표면 위로는 액체 상태의 물이 흘렀으며, 많은 행성과 위성은 기체 대기가 생겼고, 기체 행성들은 각자 매우 아름다운 동심원 고리들을 갖게 되었다. 그리고 적어도 한 행성에서는 생명이 출현했다.

소행성

중력과 천체 배열의 기묘한 작용 때문에 원반 중 일부 지역에서는 목성(그리고 그 정도는 약하지만 토성)의 거대한 중력 때문에 미행성체와 행성 배아가 서로 합쳐질 수 없었다. 태양이 생기고 나서 얼마 안 되어 생겨난 거대 기체 행성들의 독특한 배열 때문에, 이 지역들에 갇힌 미행성체들은 영원히 고립된 채 배회하는 천체 무리로 남게 되었다. 태양계의 이 지역에서는 행성이 생기지 않았다. 그래서 물체들이 서로 합쳐지지 못하고 제각각 분리된 채 태양 주위의 궤도를 돌았다.

이렇게 분리된 지역들은 목성 궤도 안쪽과 바깥쪽 양쪽에 존재했다. 목성의 궤도는 태양과 지구 사이의 거리보다 약 5배 먼 곳에 있다. 제각각 다른 응축 먼지 혼합물에서 생성된 미행성체들은 뚜렷이 구별되는 두 집단으로 나누어졌다. 목성 궤도 안쪽에 있는 한 집단은 대체로 암석으로 이루어진 반면에 더 추운 목성 궤도 바깥쪽에 있는 집단은 대체로 암석과 얼음 광물의 혼합물로 이루어져 있었다. 태양계가 성운 상태에서 태어나 안정화되어 가는 동안 목성의 궤도는 여러 번 앞으로 갔다 뒤로 갔다 하며 흔들렸다. 이렇게 궤도 이동이 일어날 때마다 두 미행성체 집단은 더 멀리 넓은 공간으로 흩어졌고 그 과정에서 배회하던 작은 세계들이 많이 파괴되었다. 하지만 일부는 살아남았다. 차가운 바깥쪽 태양계에서 얼음을 많이 함유한 미행성체들의 탈출이 일어났는데, 미지근한 내부 태양계로 흩어지면서 이미 그곳에 머물고 있던 작은 암석질 세계 집단에 합류했다. 태양계에서 이 지역에 존재하는 물체들은 목성의 중력에 방해를 받아 서로 합쳐지지 못한 채 45억 년

이 넘도록 살아남았다. 이렇게 살아남은 미행성체들이 바로 소행성대의 소행성들이다.

소행성대에는 수백만 개의 소행성이 있는데, 이것들은 태양계의 다양한 지역에서 생성되었다. 오늘날 소행성대에 남아 있는 암석은 〈겨우〉 300경 톤으로 지구 무게의 0.05퍼센트에 불과한데, 설령 전부 합쳐진다 하더라도 행성을 만드는 데 충분하지 않다. 가장 작은 암석 행성인 수성에는 소행성대에 존재하는 암석을 전부 합친 것보다 약 100배나 많은 암석이 있다.

얼음을 많이 함유한 태양계 바깥쪽의 미행성체들 중 상당수는 넓게 흩어져 매우 길쭉한 타원 궤도를 그리며 태양 주위를 돌았다. 오늘날 우리는 이것들을 혜성이라고 부르는데, 혜성은 태양에 가까이 다가올 때 표면에서 기화한 얼음과 유기 분자들이 제트 줄기를 이루며 뿜어져 나와 우주 공간으로 흩어진다. 주로 얼음으로 이루어진 혜성은 미행성체의 특성 스펙트럼에서 한쪽 극단에 위치하고, 주로 암석 물질로 이루어진 소행성은 반대쪽 극단에 위치한다. 현실에 존재하는 대다수 미행성체는 그 중간에 위치한다. 얼음 함량이 아주 높은 혜성도 암석 먼지를 약간 포함하고 있으며, 암석 함량이 아주 높은 소행성도 옛날에 물을 포함하고 있었음을 분명하게 보여 주는 흔적이 희미하게 남아 있다.

소행성의 특성에 영향을 미치는 요소로 시간도 위치 못지않게 중요하다. 식어 가는 원시 행성 원반에서 최초의 먼지 알갱이가 응축될 때, 막 태어나고 있던 태양계에는 빠르게 붕괴하는 방사성 동위 원소들이 넘쳐 났다. 가까이 있던 거성들의 대기에서 수명이 짧은 방사성 동위 원소들이 항성풍에 실려 붕괴하던 성운으로 날아왔다. 이 방사성 동위 원소들이 빠르게 붕괴하면서 짧은 시간에 막대한 핵에너지를 방출했다. 이 동위 원소들은 짧고 굵게 살았다.

초기의 태양계에서 가장 활기찬 활동을 보인 방사성 동위 원소 중 하나는 알루미늄-26(^{26}Al)이었는데, 350만 년이 조금 넘는 시간에 방사성 붕괴를 통해 거의 사라져 가면서 많은 핵에너지를 방출했다. 알루미늄-26이 붕괴하기 전에 일찍 생성된 미행성체는 암석질 몸체에 이 핵연료를 상당량 포함하고 있었고 그 결과로 녹게 되었다. 그와 함께 미행성체를 만들었던 성운 먼지가 파괴되었다. 시뻘겋게 달아오른 액체 암석이 넘쳐 나는 지질학적 역사가 짧게 펼쳐졌지만, 그 열은 이내 우주 공간으로 빠져나가고 그 후로 이 세계들은 영영 더 차갑게 얼어붙었다.

남아 있던 마지막 먼지들이 합체된 사건은 어린 태양계가 완전히 식은 뒤에 일어났다. 원시 행성 원반이 생기고 나서 수백만 년이 지나기 전에 수명이 짧은 방사성 동위 원소들은 대부분 붕괴해 거의 사라졌고, 그 바람에 나중에 생긴 미행성체들은 녹는 데 필요한 핵연료가 부족했다. 나중에 생긴 미행성체 중 상당수는 조금 온도가 높아지긴 했지만 비교적 차가웠다. 이 미행성체들에서는 자신을 만든 성운 먼지 알갱이가 보존되었다. 소행성과 소행성에서 온 운석은 성운 먼지— 원시 태양계의 파편 —의 보호자이다.

*

망원경으로 오리온성운 중심에서 눈부시게 밝은 가스와 새로 생겨나는 행성계를 바라볼 때, 우리는 자신의 먼 과거를 바라본다. 어린 별 주위에 생겨나는 원반, 가느다란 성운 줄기를 잘라내 대성당처럼 생긴 공간들을 만드는 뜨겁고 젊은 별들, 새로 합성된 원소들을 주변 공간에 뿌리는 큰 별. 하늘의 다른 곳들에서 천문학자들은 원시 행성 원반에서 미행성체들이 가스와 먼지를 빨아들이면서 생긴 동심원 간극들을 보았다. 우리는 지금 새로운 행성들, 새로운 세계들이 탄생하는 장면을 보고 있는 것이다. 우리는 망원경을 통해 새로운 행성계가 어떻게 생겨나고 진화하는지 많은 것을 알아냈지만, 〈거리〉라는 근본적인 문제가 남아 있다. 성운들은 지구에서 수십, 수백, 수천 광년 떨어져 있다. 이렇게 먼 거리에서 우리가 망원경으로 알아낼 수 있는 정보에는 한계가 있다.

지구의 암석이 우리를 과거로 데려갈 수 있는 시간에는 한계가 있지만, 운석은 막 태어난 태양계의 파편을 손에 넣을 수 있는 방법을 제공한다. 소행성 파편들에는 성운에서 최초의 먼지가 응축되고 그 뒤를 이어 미행성체가 생성되면서 암석 기록이 막 시작되던 때로 거슬러 올라가는 태양계 초기의 역사가 보존되어 있다.

각 운석이 지닌 독특한 지질학적 특성에는 그 운석이 기원한 소행성의 종류가 반영되어 있다. 소행성은 크게 용융된 소행성과 용융되지 않은 소행성의 두 집단으로 나눌 수 있다. 운석의 종류도 바로 이 방식에 따라 크게 두 집단으로 나누는데, 용융되지 않은 소행성에서 유래한 운석을 〈콘드라이트chondrite〉, 용융된 소행성에서 유래한 운석을 〈아콘드라이트achondrite〉라고 부른다.

아콘드라이트에는 용융된 소행성의 짧은 지질학적 진화가 기록되어 있다. 막 태어난 태양계가 새로 생겨난 암석 세계들로 넘쳐 났을 때 많은 이야기가 급하게 암석들에 기록되었다. 이 암석들이 들려주는 이야기는 그 직전에 일어난 성운 붕괴에 관한 이야기만큼이나 기이하고 경이롭다.

4장
금속과 용융된 암석으로 이루어진 구

용융은 지질학적 파괴를 일으키는 힘이다. 지구의 암석들은 움직이는 판들의 막대한 압력과 혹독한 날씨에 일상적으로 노출되지만, 열만큼 암석을 효과적으로 파괴하는 것도 없다. 고체 상태에서 액체 상태로 변하는 순간, 암석 속의 원자들은 화학적 힘을 통해 서로에게 붙들린 상태에서 해방되며, 원자 수준에서 갈가리 분해되고 만다. 용융이 일어나는 동안 암석의 특성은 거의 다 완전히 사라지고 만다. 하지만 자연은 용융된 암석을 잘 활용하는데, 그것으로부터 새로운 암석을 만들어 낸다.

용융의 부활 효과를 경험한 암석은 지구의 암석뿐만이 아니다. 하늘에서 떨어지는 암석 중에도 그런 것이 일부 있다. 알루미늄 방사성 동위 원소인 알루미늄-26은 미행성체에 특히 중요한 열원이다. 방사성 동위 원소가 빠르게 붕괴하면서 원자핵에 붙들려 있던 핵에너지가 신속하게 방출되어 많은 미행성체를 완전히 녹였다. 그 과정에서 이 미행성체들을 만든 성운 먼지들이 완전히 파괴되었고, 전체 세계가 먼지들의 집합체에서 작열하는 액체 암석의 구로 변했다.

용융된 미행성체들은 대부분 크기가 작아서 수백만 년 이내에 다시 식었다. 미행성체들은 지질학적 열기관의 동력이 금방 고갈되면서 얼어붙었다. 가장 큰 미행성체들 — 자신의 내부 열로 더 오래 버틸 수 있었던 것들 — 조차 약 1억 년 뒤에는 차갑게 식었다. 액체 암석이 식으면서 결정이 생성되기 시작하자 용융된 미행성체는 다시 고체로 변했고, 그 속에 강한 열과 완전한 화학적 변환에 관한 이야기가 얼어붙었다. 이렇게 용융된 소행성에서 유래한 운석인 아콘드라이트는 알려진 것 중 가장 오래된 화성암이다.

작은 규모의 변화 — 작은 먼지 알갱이가 액체 암석으로 변하는 것 — 는 변환의 시작에 불과하다. 용융된 소행성의 전체 내부

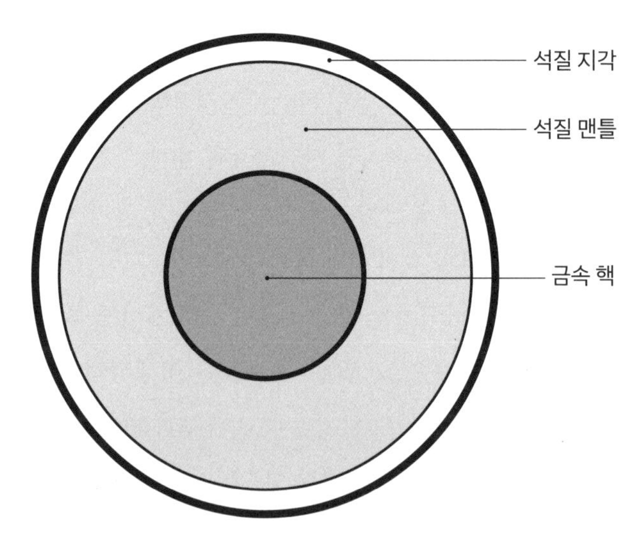

역사 초기에 광범위한 용융을 겪은 소행성의 내부 구조. 지구는 대다수 소행성보다 수백 배 또는 수천 배 더 크지만, 내부 구조는 거의 비슷하다.

구조가 〈분화differentiation〉 과정을 통해 완전히 뒤집혔는데, 전체적으로 다소 균일했던 먼지들의 집합체에서 뚜렷이 구별되는 두 지질학적 층이 있는 물체로 변했다. 금속 핵을 석질 맨틀이 둘러싸고 있는 구조였는데, 맨틀 위의 가장 바깥쪽에는 얇은 지각이 있었다.

철 친화도

성운 먼지에 가장 많이 들어 있는 원소 중 하나는 철이었는데, 미행성체에 포함된 먼지가 녹을 때 철도 거기서 해방되었다. 미행성체의 중력장은 아주 약하지만, 해방되어 자유로이 돌아다니는 철을 미행성체 중심으로 부드럽게 끌어당길 만한 힘은 있었다. 밀도가 큰 금속 철은 펄펄 끓는 마그마 사이로 천천히 가라앉아 결국 미행성체 중심에 아주 많은 양이 모이게 되었다.

지질학자들이 〈친철원소〉라고 부르는 화학 원소들이 있다. 영어로는 〈시데로필siderophile〉이라고 하는데, 고대 그리스어로 〈철〉을 뜻하는 〈시데로스σίδηρος〉와 〈사랑〉을 뜻하는 〈필리아φιλία〉를 합친 단어에서 유래했다. 친철원소는 철에 대한 화학적 친화도가 아주 높다. 지질학적 계 — 지구의 것이건 천상의 것이건 — 에서 친철원소는 철이 한 광물에서 다른 광물로 옮겨 갈 때 함께 따라가는 경향이 있다. 철이 가는 곳이라면 친철원소도 마다하지 않고 따라간다. 14종의 친철원소에는 니켈, 백금, 이리듐, 텅스텐, 금이 포함된다. 미행성체가 녹으면서 성운 먼지에서 해방된 원소들은 철을 따라 미행성체 중심으로 내려가 철과 함께 거대한 금속 마그마 덩어리를 이루었다. 이것을 핵이라 부른다.

만약 분화된 지 얼마 안 된 미행성체에서 용융 상태의 금속 핵을 볼 수 있다면 태양처럼 뜨겁고 밝게 빛나고 있었을 것이다. 하지만 금속이 가라앉으면서 뒤에 남기고 온 마그마—밀도가 금속보다 조금 더 작은—가 그 주위를 두껍게 둘러싼 층을 이루고 있어 이 핵을 실제로 볼 수는 없었을 것이다. 철과 친철원소를 거의 다 빼앗긴 바깥층의 화학적 조성은 그 아래에 있는 금속 마그마 구와는 완전히 다르게 변해 갔다.

산소 친화도

용융된 소행성 중심의 금속 핵을 둘러싼 마그마에는 지질학자들이 〈친석원소lithophile〉라고 부르는 원소들이 풍부했는데, 핵 바로 위에 있는 층인 맨틀은 주로 이 원소들로 만들어졌다. 여기서 〈lith〉는 〈돌〉을 뜻하는 고대 그리스어 〈리토스λίθος〉에서 유래했다. 친석원소는 이름 그대로 〈암석을 좋아하는〉 원소들이다. 산소에 대한 화학적 친화도가 높은 성질 때문에 산소와 잘 결합해 많은 암석에서 산소 함량이 높은 광물들을 만든다. 친석원소들은 밀도가 낮아 용융된 미행성체 중심으로 가라앉지 않고 그 위층들에 머물렀는데, 아래의 핵을 이루는 용융 상태의 금속 위에 떠 있었다. 친석원소에는 지표면에서 가장 풍부하게 존재하는 원소들 중 일부가 포함된다. 우리가 잘 아는 규소, 알루미늄, 칼슘, 나트륨, 마그네슘 등이 모두 친석원소이다.

이러한 미행성체들에서는 핵이 전체 부피의 약 절반을 차지했다. 그런 미행성체를 반으로 잘라서 그 절단면을 보면, 핵은 두꺼운 암석 껍데기 속에 갇힌 원으로 보일 것이다. 지구의 핵도 이와 똑같은 과정을 통해 생겨났다. 수성과 금성, 화성, 달에도 철-니켈 핵이 있다. 용융된 미행성체는 암석 행성에 비해 수백 배 혹은 수천 배나 작지만, 내부 구조는 행성과 별반 다르지 않았다. 금속과 용융된 암석으로 이루어진 크고 작은 구들이 함께 조용히 태양 주위를 돌았다.

내부 열을 우주 공간으로 금방 잃은 용융된 암석은 결정화가 일어났다. 분화된 미행성체들은 굳으면서 양파처럼 뚜렷한 층들로 나누어진 구조를 가지게 되었다. 작은 세계들의 중심에 위치한 철-니켈 핵에서는 결정화 과정을 통해 지표면에서 보기 힘든 고체 금속 광물들의 집합체가 생겨났다. 황을 많이 함유한 동전만 한 크기의 덩어리들이 여기저기에 널려 있었다. 금속 핵을 둘러싼 두꺼운 석질 맨틀 역시 식으면서 결정화가 일어났고, 이곳 지구에서 우리가 잘 아는 광물들이 다양하게 만들어졌다. 석질 맨틀의 맨 바깥쪽 층에는 얇은 석질 껍질이 자리 잡았는데, 이것이 미행성체 표면을 둘러싼 석질 지각이 되었다. 이렇게 해서 안쪽에서 바깥쪽까지 금속 핵과 석질 맨틀, 석질 지각으로 질서 정연하게 분리된 층들이 생겨났다.

완전히 식은 뒤에도 이 미행성체들의 이야기는 완전히 끝난 것이 아니었다. 많은 미행성체는 큰 충돌로 산산조각 나면서 갓 태어난 태양계에 암석 파편들을 흩뿌렸다. 일부 미행성체는 서로 스쳐 지나가는 충돌을 통해 석질 맨틀이 떨어져 나가고 금속 핵만 노출된 채 남았다. 45억 년이 더 지난 지금도 소행성대에서는 한

때 용융되었던 이 암석들이 밖으로 튀어나오고 있으며, 그중 일부가 지구에 아콘드라이트 운석으로 떨어진다.

금속을 많이 함유한 암석

수십 년 전의 관점에서는 마술에 가까운 기술들이 넘쳐 나는 오늘날에도 철질 운석을 손 위에 올려놓으면 여전히 경이로운 느낌을 금할 수 없다. 철질 운석은 놀랍도록 차갑고 예상 밖으로 무거운데, 같은 크기의 지구 암석보다 약 2.5배나 무겁다. 지금도 나는 철질 운석의 무게에 깜짝 놀란다.

프랑스의 지질학자 부아스는 19세기 중엽에 철질 운석이 지구의 깊은 내부 물질과 닮았다고 처음 주장했는데, 그 주장은 옳았다. 철질 운석은 분화가 일어난 미행성체의 핵에서 떨어져 나온 조각이다. 이런 운석의 존재는 과거에 일어난 재난을 증언한다. 핵을 둘러싸고 있던 석질 맨틀이 연속적인 충돌로 우주 공간으로 튀어 나가 완전히 사라졌거나, 아니면 전체 미행성체가 다른 천체와의 격변적 충돌로 산산조각 나면서 중심의 철 파편들이 방출되었을 것이다.

겉모습만 보면 철질 운석은 하늘에서 날아온 전형적인 암석 — 검은색 니스를 칠한 듯한 용융각으로 둘러싸인 암석 — 처럼 보인다. 하지만 암석을 쪼개서 그 안을 들여다보면 반짝이는 은빛 철-니켈 표면이 드러나며, 여기저기에 작고 노르스름한 황을 함유한 거품들이 널려 있다. 그 표면을 잘 닦으면 완벽한 거울로 변한다. 특이한 동위 원소 조성을 측정하거나 기묘한 지질학적 특성을 밝혀내지 않더라도 철질 운석이 딴 세상에서 왔다는 사실을 충분히 알 수 있다.

철질 운석을 이루는 두 가지 주요 광물 — 카마사이트kamacite와 태나이트taenite — 은 철과 니켈이 서로 다른 비율로 섞인 결정성 혼합물이다. 둘 다 똑같이 반짝이는 은빛 색조를 띠지만, 〈식각(蝕刻)〉이라는 특별한 화학적 절차를 사용하면 두 광물이 만들어 낸 상호 성장 패턴의 아름다움이 드러난다. 식각은 진한 산과 알코올 혼합물을 붓에 묻혀 철질 운석의 반들반들한 표면에 가볍게 문지르는 절차인데, 이 용액은 카마사이트와 태나이트를 공격하는 속도에 차이가 있다. 각각은 새로운 은빛 색조로 변색되고, 금속 광물들이 서로 맞물려서 아주 아름다운 직교 평행선 패턴이 드러난다. 이를 우주 화학자들은 〈비트만슈테텐Widmanstätten 패턴〉이라고 부른다.[1] 손만 한 크기의 카마사이트 바늘들이 태나이트의 영역으로 파고들어 갔다. 이 독특한 지질학적 현상은 오직 철질 운석에서만 발견된다. 운석의 태나이트 결정에는 크기가 1미터에 이르는 것도 있는데, 수백만 년 전에 미행성체 핵에서 이 부분이 얼마나 느린 속도로 식었는지를 말해 준다.

나는 박사 과정을 밟던 중 운 좋게도 멜론 크기의 캄포 델 시엘로 철질 운석 조각 표면을 식각하는 기회를 얻었다. 오래된 비트만슈테텐 패턴이 폴라로이드 사진을 현상할 때 나타나는 상처럼 모습을 드러냈다. 45억 년이나 된 금속 결정 구조가 눈앞에 드러나던 그 순간은 평생 잊지 못할 광경이었다.

철질 운석의 또 한 가지 흥미로운 특성은 자성이다. 용융된 금속 핵은 강한 자기장을 띤다. 이 자기장은 위로 수천에서 수십만 킬로미터나 뻗어 우주 공간까지 나갈 수 있다. 핵이 식어서 결정화가 일어나면 더 이상 강한 자기장을 만들지 못하지만, 자성의 흔적은 핵의 금속 광물에 각인된다. 잔류 자기는 오늘날까지 남아 있어, 철질 운석은 나침반 바늘을 움직이고 자석에 들러붙는 성질이 있다.

도달할 수 없는 지구의 핵

우리는 지구의 가장 깊은 내부에 대한 지식을 주로 복잡한 지구 자기장과 중력 특성, 지진파 분석에서 얻는다. 지구의 강한 자기장은 액체 상태로 존재하는 금속 핵 때문에 생겨난다. 지구는 순전히 암석 물질로만 이루어졌다고 보기에는 너무 무겁고 중력장도 너무 강하다. 따라서 지구 내부에 밀도가 아주 큰 지역이 있어야 하는데, 상당한 크기의 금속 핵이 있다고 보면 쉽게 설명된다. 지진은 지구의 내부 구조에 대해 특별히 유익한 통찰을 제공한다. 지표면 가까이에서 일어난 지진은 지구 깊숙한 곳까지 지진파를 보낸다. 지진파가 내부의 서로 다른 층들에 부딪치고 반사되는 패턴을 분석함으로써 맨틀과 핵의 물리적 특성에 대한 자세한 그림을 얻을 수 있었다.

자기와 중력과 지진 활동이 지구의 가장 깊은 내부를 조사하는 데 강력한 도구이긴 하지만, 지구의 핵 물질을 직접 채취해 실험실에서 자세히 분석하는 것에는 비할 바가 못 된다. 만약 그렇게 할 수만 있다면 지구를 이해하는 방식에 큰 혁명이 일어날 것이다. 하지만 지구의 핵은 우리 발밑으로 약 3,000킬로미터나 깊은 곳에 있어 그곳에 갈 수 있는 방법이 없다. 만약 우리가 땅을 파서 그곳에 도달하는 데 성공한다 하더라도(나는 그럴 가망이 없다고 보지만 언젠가 내 생각이 틀린 것으로 입증되길 기대한다) 그것은 아주 먼 미래에나 가능할 것이다.

그때까지는 행성의 중심 핵 물질을 얻을 수 있는 방법은 철질 운석뿐이다. 산산이 부서진 미행성체 핵의 파편(캄포 델 시엘로 운석처럼)을 실험실에서 자세히 분석함으로써 지구의 핵이 지닌 특성도 잘 이해할 수 있다.

잃어버린 맨틀 운석

우리는 지구를 둘러싸고 있는 가장 바깥쪽의 얇은 껍질인 지각 위에서 살아간다. 이 얇은 층 아래에는 석질 맨틀이 있고, 맨틀은 곧장 지구 중심의 금속 핵까지 뻗어 있다.

맨틀은 지구 전체 부피의 약 85퍼센트를 차지한다. 맨틀은 주로 친석원소들(마그네슘, 규소, 산소 등)로 이루어져 있는데, 지구가 분화될 때 철이 핵으로 가라앉고 남은 물질들이다. 이 원소들은 재배열되면서 주로 감람석과 사방휘석 결정들을 만든다. 아주 깊은 곳에서는 와즐리아이트wadsleyite, 링우다이트ringwoodite, 브리지머나이트bridgmanite 같은 기이한 광물들을 만든다.

용융된 미행성체들도 한때는 지구처럼 금속 핵과 석질 맨틀이 있었을 것이다. 지금까지 알려진 6만여 개의 운석 중 지구의 맨틀 암석과 지질학적 조성이 일치하는 것이 하나도 없다는 사실은 불가사의하며 우리를 다소 불안하게 만들기까지 한다. 서로 맞물린 진녹색 감람석과 암녹색 사방휘석 결정들로 이루어진 운석은 단 하나도 없다. 잃어버린 맨틀 운석 문제는 우주 화학자들에게 큰 관심사이다. 그것들은 어디에 있을까?

감람석-사방휘석 맨틀에서 유래한 운석이 존재하지 않는다는 사실은 돌연한 죽음 이야기를 암시한다. 맨틀이 생겼던 미행성체 집단은 생겨나자마자 사라진 것이 틀림없다. 이들이 태양계에 머문 시간은 짧았다. 냉각되고 나서 얼마 지나지 않아 거의 다 기습적인 충돌을 통해 파괴되었을 것이다. 정면충돌로 완전히 파괴되었거나 스쳐 지나가는 충돌로 핵에서 맨틀이 떨어져 나갔을 것이다. 그 결과로 오늘날까지 살아남은 것이 하나도 없고 거기서 유래한 운석도 없다.

철질 운석은 그 상황에 약간의 단서를 제공한다. 일부 희귀한 철질 운석은 아주 빨리 냉각했고 — 직교 평행선 모양의 비트만슈테텐 패턴에서 특이하게 작은 카마사이트와 태나이트 결정이 시사하듯이 — 따라서 이 운석은 두꺼운 맨틀로 둘러싸인 핵에서 생겨났을 리가 없다. 이 운석이 유래한 미행성체는 핵이 아직 액체 상태에 있을 때 맨틀이 떨어져 나간 것이 분명한데, 겉을 둘러싸서 단열 작용을 하던 맨틀이 사라지자 미행성체의 핵은 금방 식었고, 그래서 결정 크기가 아주 작은 금속 광물들이 만들어졌을 것이다.

그 핵에서 해방된 철 파편과 달리 산산조각 난 맨틀에서 떨어져 나온 석질 암석은 물리적으로 약하다. 충돌로 소행성에서 방출된 석질 암석은 성간 암석의 미세한 알갱이에 마모되면서 금방 닳아 쉽게 바스러지는 잔해로 변하고 말았다. 이 암석들은 오래전에 파괴되었지만, 그에 대응하는 철질 암석은 살아남아 오늘날까지도 철질 운석으로 지구에 떨어지고 있다. 맨틀이 떨어져 나간 미행성체의 노출된 핵은 지금도 소행성대에서 일부 발견되며,* 거기서 새로 해방된 파편들(캄포 델 시엘로 운석과 같은)이 행성 간 공간을 가로질러 지구까지 날아온다.

알려진 철질 운석은 약 1,200개이다. 이것들은 화학적 특성과 지질학적 특성, 그리고 동위 원소 조성을 바탕으로 분류함으로써 각자 독특하게 분화한 최소한 36개의 소행성에서 유래했다는 사실이 밝혀졌다. 즉 각자 자기 나름의 이야기와 지질학적 진화사를 지닌 36개의 세계가 있었고, 그것들은 모두 파국적인 종말을 맞이했다.

팔라스 철

최초의 용융된 세계들이 파괴되면서 완전히 새로운 종류의 소행성이 나타났는데, 이것들은 암석과 금속이 복잡하게 섞여서 만들어졌다. 여기서 유래한 운석이 석철질 운석이다. 그중에서 가장 멋진 것은 〈팰러사이트pallasite〉이다. 예외적으로 희귀한 이 운석(지금까지 겨우 100여 개만 알려져 있다)의 이름은 독일 박물학자 페터 지몬 팔라스Peter Simon Pallas에서 딴 것이다.

* 가장 큰 금속 소행성은 폭이 약 200킬로미터인 프시케이다. 2022년, NASA의 무인 탐사선 프시케가 이 기묘한 세계를 탐사하기 위해 출발할 것이다(프시케는 2023년 10월 13일에 발사되었다 — 옮긴이 주). 소행성 프시케에는 2020년대 후반에 도착할 예정인데, 인류가 금속으로 이루어진 세계를 탐사하는 것은 이번이 처음이다(나는 좀이 쑤셔 그때까지 기다릴 수가 없다).

1772년, 팔라스는 시베리아의 크라스노야르스크 지역을 탐사하던 중 우연히 기묘한 금속 바위를 발견했다. 현지의 대장장이가 23년 전에 높은 산비탈에서 발견한 바위였는데, 좋은 품질의 야금 물질이 될 것 같아 마을까지 30킬로미터가 넘는 거리를 끌고 왔다. 그랜드 피아노 두 대와 맞먹는 무게였다는 것을 감안하면 매우 감명 깊은 노력이었다. 하지만 그 노력은 허사로 돌아갔는데 (하지만 운석 과학의 미래를 위해서는 다행하게도), 그 금속은 제대로 다듬을 수가 없었고 곳곳에 결함도 많았기 때문이다.

현지인들은 팔라스에게 그 바위는 하늘이 내린 신성한 선물이라고 말했지만, 팔라스는 그 이야기를 의심했다. 팔라스는 그 바위가 여기저기에 기묘한 황록색 결정이 박힌 금속으로 이루어져 있으며 해면처럼 얼룩덜룩한 조직이 있다는 사실에 주목했다. 수수께끼의 바위에 푹 빠진 팔라스는 5년 뒤에 추가적인 연구를 위해 그것을 상트페테르부르크의 러시아 과학 아카데미로 운반했다. 그곳에서 그 바위는 팔라스 철로 불렸다.

클라드니의 저서 『철 덩어리』의 완전한 제목은 『팔라스가 발견한 철 덩어리와 그와 비슷한 철 덩어리들의 기원에 관해, 그리고 그것과 연관된 몇몇 자연 현상에 관해』라고 말했던 것을 기억하는가? 클라드니는 팔라스의 암석이 외부 우주에서 왔다고 강하게 믿었다. 클라드니가 자신의 연구를 발표하고 나서 몇 년 뒤에 팔라스 철 한 조각이 런던에 있던 하워드의 화학 실험실로 왔다. 하워드는 하늘에서 떨어졌다고 알려진 다른 암석들(월드코티지 운석을 포함해)과 함께 그것이 우주에서 왔다는 것을 증명했다. 팔라스 철이 운석 과학을 탄생시키는 데 기여한 역할은 결정적인 것이었다.

동전만 한 크기의 진녹색 감람석 결정들이 금속 철의 바다 속에 박혀 있는 팰러사이트는 모든 암석 중 가장 매혹적이다. 팰러사이트를 아주 얇은 조각으로 잘라 뒤에서 빛을 비추면, 철은 어떤 빛도 통과하지 못하도록 차단하는 반면에 감람석은 밝은 초록색 빛을 통과시킨다. 금속과 섞인 이 암석 조각은 햇빛을 받아 환하게 빛나는 스테인드글라스처럼 보인다. 팰러사이트는 지질학적인 것이건 그 밖의 어떤 것이건, 지구에서 정상적으로 발견되는 어떤 물질과도 닮지 않았다. 그 아름다움은 어떤 것도 필적할 수 없다.

오랫동안 팰러사이트의 기원 — 부모 소행성의 정확하게 어느 부분에서 유래했고 어떻게 생겨났는지 — 은 수수께끼로 남아 있었다. 그 화려한 광채에 가려진 팰러사이트의 이야기는 거의 재앙에 가까운 것으로 밝혀졌다.

감람석 결정은 아주 깨끗하지만 일부 결정에 균열이 있다. 많은 감람석은 보석으로 쓰이지만 — 실제로 살구만 한 크기의 감람석 결정은 한때 오스트리아에서 귀족들의 머리 장식과 목걸이에 사용되었다 — 일부 감람석은 깊은 틈과 결함이 있다.

가끔 감람석 결정 내부에서 작은 금속 방울이 발견된다. 이 작은 거품에는 먼 옛날의 자기장이 작은 자석처럼 기록되어 있는데, 그것이 유래한 미행성체의 용융된 핵이 강한 자기장을 만들던 시절에 기록된 것이다. 자기장이 얼어붙어 이렇게 작은 자석으로 남으려면 온도가 약 350°C 이하로 내려갔어야 한다. 그보다 더 뜨거웠으면 미행성체의 용융된 핵에서 나온 강한 자기장이 아무 흔적도 남기지 않고 그냥 작은 금속 방울을 통과해 지나가고 말았을 것이다.

팰러사이트 감람석 결정 속에 미소 자석이 갇혀 있는 이 사실은 훨씬 큰 의미를 지닌다. 거대한 감람석 결정 — 그리고 그 속의 금속 방울 — 은 그것이 유래한 미행성체의 핵이 아직 녹아 있을 때 아주 차가웠던 게 틀림없으며, 따라서 핵에서 멀리 떨어져 표면 가까이에 있었을 것이다.

그렇다면 팰러사이트에 섞인 금속은 어디서 왔을까? 그 정도 양의 금속 철은 오로지 깊은 핵에서만 발견된다. 그런데 그토록 얕은 곳으로 어떻게 올 수 있었을까? 간단한 설명은 두 미행성체 사이에 거대한 충돌이 일어났을 때 팰러사이트가 만들어졌다는 것이다. 두 세계가 충돌할 때 아직 용융 상태에 있던 한 미행성체의 핵 — 아마도 이전의 충돌로 맨틀이 이미 날아가고 없던 — 이 다른 미행성체의 감람석 맨틀로 파고들었다. 금속은 맨틀의 거대한 감람석 결정들을 시뻘겋게 달아오른 손가락처럼 감쌌고, 결국 감람석 결정들이 식어서 굳으면서 금속에 갇히게 되었다. 두 미행성체는 충돌로 사라지는 대신에 합쳐져서 하나의 세계가 되었다.

산소 동위 원소가 여기에 이야기를 더 보탠다. 감람석 알갱이 내부에 존재하는 산소 동위 원소들의 비율은 팰러사이트마다 다르다. 이것은 팰러사이트들이 둘 이상의 소행성에서 유래했다는 것을 말해 준다. 먼 옛날에 세계들이 극적으로 섞인 사건은 태양계가 생성될 당시에 계속 반복된 과정이었다.

이것은 우리의 큰 행운을 다시 돌아보게 만든다. 지구도 한때는 하나의 미행성체 — 나중에 행성 크기의 암석 덩어리로 자라난 작은 씨앗 — 였지만, 많은 세계에 종말을 가져온 충돌 대학살극에서 살아남은 것은 순전히 운 덕분이었다. 우연한 만남을 수많이 겪으면서 현재의 지구가 만들어졌는데, 나중에 지구를 만든 미행성체들이 애초에 살아남은 것이 첫 번째 행운이었다. 우리 — 지구와 지구에 사는 모든 생물 — 의 존재는 처음부터 위태위태했다.

얇은 껍질

태양계가 격렬한 과정을 통해 생겨나는 동안 일부 미행성체는 대체로 온전한 상태를 유지하면서 오늘날까지 살아남은 소행성이 되었다. 이들은 45억 년 동안 원래의 양파 구조 — 금속 핵과 석질 맨틀과 석질 지각으로 이루어진 — 를 그대로 유지했고, 지금도 그 암석질 표면에서 운석이 날아온다. 우주에서 다른 물체가 날아와 충돌하면 그 표면에서 석질 파편(석질 아콘드라이트)이 행성간 공간으로 튀어 나간다. 한때 용융 상태였던 소행성의 가장 바깥쪽 화성암 지각에서 유래한 이 운석들은 지구 표면에 널려 있는 일부 화산암과 비슷하다.

2015년 9월 2일 자정이 거의 다 되었을 때, 튀르키예 동부 빙괼 지역 하늘에서 그런 운석이 떨어졌다. 그것은 지구 대기권을 통과하면서 잠깐 동안 하늘을 환히 밝혔다. 너무나도 밝게 빛난 나머지 150킬로미터 떨어진 곳에 설치된 방범 카메라에도 그 모습이 찍혔다. 일련의 시끄러운 폭발과 함께 분해되면서 사리치체크 마을에 그 운석의 파편들이 비처럼 쏟아졌다. 거리와 건물 지붕 여기저기에 껍질로 둘러싸인 검은색 돌들이 발견되면서 간밤에 무슨 일이 있었는지 금방 확인되었다. 바로 하늘에서 운석들이 떨어진 것이었다.

그 후 몇 주일, 몇 개월이 지나는 동안 발견되어 채집된 15킬로그램 이상의 암석은 사리치체크 운석이라고 불리게 되었다. 우주 화학자들은 곧 이 운석들이 하워드의 이름을 따서 붙인 운석 집단인 〈하워다이트howardite〉에 속한다는 사실을 확인했다. 지금까지 알려진 하워다이트는 350개가 조금 넘는데, 감히 단언컨대 용융각으로 뒤덮인 표면 아래 부분은 아콘드라이트 사촌인 철질 운석과 석철질 운석에 비해 눈길을 끄는 특징이 거의 없다. 작은 검은색 부스러기와 미소한 흰색 조각과 함께 여기저기 흩어진 옅은 회색 알갱이로만 이루어진 하워다이트는 건축물 바닥에 놓여 있어도 쉽사리 눈에 띄지 않을 것이다. 하워다이트는 콘크리트 조각과 닮은 점이 많다. 하늘에서 떨어지는 광경이 목격되거나 사막에서 발견되지 않는 한, 검은색 니스를 칠한 것 같은 용융각을 제외한다면 하워다이트가 하늘에서 떨어진 운석이라는 것을 알아보기는 무척 어렵다.

하지만 이 운석은 아무리 눈길을 끌지 않는다 하더라도 모든 운석은 나름의 이야기를 갖고 있다는 것을 보여 주는 좋은 예이다.

박편으로 만들어 현미경으로 바라보면, 옅은 회색 암석에 불과했던 하워다이트는 밝고 역동적인 색들의 모자이크가 만화경처럼 펼쳐지는 모습으로 변한다.[2] 불투명한 검은색 틀을 배경으로 선명한 주황색과 짙은 빨간색과 반짝이는 파란색과 회백색이 섞인 무질서한 결정들의 모자이크가 드러나면서 운 좋은 관찰자의 눈을 즐겁게 한다.

하워다이트의 작은 결정들은 파편처럼 모난 조각들이 어지럽게 뒤섞여 있고 가끔 유리 조각도 섞여 있다. 광물을 이루는 조각들은 대부분 현미경으로나 보일 정도로 작으며, 가장 큰 것조차도 1센티미터 정도에 불과하다. 결정 조각들은 무질서하게 뒤섞여 있다. 철질 운석의 비트만슈테텐 패턴과 팰러사이트의 보석 같은 감람석에서 볼 수 있는 질서 정연한 구조와는 아주 대조적이다. 하워다이트는 마치 방앗간에서 빻는 과정을 거친 것처럼 보인다. 유리는 하워다이트가 지질학적 역사의 어느 시점에 엄청난 열 충격을 받았다는 것을 말해 준다. 파편화된 결정들의 집단에는 휘석, 사장석, 사방휘석처럼 지표면에 흔하게 널린 광물들이 섞여 있다. 지금까지 살아오면서 암석에 관심을 보인 적이 한 번도 없는 사람도 필시 휘석과 장석(그리고 사방휘석)은 많이 보았을 것이다. 세 광물은 모두 한때 용융되었던 암석에서 결정화되었다. 휘석과 사장석은 현무암 — 화산에서 나온 마그마가 굳어서 생긴 암회색 화성암 — 을 이루는 주요 광물이다. 현무암은 하와이 제도와 아이슬란드 같은 화산섬에서 흔하게 볼 수 있다. 사방휘석은 만들어지는 방법이 다양하다. 깊은 땅속의 마그마 저장소에서 흔히 볼 수 있는데, 마그마 속에서 밀도가 높은 결정으로 침전되면서 마그마 저장소 바닥에 많은 양이 축적된다.

하워다이트를 이루는 광물들도 비슷한 방식으로 생성되었을 것이다. 그런데 이 광물들이 어떻게 해서 그렇게 산산이 쪼개졌을까? 용융된 암석은 대개 식으면서 결정화가 일어날 때 서로 말쑥하게 맞물린 결정들의 모자이크 구조를 만든다. 이곳 지구에서는 화성암이 원래 가졌던 서로 맞물리는 구조가 풍화와 변성 작용에 의해 지워지고 다시 겹쳐지는 일이 일어나지만, 소행성에서는 그런 과정이 일어나지 않는다. 화성암을 마모시켜 모래로 만드는 비나 눈, 서리가 전혀 없고, 온도가 아주 낮은 탓에 판들의 움직임도 없어서 변성 작용을 통해 새로운 종류의 암석으로 변하는 일도 일어나지 않는다. 그렇다면 하워다이트는 어떻게 그토록 뒤죽박죽 뒤섞인 구조를 갖게 되었을까? 하늘에서 떨어지는 다른 일부 석질 아콘드라이트에 그 단서가 있다.

운석 삼총사

하워드가 운석들에 대한 체계적인 화학 분석 결과를 처음 발표한 지 6년이 지난 1808년에 체코슬로바키아의 슈타네른* 마을 하늘에서 화구가 떨어졌다. 하늘에서 돌들이 한바탕 쏟아졌는데, 목격자들이 금방 많은 돌을 회수했다. 모두 합쳐 52킬로그램이나 되는 66개의 돌은 곧 여러 박물관과 과학 연구소로 보내졌다. 1808년 당시에 우주 화학은 생겨난 지 얼마 안 된 분야였고, 우주 화학자들은 운석을 구하려고 애썼다.

슈타네른 운석은 그 당시로서는 아주 독특한 운석이었다. 광택이 나는 용융각 아래에 회백색의 세립질(細粒質) 암석이 있었는데, 너무 물러서 손가락으로 누르면 바스러질 정도였다. 그것은 석질 운석이긴 했지만 월드코티지 운석과 같은 여타 석질 운석과는 지질학적 특성이 너무나도 달랐다. 과학자들은 그것이 화산섬에서 흔히 발견되는 한 암석과 놀랍도록 닮았다는 사실을 알아

* 슈타네른은 독일어 지명이며, 체코어 지명은 스토나르조프이다 — 옮긴이 주.

챘다.

이 기묘한 운석은 주로 휘석과 사장석으로 이루어져 있었다. 이것들은 이곳 지구의 화산 지역에서 볼 수 있는 현무암의 주요 성분이다. 슈타네른 운석은 실제로 우주에서 날아온 현무암 조각이었다. 1900년까지 비슷한 지질학적 특성을 가진 운석이 유럽과 북아메리카, 인도의 하늘에서 떨어지는 광경이 아홉 건 더 목격되었다. 다른 종류의 (더 흔한) 석질 운석들과 쉽게 구별되는 특성 때문에 이 운석들을 〈유크라이트eucrites〉라고 부르는데, 〈쉽게 구별되는〉이라는 뜻의 고대 그리스어 〈에우크리네스ἐυκρινής〉에서 딴 이름이다.

유크라이트를 이루는 광물들은 — 지구의 현무암처럼 — 화산계에서 생성된 게 틀림없다. 반면에 그 박편을 현미경으로 들여다보면 뒤죽박죽 뒤엉킨 모습이 드러난다. 지구의 화성암에서 일반적으로 볼 수 있는 서로 꽉 맞물린 결정 구조가 없다. 지구의 현무암을 이루는 성분인 휘석과 장석에서 나타나는 기하학적 결정 형태가 유크라이트에는 거의 존재하지 않는다. 그 대신에 결정들은 암석 내부에서 산산이 부서진 조각들로 존재하고 그것도 무작위적인 형태로 서로 엉켜 있다. 많은 운석에는 유리가 섞여 있다. 이것은 언젠가 유크라이트가 큰 외상을 겪었음을 시사한다.

1969년에 일본인 탐사대가 남극 동부 빙상에서 발견한 9개의 운석 중 또 다른 특이한 종류의 석질 운석이 하나 있었다. 이 특별한 발견 운석은 검은색 껍질 아래에 거대한 사방휘석 결정들이 숨어 있었는데, 달걀만큼 큰 결정도 일부 있었다. 또 여기저기에 더 작은 감람석과 장석 결정이 박혀 있었다. 사방휘석 결정은 틀림없이 이곳 지구에서처럼 깊은 지하의 마그마 저장소에서 생성되었을 것이다. 대다수 결정은 하워다이트와 유크라이트에서 발견되는 결정보다 더 컸지만, 그것들과 비슷하게 모나고 혼란스러운 조각들이 섞여 있었다. 지금은 같은 종류의 운석이 약 500개나 발견되었다. 이 운석들을 〈디오제나이트diogenite〉라고 부른다.

유크라이트에 들어 있는 현무암 파편인 휘석과 장석의 지질학적 조성은 하워다이트에서 발견되는 현무암 파편과 동일하다. 마찬가지로 디오제나이트를 이루는 사방휘석 파편은 하워다이트에서 발견되는 사방휘석 파편과 동일한데, 세부적인 화학적 조성까지 동일하다. 마치 하워다이트는 두 종류의 운석(유크라이트와 디오제나이트)이 섞여서 만들어진 것처럼 보인다. 유크라이트와 디오제나이트를 믹서기에 넣고 돌리면 하워다이트를 만들 수 있다. 이 사실을 설명할 수 있는 단순하지만 놀라운 가설이 있다. 하워다이트, 유크라이트, 디오제나이트가 모두 동일한 소행성에서 유래했다는 가설이다.

세 종류의 운석은 산소 동위 원소 조성이 동일한데, 이것은 이들이 모두 동일한 소행성에서 유래했다는 것을 (합리적 의심을 넘어서서) 입증한다. 하워다이트와 유크라이트와 디오제나이트는 함께 〈HED 운석군〉*을 이룬다. 이들은 그 부모 소행성의 지질학적 진화에 대해 유례없는 통찰력을 제공한다. 현재 전 세계에 보관되어 있는 HED 운석은 2,200개가 넘고[3] 모두 합친 무게는 1.5톤이 넘는다. HED 운석의 부모 소행성에서 온 물질이 달에서 온 물질(아폴로 계획과 루나 계획에서 채집한 시료와 지상에 떨

* HED는 세 운석의 머리글자를 딴 것이다 — 옮긴이 주.

어진 운석을 합쳐)보다 4배나 많은 셈이다. 철질 운석 및 석철질 운석과 달리 HED 운석은 부모 소행성의 표면에서 수십 킬로미터 이내의 얕은 곳에서 생성되었다. 이것들은 모두 가장 바깥층인 석질 지각에서 유래한 암석이다.

마그마가 넘실대는 세계

유크라이트는 아주 뜨거운 과거 이야기를 들려주며, 화염에 휩싸인 세계의 그림을 그려 보여 준다. 결정들이 현무암의 특성을 지녔다는 사실은 놀랍게도 부모 소행성이 그 역사 초기에 격렬한 화산 활동을 겪었다는 것을 말해 주는 분명한 증거이다. 오늘날 소행성대에서 발견되는 얼어붙은 암석질 소행성 중 일부는 한때 전체가 화산 지역이었으며, 그 표면은 마그마가 들끓는 하와이 제도의 화산섬과 비슷했을 것이다. 용융된 바깥쪽 표면에서는 불이 분수처럼 분출했고, 용암이 공중으로 높이 치솟았으며, 용암이 다시 지표면으로 떨어지면서 곳곳에 거대한 화염 웅덩이가 생겼다. 용암은 소행성 표면을 카펫처럼 뒤덮으면서 흘러갔는데, 외부 우주의 차가운 온도에 노출되어 식으면서 세립질 현무암이 되었다. 오늘날 우리가 유크라이트라고 부르는 운석은 이 지각의 암석 파편에서 유래했다.

HED 운석의 부모 소행성에서는 용융된 표면 아래에 디오제나이트의 영역이 있었다. 지하에는 광대한 마그마 저장소들이 넘실대며 휘돌고 있었는데, 그러다가 결국 식어서 액체 상태의 암석에서 사방휘석 결정들이 생겼다. 그 위를 수 킬로미터 두께로 덮고 있는 암석과 마그마의 단열 효과 때문에 결정들은 천천히 식으면서 아주 크게 자라 아래로 가라앉았다. 그 결과로 지하 동굴 바닥에 거대한 결정들이 많이 쌓이게 되었다.

세 운석 집단의 공통적인 특징은 잔해처럼 생긴 구조이다. 한때 아름다웠던 화성암 결정 형태가 지금은 산산조각 난 파편으로만 존재한다. 달과 마찬가지로 소행성도 우주에서 날아오는 물체를 막아 줄 대기가 없어 수십억 년 동안 그 표면은 많은 폭격을 받았다. 그렇게 해서 HED 운석은 산산조각 난 파편으로 이루어진 지질학적 조성을 갖게 되었다. 계속 이어진 충돌은 반복적으로 그 결정들을 파괴했다. 파괴는 초기 태양계의 지질학적 조성에 깊은 흔적을 새겼다.

아주 큰 규모의 충돌은 HED 운석의 부모 소행성 지각에 깊은 크레이터를 남겼다. 그 충격으로 지각 깊은 곳에 있던 디오제나이트 파편이 표면으로 튀어나와 얕은 지각의 유크라이트 파편과 섞였다. 이 파편들이 합쳐져 세 번째이자 마지막 HED 운석 집단인 하워다이트를 만들었다. HED 소행성 표면에서는 충돌이 반복되었고, 그때마다 지각을 구성하던 암석 물질이 뒤집히고 부서졌다. 한때 온전했던 암석이 부서져 현미경적 파편으로 변했다가 다시 합쳐져 새로운 암석이 되었다.

충돌이 일어나는 동안 엄청난 충격파가 파편들을 휩쓸고 지나가면서 그 온도를 잠깐 동안 아주 높이 상승시켜 약간의 암석이 녹았다. 그렇게 녹은 암석은 금방 식으면서 유리로 변했고 그 과정에서 입자들을 결합시키는 접착제 역할을 했다. 해체되어 외따로 떨어진 파편들은 다시 온전한 암석을 만드는 데 재활용되었다.

많은 하워다이트에는 독특한 파편들이 포함되어 있는데, 이것들은 함께 생성된 유크라이트와 디오제나이트 조각들로 만들어졌다. 이것들은 하워다이트 안에 하워다이트가 들어 있는 셈인데, 45억 년 동안 부모 소행성의 암석 표면에 반복적으로 일어난 격변의 역사를 반영하고 있다.

운석과 소행성 연결 짓기

알려진 운석은 6만 개 이상, 알려진 소행성은 약 80만 개나 된다. 운석으로부터 우리는 그것이 유래한 소행성에 대한 통찰력을 얻었다. 놀랍게 들릴지 모르겠지만, 이곳 지구에 당도한 파편들이 정확하게 어떤 소행성에서 온 것인지는 알 수 없다. 운석들의 풍부한 지질학적 특성이 아주 다양하다는 사실로 미루어 이것들이 각자 독특한 소행성들에서 유래했다는 것은 분명하다. 지구에서 발견된 한 운석을 우주 공간에 떠 있는 수십만 개의 소행성 중 하나와 연결 짓기는 엄청나게 어렵다. 그런데 HED 운석군은 보기 드문 예외에 속한다. HED 운석군은 특정 소행성과 연결 지을 수 있는 유일한 운석 집단이다.

1960년대와 1970년대에 과학자들은 소행성 표면에서 반사되는 햇빛의 특성을 분석하기 위해 체계적인 노력을 기울였다. 암석은 종류에 따라 빛을 특유의 방식으로 반사한다. 그래서 천체의 암석 표면에서 반사된 빛의 스펙트럼 특성을 정확하게 측정하면 그 지질학적 조성을 추정할 수 있다. 이것은 행성 간 거리를 초월하는 지질학인 셈이다. 지금까지 그 암석 표면의 지질학적 특성이 밝혀진 소행성은 수백 개나 되지만, 일찍부터 특별히 관심을 끈 소행성이 하나 있었는데, 바로 베스타이다.

소행성대에서 두 번째로 큰 소행성이자 네 번째로 발견된 소행성인 베스타는 아주 커서 쌍안경으로도 쉽게 볼 수 있다. 우주화학자들과 행성 지질학자들은 흔히 베스타를 미행성체에 불과한 천체가 아니라 행성 배아로 간주한다. 목성과의 중력 상호 작용 때문에 완전한 행성으로 성장하는 길이 가로막힌 베스타는 배아 상태에 머물렀지만, 그전에 녹아서 분화가 일어날 정도로 충분히 뜨거워졌다. 우주에서 끊임없이 날아오는 크고 작은 물체에 혹독한 폭격을 당했지만 — 그중에서 레아실비아 크레이터를 만든 충돌처럼 몇몇 충돌은 베스타를 완전히 산산조각 낼 뻔했다 — 베스타는 오늘날까지 살아남았고, 분화가 일어난 소행성 중 가장 큰 소행성이자 같은 종류의 소행성 중 마지막 소행성으로 남아 있다.

1970년대에 베스타 표면의 암석들이 현무암 특유의 반사 스펙트럼을 갖고 있다는 사실이 드러났는데, 이것은 베스타에 현무암으로 이루어진 화성암 지각이 있음을 시사했다. 그것은 유크라이트와 같은 특성을 지니고 있었다. 스펙트럼 중 일부는 사방휘석도 약간 있다고 시사하는데, 베스타의 지표면 아래 깊숙한 곳에서 일어난 충돌로 표면으로 튀어나왔을 것이다. 디오제나이트가 그런 것처럼 말이다. 즉각 베스타가 HED 운석의 공급원일지 모른다는 추측이 과학계에 널리 퍼졌다. 하지만 베스타는 커크우드 간극에 가깝지 않기 때문에 그 암석이 중력의 작용으로 지구까지 날아오기에 유리한 위치에 있지 않다.

베스타가 발견된 지 약 200년 뒤에, 그리고 HED 운석군과 비슷한 표면이 발견된 지 약 20년 뒤에, 행성 과학자들은 현무암과 놀랍도록 비슷한 반사 스펙트럼을 가진 소행성을 12개 더 발견했다. 그중 하나는 4,147번째로 발견된 소행성으로, 존 레논John Lennon을 기려 〈레논〉이라는 이름이 붙어 있다. 레논이 작곡한 비틀스의 노래 「어크로스 더 유니버스Across the Universe」처럼 우주 저 건너편에 존재한다. 산만 한 크기의 이 암석 덩어리들(가장 큰 것은 폭이 약 10킬로미터로, 베스타에 비하면 50분의 1에 불과하다)은 비슷한 궤도 특성 때문에 중력 상호 작용을 통해 베스타와 연결되어 있다. 소행성들은 필시 한 번 혹은 두 번의 큰 충돌을 통해 베스타 표면에서 튀어나온 덩어리일 것이다. 그 후 베스타에서 떨어져 나온 이 작은 소행성들은 〈베스타족〉으로 불리게 되었다. 이들은 2.3AU와 2.5AU 사이의 거리에서 태양 주위의 궤도를 돌고 있다.

정확하게 2.5AU 거리에서 궤도를 도는 소행성은 하나도 없는데, 이곳에 큰 커크우드 간극이 있기 때문이다. 커크우드 간극에 들어간 암석 물체—산만 한 크기의 베스타족에서부터 베스타에서 튀어나온 손바닥만 한 크기의 암석 파편에 이르기까지—는 금방 내부 태양계로 향하는 궤도로 올라타게 되어 지구와 충돌할 잠재성이 있다. 이것은 HED 운석이 지구로 올 수 있는 궤도 고속도로를 제공한다.

놀랍게도 우리는 베스타를 가까이에서 아주 자세히 관찰할 기회를 얻었다. 2011년 7월부터 2012년 9월까지 NASA가 보낸 돈 탐사선은 베스타 주위의 궤도를 돌면서 도처에 파괴 흔적이 남아 있는 현무암 표면을 탐사했다. 13개월 동안의 근접 탐사를 통해 돈 탐사선은 돌 부스러기로 뒤덮인 표면 위에서 유크라이트와 디오제나이트 비슷한 암석들이 혼란스럽게 널려 있는 것을 발견했다. 이 관측 결과는 베스타와 HED 운석 사이에 긴밀한 연관 관계가 있다는 추정을 강하게 뒷받침했다. HED 운석은 베스타에서 온 것이 거의 틀림없다. 베스타의 남극 부근에는 레아실비아와 베네네이아라는 거대한 충돌 크레이터가 있는데, 베스타족 소행성은 이곳에서 유래했을 가능성이 높다. 따라서 이 두 크레이터는 HED 운석의 잠재적 고향이다.

나는 허셜과 그의 동시대인들이 아직까지 살아 있어서, 그들이 망원경 반대쪽 끝을 통해서 보았던, 별처럼 보이는 그 빛의 점들이 각자 나름의 독특한 지질학적 진화와 오랜 시간에 걸친 이야기를 간직한 장소라는 사실을 알게 된다면 얼마나 좋아할까 하고 상상한다. 게다가 그들이 운석을 손에 들고서 그것이 멀리서 바라보던 세계들의 조각이라는 사실을 안다면 얼마나 좋겠는가!

*

노출된 핵에서부터 지각 파편과 부서진 맨틀 조각에 이르기까지 세 종류의 아콘드라이트 — 철질, 석철질, 석질 아콘드라이트 — 는 오래전에 사라진, 금속과 용융된 암석으로 이루어진 세계들을 드러냈다. 소행성은 태양계가 생성될 때 주류에서 배제된 아무 활기 없는 암석 부스러기 조각에 불과한 게 아니라, 각자 나름의 지질학적 역사(비록 짧긴 하지만)를 가진 세계이다. 운석은 태양계가 생성될 당시에 작용했던 파괴적인 힘들을 엿보게 해준다. 소행성 표면에서 일어난 작은 규모의 충돌은 온갖 크기의 크레이터를 도처에 만들고, 수많은 원을 겹치게 하고, 종류가 다른 암석들을 섞어 새로운 암석들을 만들어 내면서 소행성의 암석질 표면을 얼룩덜룩한 풍경으로 변화시켰다. 아콘드라이트는 분해된 파편들로부터 새로운 암석 — HED 운석과 팰러사이트처럼 새롭고 아름다운 지질학적 형태 — 을 만드는 자연의 능력을 잘 보여 준다.

하지만 소행성과 혜성, 행성을 만든 성운의 암석질 먼지에 기록된 성운 붕괴 이야기는 아콘드라이트 소행성이 녹을 때 중복적으로 기록되었다. 성운 — 태양계에서 최초의 세계들이 탄생한 장소인 행성 육아실 — 자체의 이야기를 들여다보고 발견하려면, 강한 열의 파괴적 힘을 겪은 적이 전혀 없는 소행성에서 유래한 운석들을 살펴볼 필요가 있다.

5장
우주 퇴적물

퇴적암은 경이로운 이야기꾼이다. 우선 퇴적암은 오랜 지질학적 시간 동안 지구 위에서 살아간 생명체들의 화석 유해를 담아 보관한다. 그리고 퇴적암에는 천천히 움직이는 맨틀 바다 위에 떠서 대륙들이 이리저리 돌아다니는 동안 지구에서 일어난 환경 변화 연대기도 보관되어 있다. 차례로 쌓인 암석층들은 전체 바다가 광활한 소금밭 평원으로 변했다가 다시 물로 뒤덮인 이야기를 전해준다. 먼 옛날에 사막을 후끈 데운 열과 그곳이 빙하 지역으로 변한 기록도 남아 있다. 광대한 하천계에 일던 잔물결과 한때 하천계의 물이 흘러들었지만 오래전에 사라진 바다의 해안선도 퇴적암에 보존되어 있다.

느슨하게 쌓인 퇴적물 — 자동차만 한 크기의 바위와 미세한 실트 입자를 포함해 — 은 위에서 짓누르는 압력에 의해 다져지고 새로 성장한 광물들이 접착제 역할을 해 단단한 암석으로 변한다. 퇴적암 속의 구성 입자는 퇴적암 자체보다 더 오래되었다. 그것은 당연한 이야기인데, 암석의 일부가 되려면 그전에 이미 존재하고 있어야 하기 때문이다.

붕괴하는 성운을 이루고 있던 먼지들은 용융된 소행성 내부에서 금방 파괴되었다. 하지만 일부 소행성은 용융되는 운명을 피했고, 그래서 합쳐져 소행성을 만들었던 먼지가 그대로 보존되어 있다. 그것은 시간과 크기 사이의 한판 승부였다. 만약 소행성이 너무 일찍 생성되면, 그 속에 포함되어 있던 수명이 짧은 방사성 동위 원소가 금방 소행성을 녹여 버린다. 만약 소행성이 너무 크면 열이 효율적으로 빠져나가지 못해 소행성은 아주 뜨거워져서 녹아 버린다.

용융되지 않은 소행성에서 날아오는 운석을 〈콘드라이트〉라고 부른다. 콘드라이트는 수많은 우주 먼지로 만들어졌기 때문에 흔히 퇴적암으로 간주되지만, 이 먼지들은 강한 바람이 휘몰아치는 사막이나 해저에서 층층이 쌓이는 대신에 원시 행성 원반에서 중력의 영향으로 함께 모인 뒤에 압축되어 소행성을 만들었다.

오늘날 지구 표면에 떨어지는 운석 10개 중 8개는 콘드라이트이다. 우주 화학의 역사에 불을 지피고 시작하게 한 운석은 대부분 콘드라이트였다. 토펌의 월드코티지 운석은 물론이고, 하워드가 1802년 실험에서 화학적 분석을 했던 8개의 운석 중 4개, 1969년에 남극 동부 빙상에서 일본 탐사대가 우연히 발견한 9개의 운석 중 8개, 그 후에 남극 대륙에서 발견된 전체 운석 중 85퍼센트도 콘드라이트이다. 모두 합치면 그 수는 4만 개를 넘는다.

콘드라이트는 용융되지 않은 소행성에서 유래했다는 유산을 공유하지만, 서로 다른 종류의 먼지들이 조합되어 만들어진 암석들이 놀랍도록 다양하게 존재한다. 콘드라이트는 지질학적으로 뚜렷이 구별되는 세 집단으로 분류된다. 그 세 집단은 탄소질 콘드라이트, 정상 콘드라이트, 완화휘석 콘드라이트이다. 이것들은 다시 소행성대에 존재하는 암석 부스러기의 다양성을 반영해 10여 개 이상의 집단으로 나누어진다.

아옌데 운석

1969년 2월 8일, 자정을 지난 한밤중에 한낮의 태양만큼 밝게 파란색으로 빛나는 화구가 멕시코 북서부 하늘을 가로지르며 캄캄한 밤 풍경을 환히 밝혔다. 화구가 초음속으로 북쪽을 향해 나아가는 동안 멀리 떨어진 미국 뉴멕시코주, 텍사스주, 애리조나주에서도 다수의 사람이 이 극적인 사건을 목격했다. 거대한 화구가 멕시코 치와와주 상공에서 수십 개의 작은 조각으로 쪼개진 뒤에 눈부시게 밝은 빛을 내뿜는 수천 개의 운석이 하늘에서 비처럼 쏟아졌다. 그 폭발에서 발생한 충격파가 대기를 가르며 지나갔다. 일부 현지 주민은 최악의 상황을 염려해 교회로 대피했다. 태양이 떠오르자 검게 그슬린 돌들이 땅 위에 널려 있었다. 그중 하나는 우체국을 아슬아슬하게 스쳐 지나가며 땅에 떨어졌다. 이 운석에는 그곳 지명을 따 〈푸에블리토 데 아옌데Pueblito de Allende〉라는 이름이 붙었는데, 〈아옌데 마을〉이라는 뜻이다.

이틀이 지나기 전에 아옌데 운석에 대한 소식은 공중파를 타고 텍사스주에 전해졌다. 정말 운 좋게도 휴스턴 우주 센터의 달 시료 연구소 책임자 엘버트 〈버트〉 킹Elbert 〈Bert〉 King이 자동차를 타고 가다가 라디오에서 그 소식을 들었다. 그의 연구소는 우주 센터(훗날 이곳은 존슨 우주 센터로 이름이 바뀐다)에서도 최첨단 시설이었는데, 아폴로 11호 우주 비행사들이 그해에 달 표면에서 채집해 가져올 암석들을 보관하고 연구할 목적으로 세운 곳이었다. 그곳은 그때까지 지어진 것 중 가장 정교한 우주 암석 연구소였다.

킹은 크게 흥분하여 푸에블리토 데 아옌데와 그 주변의 신문사 편집자들과 몇 차례 전화 통화를 했고(에스파냐어를 아는 비서의 도움을 받아), 몇 시간이 지나기 전에 운석이 떨어진 현장으로 가려고 비행기를 탔다.

킹은 풍화 효과에 노출되기 전에 하늘에서 떨어진 돌들을 최대한 빨리 회수하려고 마음먹었다. 그는 진한 커피로 정신을 다잡아 가면서 그 소식을 들은 지 24시간이 지나기 전에 현장에 도착했는데, 운석이 떨어진 지 사흘이 조금 지난 시점이었다. 이런 노력을 통해 킹이 발견한 것은 태양계에 관한 우리의 견해를 확실하게 형성하는 데 크게 기여했다.

그가 맨 처음 본 암석들 — 그중 하나는 축구공만 한 크기였다 — 은 한 신문사 편집자의 책상 위에 놓여 있었고, 모두 분명히 검게 그슬린 껍질로 뒤덮여 있었다. 그것들은 의심의 여지가 없는 운석이었다. 그 운석들은 수많은 알갱이가 합쳐져 하나의 암석이 된 콘드라이트였다. 하지만 이전의 그 어떤 콘드라이트와도 달랐다. 킹은 그것이 〈탄소질 콘드라이트carbonaceous chondrite〉라는 예외적으로 드문 콘드라이트 집단에 속한다는 사실을 알아챘다. 조금 더 구체적으로는 탄소질 콘드라이트 중 〈CV 콘드라이트〉*[1]라

* 비가라노vigarano 운석에서 이름을 따온 CV 콘드라이트는 지질학적, 화학적 특

는 하위 집단에 속했다. 이 운석은 암회색을 띠며 군데군데 갈색과 흰색 알갱이가 박혀 있다.

친절하게도 통역자 역할을 해준 많은 기자와 보호자 역할을 한 경찰관을 대동하고서 킹은 차를 몰고 운석들이 발견된 지역으로 출발했다. 그곳에서 만난 사람들은 모두 하늘에서 떨어진 암석을 하나씩 가지고 있는 것처럼 보였고, 그곳에서 시간을 보내는 동안 얼마나 중요한 사건이 벌어졌는지 분명해졌다. 아옌데 운석은 단지 희귀한 종류의 운석일 뿐만 아니라, 그것이 떨어진 사건도 굉장한 일이었다. 이 정도 규모의 운석 낙하는 평생에 한 번 만날까 말까 한 사건이었고, 사건이 발생한 후 불과 며칠 만에 우주화학자가 현장에 달려간 것도 역사상 처음 있는 일이었다.

킹은 그날 늦게 운석이 가득 든 자루(모두 합쳐서 약 7킬로그램*)를 가지고 멕시코를 떠났다. 소중한 탄소질 콘드라이트는 우주에서 떨어진 지 불과 101시간 만에 휴스턴 우주 센터에 도착했다. 이 소중한 탄소질 콘드라이트의 도착은 몇 달 뒤에 아폴로 11호가 가져올 월석을 맞이하기 위한 총연습과 같았다. 이것은 또한 NASA 과학자들에게 아폴로 11호가 가져올 월석 시료 분석을 위해 준비한 최첨단 분석 도구를 시험할 기회를 제공했다.

그 후 며칠, 몇 주일, 몇 달이 지나는 동안 전 세계 각지에서 온 과학자와 채집자들이 아옌데 운석 조각들을 수집하는 작업에 나섰다. 300제곱킬로미터를 넘는 지역에서 모두 합쳐 2톤이 넘는

성을 바탕으로 분류한 탄소질 콘드라이트의 7개 하위 집단 중 하나이다.

* 이것은 아주 **많은** 양의 운석이었는데, 특히 희귀한 탄소질 콘드라이트로서는 매우 많은 것이었다.

물질이 회수되었다. 아옌데 운석은 하늘에서 떨어지는 장면이 목격된 운석으로는 가장 큰 것 중 하나로 남아 있다. 또한 크기와 희귀성과 행운의 낙하 시점 때문에 역사상 가장 많이 연구된 운석이 되었다.

〈탄소질〉이라는 용어는 역사적으로 잘못 붙인 이름으로 드러났다. 운석 분류가 아직 걸음마 단계에 있던 19세기에 하늘에서 떨어지는 것이 목격된 최초의 콘드라이트 중 상당수는 우연히도 탄소 함량이 높았다. 그 이후로 탄소 함량이 높지 않은 콘드라이트가 많이 발견되고 분류되었지만, 이미 굳어진 이름은 바뀌지 않았다. 하지만 가끔 나타나는 별종을 제외한다면, 모든 탄소질 콘드라이트는 붕괴하는 성운에서 생성된 우주 퇴적물 조각이 아름답게 보존되어 있는 퇴적암이다.

콘드라이트라는 단어는 〈낟알〉 또는 〈알갱이〉를 뜻하는 그리스어 〈콘드로스χόνδρος〉에서 유래했다. 문자 그대로 해석하면 〈알갱이 암석〉이라는 뜻이다. 이것은 완벽한 이름인데, 콘드라이트를 자세히 살펴보면 먼지만 한 크기의 수많은 암석 알갱이로 이루어져 있기 때문이다. 아옌데 운석에서 가장 큰 성운 먼지 알갱이는 대개 엄지손톱만 하며, 그 아래로는 현미경으로 보아야 할 만큼 작은 것까지 다양한 크기가 존재한다. 개개 알갱이는 지질학적 특성도 아주 다양한데, 새로 생성된 태양 가까이에서 생겨난 것이 있는가 하면, 태양계 바깥쪽의 아주 춥고 캄캄한 곳에서 생겨난 것도 있다. 아옌데 운석 같은 운석 내부에 새겨진 이야기들은 원시 행성 원반 전체를 아우르는 이야기들이다.

최초의 먼지 알갱이

아옌데 운석의 우주 퇴적물 사이에는 흥미롭게도 눈처럼 하얀 암석 조각이 여기저기 흩어져 있다. 그 형태는 불규칙한 경우가 많다. 일그러진 연기 줄기 모양으로 생겨 시간 속에서 얼어붙은 불꽃처럼 보이는 게 있는가 하면, 원형에 가까운 것도 있다. 많은 점에서 이것들은 더 어두운 알갱이들의 바다 사이에 떠다니는 불규칙한 모양의 보풀 조각처럼 보이지만, 자세히 살펴보면 칼슘과 알루미늄이 많이 포함된 특이한 광물들의 집단임을 알 수 있다.

아옌데 운석이 떨어지기 불과 1년 전에 프랑스 광물학자 미레유 크리스토프 미셸-레비Mireille Christophe Michel-Lévy가 또 다른 CV 콘드라이트인 비가라노 운석에서 동일한 물체들을 발견해 기술했다.

미셸-레비는 이 예외적인 하얀 물체들이 1,400°C가 넘는 온도에서 뜨겁게 달아오른 기체가 응축하면서 결정화되었다고 결론 내렸다. 이것들은 액체 마그마에서 결정화된 암석에서 발견되는 광물과는 아주 다르다. 이 결정들은 기체 상태에서 곧바로 생성되었다. 가스에서 먼지로. 미셸-레비는 자기도 모르게 태양계에서 가장 오래된 광물을 발견했던 것이다. 그것은 붕괴하는 성간 구름에서 생성된 최초의 먼지 알갱이로, 나중에 행성과 소행성과 혜성을 만드는 재료가 되었다. 이것들은 그 후 〈칼슘-알루미늄 포유물calcium-aluminium-rich inclusion〉이라고 불리게 되었는데, 운석 내부에서 발견된 것 중 가장 기묘하고 가장 많이 연구된 물체이다.

흔히 줄여서 〈CAI〉라고 부르는 칼슘-알루미늄 포유물은 붕괴해 식어 가는 성운 가스 구름에서 생성되었는데, 그것도 무중력 상태에서 생성되었다. 가느다란 성운 구름 줄기에서 결정화된 CAI는 엷은 공기에서 성장하는 눈송이와 비슷했다. 대다수 탄소질 콘드라이트에서 CAI는 작고 하얀 조각으로 존재하지만, 아옌데 운석에서는 길이가 최대 7센티미터에 이르는 큰 조각으로 들어 있다. CAI는 훨씬 어두운 알갱이들의 바다 가운데에서 확연히 드러나기 때문에 눈으로도 쉽게 확인할 수 있다. 태양계의 초기 역사에 대해 우리가 알아낸 지식 중 상당수는 이 한 운석에 포함된 CAI에서 얻었다.

기묘한 산소 동위 원소들의 비율

1973년, 시카고 대학교의 한 과학자 팀이 아주 놀라운 발견을 했다. CAI 결정 내부에 갇힌 산소 동위 원소들의 비율은 이전에 어떤 종류의 암석(지상의 것이건 천상의 것이건)에서 측정한 것과도 달랐다. 그것은 CAI의 우주적 성격을 증언하듯이, 지구 분별선과 일치하지 않았다. 가장 가벼운 산소 동위 원소인 ^{16}O의 비율이 비정상적으로 아주 높았다. 이곳 지구에서는 한 양동이의 바닷물에 들어 있는 산소 원자들은 10만 개 중 약 240개를 제외한 나머지는 모두 ^{16}O이다. 그런데 CAI에서는 그 수가 227개이다. 그 차이는 사소해 보일 수 있지만, 동위 원소의 기준에서는 아주 크다. 기묘한 산소 동위 원소들의 비율은 지구에서는 전혀 알려지지 않은 것이었다. 거의 모든 운석 조각은 산소 동위 원소들의 비율이 기묘한 것으로 드러났지만, CAI만큼 기묘한 비율은 거의 없다.

이 동위 원소들의 비율이 지닌 중요성을 완전히 이해하는 데에는 거의 40년이 걸렸다. 2004년, NASA의 제네시스 탐사선이 우주에서 3년을 보낸 뒤에 지구로 돌아왔는데, 제네시스는 우주에 있는 동안 태양에서 방출되는 입자들을 채집했다. 제네시스는 낙하산이 제대로 펼쳐지지 않아 계획과 달리 유타주에 불시착했지만, 그 잔해에서 순수한 태양풍 시료를 수거한 뒤, 과학사에서 가장 야심 찬 정화 작업을 통해 오염되지 않은 태양의 대기 성분을 회수할 수 있었다.

입자들의 산소 동위 원소 조성을 측정한 우주 화학자들은 태양계의 중심 별인 태양의 산소 동위 원소 조성이 CAI를 이루는 광물들에 갇힌 산소 동위 원소 조성과 거의 동일하다는 사실을 발견했다.[2] 동위 원소 조성으로 본다면, 태양의 산소와 CAI에 갇힌 산소는 서로 친족인 셈이다. 아옌데 운석 내부에 갇힌 하얀 결정 조각인 CAI는 그 운석이 생겨난 장소의 산소 동위 원소들을 물려받았다. 즉 CAI는 태양 바로 옆에서 생성된 것이다. CAI는 성운의 가느다란 줄기에서 응축될 때 쉭쉭거리며 들끓는 태양 표면을 거의 스쳐 지나갔을 것이다.

하얗고 작은 이 원시 태양 눈 조각들은 가스에서 응축된 뒤에 맹렬한 태양풍에 휩쓸려 미행성체가 생성되는 곳까지 밀려갔을 것이다. 그곳에서 수많은 먼지 입자와 합류했고, 시간이 지나자 합쳐져 암석질 소행성이 되었으며, 그중 일부는 결국 행성을 만드는 재료로 쓰였다.

이질적인 먼지들의 집단

CAI는 탄소질 콘드라이트를 이루는 우주 퇴적물의 다른 알갱이들과 함께 〈기질matrix〉이라고 부르는 시멘트 비슷한 기반에 박혀 있다. 고성능 현미경으로 보면, 기질은 무수히 많은 나노 수준의 먼지 알갱이로 이루어져 있다. 대부분은 머리카락 두께의 1,000분의 1도 안 될 정도로 작다. 하지만 운석의 경우(이 문제에서는 나머지 모든 암석도 마찬가지지만)에는 맨눈에 보이는 것보다 훨씬 많은 것이 있다.

오늘날 동일한 운석 속에 나란히 존재하는 칼슘-알루미늄 포유물과 기질은 원시 행성 원반에서 서로 섞이며 거대한 먼지 구름의 일부가 되었을 것이다. 부풀어 오르던 이 우주 퇴적물 덩어리는 충분히 많은 물질이 모이자 자체 중력으로 붕괴하면서 미행성체가 만들어졌다. 콘드라이트 운석 속에서 서로 아주 가까이 존재하는데도 불구하고(이들은 눈에 띌 정도로 서로 닿아 있다), CAI와 기질은 서로 아주 다른 지질학 역사를 들려준다. CAI는 엄청나게 뜨거운 태양 옆에서 생성된 반면, 기질에는 아주 차가운 곳에서 생성된 물질이 많이 포함되어 있다. 이 〈휘발성〉 물질*은 원시 행성 원반의 어두운 가장자리 지역에서 생성되었는데, 그곳은 성운 가스에서 저온 광물이 응축될 만큼 온도가 충분히 낮았다.

태양 표면에서 뿜어져 나오는 태양풍은 CAI를 원시 행성 원반에서 더 차가운 지역으로 멀리 밀어냈다. CAI는 원시 행성 원

* 우주 화학에서 휘발성 물질은 기체 상태로 쉽게 증발하는 물질을 말한다. 지구에서 흔히 볼 수 있는 휘발성 물질의 예로는 매니큐어를 지우는 성분인 아세톤이 있다.

반 평면을 따라 옆으로 나아가는 대신에 위쪽과 바깥쪽으로 뻗어 나간 것이 분명하다. CAI는 원반 훨씬 위쪽에서 탄도 궤적을 따라 나아가다가 원반 평면으로 비처럼 쏟아지며 내려왔다. 그리고 여기서 기질의 휘발성 물질과 섞여 혼란스럽고 복잡한 먼지 구름을 만들었다. 먼지 구름은 결국 붕괴하면서 잡다한 퇴적암 미행성체들이 생겨났는데, 이 미행성체들은 크기가 너무 작아 녹지 않았다.

40억 년 이상이 지난 뒤에 CAI는 충돌로 튀어나온 작은 암석 조각에 편승해 미행성체에서 탈출했고, 그 암석 조각들은 내부 태양계로 돌아갔다. 그중 하나가 태양에서 세 번째로 가까운 행성을 향해 날아갔다. 그리고 바다로 뒤덮인 이 세계를 둘러싼 기체 층을 잠깐 동안이긴 하지만 활활 불타오르는 비행을 하면서 통과한 뒤에 우연히 마른땅에 떨어졌다.

호기심 많은 동물들이 하늘에서 떨어진 그 암석을 쪼개 CAI를 또 한 번 햇빛에 노출시켰다. 그리고 그들은 이 암석에 아옌데 운석이라는 이름을 붙였다.

심원한 시간의 발견

심원한 시간은 불안을 자아낸다. 시간과 날을 바탕으로 현재를 이해하고, 수개월 또는 기껏해야 수십 년을 바탕으로 미래를 이해하는 동물로 진화한 우리에게는 겨우 1,000년조차도 감을 잡기 힘든 시간 개념으로 보이거나 느껴진다. 45억 년이라는 태양계의 나이는 사람의 생애를 6000만 번이나 죽 연결한 시간에 해당한다. 이것은 지질학적 시간이 천문학적인 것으로 확대되는 영역이다.

종으로서 지구에서 짧게 존재하는 동안 우리는 자신의 짧은 생애보다 수백만 배나 긴 시간들을 발견했다. 지질학적 사건들 — 복잡한 생물이 진화한 사건이건, 두 소행성 사이에 일어난 격변적 충돌이건, 격렬한 화산 분화 뒤에 두꺼운 화산재 층이 쌓인 사건이건 — 이 일어난 시기를 정확하게 알 수 있는 유일한 방법은 그것이 기록된 암석의 나이를 밝혀내는 것이다.

암석들이 쌓인 순서를 바탕으로 그 상대 연대를 결정함으로써 암석의 나이를 추정하는 데 큰 도움을 얻을 수 있다. 예를 들면 층층이 쌓인 사암층들 사이의 관계를 이용해 그 층들이 쌓인 순서를 알아낼 수 있다. 더 깊은 곳에 있는 층일수록 더 오래된 암석이다. 하지만 어느 정도 만족스러운 이 원리를 이용해 정확한 나이를 알아내는 데에는 한계가 있다. 상대 연대는 율리우스 카이사르가 태어난 때와 현재 사이의 어느 시기에 빅토리아 여왕이 태어났다는 것을 알려 주는 것과 비슷하다. 사건들 사이에 시간이 정확하게 얼마나 흘렀는지 알려 주는 정보는 전혀 없다. 암석들의 상대 연대도 이와 같다.

절대 연대를 측정하려면 — 즉 단순히 사건들을 순서대로 배열하는 수준을 넘어서서 어떤 사건이 정확하게 언제 일어났는지 알려면 — 자연이 물질들 속에 집어넣은 원자시계를 들여다보면 된다.

측정하려는 시기에 따라, 그리고 암석의 종류에 따라 절대 연대 측정에 유용한 원자시계의 종류도 달라진다. 원자시계들은 세부 내용에서는 차이가 있지만 기본적인 원리는 대체로 동일하다.

원자시계는 모두 방사성 동위 원소를 사용하는데, 방사성 원소가 자연적으로 붕괴해 비방사성 원소로 변하는 원리를 바탕으로 한다. 시간이 지나면 원자시계가 〈재깍〉거리고 암석 속에 들어 있던 부모 동위 원소의 양은 줄어드는(붕괴를 통해) 반면, 새로 생겨난 자식 동위 원소의 양은 꾸준히 늘어난다. 암석 속에 축적된 자식 동위 원소의 양을 정확하게 측정하면, 그동안 원자시계가 몇 번이나 재깍거렸는지 계산할 수 있고 그러면 암석의 나이를 알 수 있다. 암석의 연대를 측정할 때에는 현재를 기준으로 시간을 거꾸로 세는 것이 관행이다.

우라늄 시계

특정 시간 동안 펼쳐진 사건의 연대를 측정하려면 적절한 방사성 시계를 선택해야 한다. 이것은 우리의 삶에서 일어나는 사건들의 시간을 측정하려고 할 때 제각각 다른 시간 측정 도구를 사용하는 것과 비슷하다. 달걀을 삶는 시간을 재려고 할 때 달력을 사용하는 사람은 아무도 없다. 마찬가지로 개월 단위의 시간을 재는 데 스톱워치를 사용하는 사람은 아무도 없다.

자연은 우리에게 수십억 년 전에 펼쳐진 사건들의 연대를 측정하는 데 아주 적합한 속도로 재깍거리는 방사성 원자시계를 선물했다. 그것은 바로 92번 원소인 우라늄이다. 우라늄 원자는 태양계가 태어나던 시절에 생성된 암석들의 나이를 측정하기에 딱 좋은 속도로 재깍거린다(붕괴한다).

우라늄을 포함해 어떤 원소의 특정 방사성 동위 원소는 1초가 지날 때마다 붕괴할 확률이 정해져 있다. 이 확률은 늘 변함없이 고정되어 있어 방사성 동위 원소는 충실한 시간 관리자 역할을 한다. 방사성 붕괴가 일어나면, 우라늄의 두 동위 원소 — 우라늄-238(^{238}U)과 우라늄-235(^{235}U) — 는 해체되면서 더 가벼운 원소의 동위 원소들이 생겨나는데, 그 원소는 82번 원소인 납이다.

우라늄 시계의 우아함은 약간의 복잡성에 있다. ^{238}U 원자핵은 붕괴하여 납 동위 원소 ^{206}Pb을 만든다. ^{238}U보다 질량이 조금 작은 사촌 동위 원소 ^{235}U는 붕괴하여 다른 납 동위 원소 ^{207}Pb을 만든다. 새로 생긴 이 납 동위 원소들은 방사성 원소가 아니다. 이들은 안정한 원소여서 한번 생겨나면 영원히 그 상태로 머문다. 게다가 납에는 이것 말고도 ^{204}Pb라는 안정한 동위 원소가 있는데, ^{204}Pb는 방사성 붕괴를 통해 만들어지지 않는다. ^{204}Pb도 안정한 사촌 동위 원소들과 마찬가지로 영원히 그 상태로 머문다. 일단 암석이 생성되고 나면 그 속에 든 ^{204}Pb의 양은 계속 고정되어 있다. 하지만 암석 속에 든 ^{206}Pb과 ^{207}Pb의 양은 변하는데, 우라늄이 붕괴함에 따라 계속 증가한다.

두 우라늄 동위 원소의 방사성 붕괴는 아주 느리게 일어난다. ^{235}U 원자 100개가 들어 있는 아주 작은 시료가 있다고 한다면, ^{235}U 원자 중 절반이 붕괴하여 ^{207}Pb로 변하는 데에는 약 7억 년이 걸린다. ^{238}U 원자 100개가 든 시료의 경우에는 그중 절반이 붕괴하여 ^{206}Pb으로 변하는 데에는 그보다 6배 이상의 시간이 걸린다. 45억 년이라는 아주 긴 시간도 ^{238}U 원자 중 절반이 붕괴하기 전에 다 지나가고 만다. 그렇기 때문에 우라늄 시계는 아주 긴 시간에 걸쳐 일어나는 사건의 연대를 측정하기에 아주 좋다.

따라서 어떤 암석에 들어 있는 ^{206}Pb과 ^{207}Pb은 각각 두 종류의 납 동위 원소가 섞인 것이다. 암석이 생성될 때 원래 있던 납 동위 원소에 우라늄의 방사성 붕괴를 통해 새로 생겨난 납 동위 원소가 섞인 것이다. 암석에 추가로 축적된 ^{206}Pb과 ^{207}Pb의 양을 정확하게 측정한다면, 암석의 나이를 계산할 수 있다. 처음부터 존재했던 납을 〈시원(始原)〉 납이라 부르고, 새로 생겨난 납을 〈방사성 붕괴로 생긴〉 납이라 부른다.

지구는 우리에게 중요하지만, 태양계라는 맥락에서 보면 지구는 그저 하나의 암석에 불과하다(비록 아주 큰 암석이고 기묘한 특징을 몇 가지 지니고 있긴 하지만). 지구에 존재하는 ^{206}Pb과 ^{207}Pb은 소행성들과 마찬가지로 두 종류의 납이 섞인 것이다. 지구를 만든 성운 먼지 내부에 갇혀 있던 시원 납과 긴 지질학적 시간에 걸쳐 우라늄의 붕괴에서 생겨난 납이 섞여 있다. 오늘날 지구의 납 동위 원소 혼합물과 지구가 생성되던 당시의 납 동위 원소 혼합물(시원 납)을 측정한다면, 둘 사이의 차이는 그동안 축적된 방사성 붕괴로 생긴 납의 양에 해당한다. 그러면 지구가 생성된 이래 우라늄 시계가 몇 번이나 재깍거렸는지 계산할 수 있다. 우라늄이 납으로 변하는 속도 — 시계가 얼마나 빨리 재깍거리는지 — 를 알면, 시계가 몇 번 재깍거렸는지 계산할 수 있다. 이를 통해 지구의 나이를 알 수 있다. 20만 년 동안의 사색 끝에 우리는 마침내 가장 인간적인 질문 — **우리는 어디서 왔을까?** — 에 대한 답을 향해 나아갈 수 있는 출발점에 서게 된 것이다.

시원 납 혼합물을 측정하려고 할 때 맨 먼저 맞닥뜨리는 문제는 이곳 지구에서는 더 이상 그 시료를 얻을 수 없다는 데 있다. 지구는 처음 생성될 때 막대한 양의 우라늄이 있었다. 따라서 오늘날 지구에 존재하는 납에는 시원 납과 방사성 붕괴로 생긴 납이 가려낼 수 없을 정도로 마구 섞여 있다. 또한 지구는 긴 지질학적 역사 동안 끊임없이 뒤섞이는 과정을 반복했고, 화학 원소들과 그 원소들의 동위 원소들도 끝없이 뒤섞였다. 시원 납은 방사성 붕괴로 생긴 납과 셀 수 없이 반복적으로 뒤섞였다. 따라서 이제 그 지문은 영영 사라져 버렸다.

다행히도 자연계에는 먼 과거에 생성된 이래 거의 변하지 않고 남아 있는 암석들이 있다. 물론 그것들은 바로 운석이다.

우라늄은 친석원소이다. 녹아서 마그마가 들끓던 소행성이 금속 핵과 석질 맨틀로 분화했을 때, 아주 극소량의 우라늄만이 핵에 갇혔다. 우라늄은 금속 핵에서 쫓겨난 반면에 상당량의 납은 금속 핵에 머물렀다. 분화 과정의 소용돌이 속에서 서로 분리된 덕분에 우라늄의 붕괴는 금속 핵에 있던 납 — 특히 ^{206}Pb이나 ^{207}Pb — 의 양에 별 영향을 미치지 않았다. 따라서 이 핵에서 유래한 철질 운석 속에 갇힌 납은 소행성이 생성될 때부터 얼어붙은 상태로 계속 머물렀다. 이 납은 사실상 시원 납이나 다름없다. 철질 운석 속의 납 동위 원소 조성을 측정함으로써 원자시계의 출발점을 알 수 있고, 소행성의 나이를 계산할 수 있다. 그 나이는 지구와 다른 행성들의 나이와 대략 비슷하다.

이것은 정말로 믿기 힘든 개념이다. 우주에서 화염에 휩싸여 떨어진 금속 암석 속의 납 동위 원소 조성처럼 불가사의해 보이는 것을 측정함으로써 지구의 나이 — 이야기, 우리의 이야기가 시작된 시간 — 를 계산할 수 있다니! 과학에서는 흔한 일이지만 그렇게 중요한 수치를 정확하게 알아내는 데 필요한 측정은 복잡한 과정이고 많은 어려움이 따른다.

클레어 캐머런 패터슨

제2차 세계 대전이 끝난 다음 해, 핵 화학자 해리슨 브라운Harrison Brown이 시카고 대학교 화학 교수로 임명되었다. 브라운은 그전 몇 년 동안 맨해튼 계획에 참여해 최초의 대량 파괴 무기인 핵폭탄 제조에 필요한 기술과 과학적 이해를 발전시키는 일을 도왔다. 전쟁이 끝난 뒤에 도덕적으로 큰 논란이 되는 계획에 참여했던 많은 과학자처럼 브라운 역시 순수하게 과학적이고 탐구적인 문제를 해결하는 데 자신의 전문 지식을 사용하기로 마음먹었다. 그는 우라늄 — 핵무기의 재료로 쓰이는 원소이자 브라운이 잘 알고 있던 원소 — 을 사용해 암석의 나이를 알아낼 수 있다는 전망에 큰 흥미를 느꼈다.

원자 물리학자들은 원자핵 세계를 탐구하면서 과학의 가장 큰 수수께끼 중 하나를 풀 수 있는 방정식을 유도했는데, 그 수수께끼는 지구의 나이가 얼마나 되었느냐 하는 것이었다. 그 방정식에 필요한 수치들을 대입하기만 하면 되었다. ^{238}U과 ^{235}U가 붕괴하여 납으로 변하는 속도, 오늘날 지구에 존재하는 ^{238}U과 ^{235}U의 비율, 오늘날 지구에 존재하는 ^{206}Pb과 ^{207}Pb의 비율, 그리고 특히 이것이 중요한데, 지구가 생성될 당시의 시원 ^{206}Pb과 ^{207}Pb의 비율을 알 필요가 있었다. 이 퍼즐에서 우라늄 조각들은 이미 해결되었는데, 대부분 핵폭탄을 만들려고 노력하는 과정에서 해결되었다. 오늘날의 납 역시 쉽게 측정할 수 있는데, 납은 지구에서 쉽게 구할 수 있기 때문이다. 방정식에서 알려지지 않은 채 남아 있던 마지막 조각은 시원 납이었다. 누군가가 나서서 그것을 발견하고 분리해 측정해야 했다.

브라운은 박사 과정을 밟고 있던 클레어 캐머런 패터슨Clair Cameron Patterson에게 암석의 나이를 정확하게 측정하는 일을 맡겼는데, 그것은 막 떠오르던 새로운 과학 분야였다. 패터슨은 맨해튼 계획에도 참여해 일한 적이 있어 동위 원소를 측정하는 도구인 질량 분석기를 다루는 법을 잘 알았다. 프리즘이 햇빛을 여러 가지 색의 스펙트럼으로 쪼개는 것과 비슷한 방식으로 질량 분석기는 암석을 동위 원소 질량들의 스펙트럼으로 쪼갠다. 질량 차이가 단지 중성자 1개밖에 나지 않는 원자들을 우리가 정확하게 구분하고, 그러고 나서 그 원자들의 상대 비율을 매우 정확하게 알아낼 수 있다는 사실에 나는 늘 경이로움을 느낀다. 질량 분석기는 실로 경이로운 기술이다.

브라운은 패터슨을 연구실로 불러 경이로운 방정식에서 빠져 있는 조각에 대해 설명했다. 브라운은 시원 납이 철질 운석에 숨어 있다는 사실을 깨달았다. 「우리는 철질 운석에서 납을 꺼내 분석할 거야. 그 동위 원소 조성을 측정해 방정식에 대입하는 일을 자네가 맡아서 해주게……. 그러면 자네는 크게 유명해질 거야. 지구의 나이를 정확하게 측정했으니까 말이야.」

패터슨은 즉각 철질 운석에서 납 동위 원소들을 측정하는 작업에 착수했다. 그리고 그다음 5년을 자신의 기술을 완벽하게 만드는 데 보냈다. 이전에 이런 것을 측정하려고 시도한 사람이 아무도 없었기 때문에 패터슨은 연구 팀의 다른 사람들과 함께 그 방법을 완전히 새로 개발해야 했다. 그들은 극소량의 납에 포함된 동위 원소들을 정확하게 측정하는 법을 알아내야 했는데, 그 양은 이전에 어느 누가 측정하려고 시도한 것보다 1,000의 1도 안 될 정도로 적었다. 그들은 지구에 흔히 존재하는 광물인 지르콘을 사용해 연습을 했다. 지르콘은 많은 화성암에서 발견되는 광물인데, 패터슨이 사용한 지르콘은 핀 대가리만 한 크기였다. 아주 적은 양의 지르콘에 들어 있는 납 동위 원소 조성을 정확하게 측정할 수 있다면, 소중한 철질 운석에도 같은 방법을 적용해 동위 원소 조성을 알아낼 수 있을 것이라고 생각했다.

하지만 측정하는 지르콘마다 예상보다 훨씬 많은 납이 들어 있었다. 패터슨의 측정에서는 터무니없는 수치가 반복적으로 나왔다. 숱한 좌절을 겪으면서 머리를 긁적인 끝에 패터슨은 문제의 근원을 알아냈는데, 그 범인은 바로 납 오염이었다. 납 오염은 도처에 퍼져 있었다. 패터슨이 실험실에서 화학 분석 절차를 진행하는 동안 환경 속의 납이 지르콘 시료에 침투해 지르콘 결정에 갇혀 있던 원래의 납을 뒤덮으면서 결과를 망쳤다.

납이 정확하게 어디서 나오는지 정밀하게 추적하기 위해 막대한 노력을 기울인 끝에 패터슨은 놀라운 사실을 발견했다. 납은 온 사방에서 오는 것처럼 보였다. 시료를 녹이는 데 사용한 산에도 들어 있었고, 실험실에서 쓰던 수돗물에도 들어 있었고, 실험에 사용한 유리 용기에도 들어 있었고, 심지어 공기 중에도 먼지 입자에 붙어 떠돌고 있었다. 납은 벽에서도 나오는 것처럼 보였다. 패터슨의 머리카락과 옷, 신발, 피부에도 있었다. 당연히 실험실 동료들의 몸에도 있었다.

하지만 패터슨은 납 오염 문제를 자신에게 유리하게 활용했는데, 많은 종류의 물질에 들어 있는 납 동위 원소 조성을 측정하는 법을 배울 수 있는 기회로 삼았다.

패터슨이 발견한 것은 오늘날 중요한 환경 문제 중 하나가 된 현상을 피상적으로 파악한 것에 지나지 않았다. 산업적 납 오염이 지구 전체에 심각한 영향을 미쳤는데, 특히 도시 지역의 납 오염이 더 심했다. 자동차 배기관을 통해 대기 중으로 들어간 유연 휘발유의 납이 특히 오염의 주범이었다. 유연 페인트도 주요 원천이었는데, 실험실 벽에서 납이 나오는 것처럼 보인 이유가 이 때문이었다. 전 지구적 납 오염의 원천과 규모(그리고 그로 인한 시민들의 대규모 납 중독)를 밝히는 연구는 훗날 패터슨의 과학 경력에서 핵심이 되었고, 전 세계에서 유연 휘발유를 퇴출시키는 주요 계기가 되었다. 납 오염의 실제 심각성과 공중위생에 미치는 부작용은 그 당시에 잘 알려지지 않았다. 상존하는 납 오염이 당장 패터슨의 골치를 아프게 한 가장 큰 문제는 지르콘 시료의 오염이었다. 그것은 지구의 나이를 계산하는 길을 가로막고 있던 가장 큰 장애물이었다.*

패터슨은 핀 대가리만 한 지르콘 결정에 들어 있는 동위 원소 조성을 측정하는 데 성공했다. 5년 만에 얻은 데이터는 마침내 타

* 다음번에 자동차에 기름을 채울 때 펌프에 **무연 휘발유**라는 단어가 새겨져 있는 것을 본다면, 1950년대에 활동했던 우주 화학자의 연구에 고마움을 느낄 필요가 있다. 무연 휘발유는 운석을 사용해 지구의 나이를 측정하려고 애썼던 사람의 연구가 낳은 직접적 결과물이다. 이것은 또한 과학 자체를 위한 과학, 이른바 **순수 과학**이 훌륭한 성과를 낳은 좋은 예이다.

당한 수준에 이르렀지만, 실험실에서 납 오염을 완전히 제거한 후에야 그런 결과를 얻을 수 있었다. 패터슨은 실험실의 유리 용기와 작업대의 청결을 믿지 않았고 정제한 산을 사용해 거의 녹초가 될 때까지 그것들을 박박 닦았다. 심지어 화학 실험을 하려고 구입한 산의 순도도 믿지 않아 직접 만든 증류 장치를 사용해 산을 정제했다. 그는 그 어떤 것의 청결함도 믿지 않았다.

더 나아가 패터슨은 철질 운석을 측정하기 위해 초청결 실험실을 새로 만들었고, 환경에서 나오는 납을 모조리 제거하려고 애를 썼다. 심지어 실험실로 들어오는 공기에서 먼지 입자를 제거하기 위해 복잡한 여과 장치를 설치했으며 엄격한 복장 규정도 시행했다. 실험실에 들어오는 사람은 상의와 하의가 하나로 붙은 초청결 실험복을 입어야 했다.

1956년, 패터슨은 자신의 초청결 실험실에서 철질 운석의 시원 납을 분리하는 작업 끝에 질량 분석기로 그 동위 원소 조성을 측정했다. 측정 장비에서 수치들이 나오자, 패터슨은 숨을 죽이고 그것들을 경이로운 방정식에 대입했다. 그 방정식을 풀자 어떤 수치가 나왔다. 그것은 바로 지구의 **나이**였다. 45억 년을 조금 넘는 수치였다. 그 순간, 패터슨은 역사상 처음으로 지구의 나이를 알아낸 사람이 되었다.

패터슨은 그 결과와 결론을 지구 과학과 행성 과학 분야에서 고전이 된 논문, 「운석과 지구의 나이 Age of Meteorites and the Earth」[3]로 발표했다. 좀 더 정확하게 말하면, 지구의 나이는 45억 5000만 년이었고, 그의 동위 원소 측정은 너무나도 정확해서 계산의 오차 범위는 2퍼센트 미만이었다.[4]

경이로운 방정식의 각 부분들을 잠깐 살펴볼 가치가 있다. 거기에 필요한 지식과 기술 — ^{235}U와 ^{238}U의 붕괴 속도, 질량 분석기의 개발, 동위 원소 조성을 측정하는 수단 — 은 핵무기 개발 과정에서 탄생했다. 인류 문명의 불꽃을 끌 수도 있는 엄청나게 강력한 기술에서 지구의 오랜 역사와 우리 자신의 기원을 들여다보는 방법이 나왔다. 우리는 자신의 미래를 거의 파멸시킬 뻔한 기술을 개발하다가 우리의 심원한 과거를 발명했다.

시작

패터슨과 동료들은 지구가 생성된 시기를 알아냈다. 하지만 지구가 생성되기 이전에 일어난 사건들의 시기를 알아내려면 행성들보다 앞서 존재한 암석이 필요했다. 다행히도 용융되지 않은 소행성에 그런 암석들이 남아 있는데, 원시 행성 원반에서 생성된 우주 퇴적물 조각들이 콘드라이트 내부에 갇혀 있다. 이 암석은 기껏해야 폭이 수 밀리미터에 불과하기 때문에, 그 동위 원소 조성을 측정하기가 엄청나게 어렵지만 어쨌든 측정할 수는 있다.

패터슨이 지구의 나이를 측정할 당시에 그 동위 원소들이 존재한다는 사실이 알려진 것은 겨우 수십 년밖에 안 되었기 때문에, 과학자와 공학자들은 아직 그것을 정확하게 측정하는 방법을 개발하려고 애쓰고 있었다.

오늘날의 청결한 실험실과 질량 분석기는 1950년대에 패터슨이 사용했던 것보다 훨씬 정교하다. 과학의 발전과 함께 점점 더 작은 운석의 나이를 결정하는 것이 가능해졌다. 지금은 패터슨이 측정할 수 있었던 것에 비해 수천분의 1에 불과한 1조분의 수 그램의 납 시료도 질량 분석기로 아주 정확하게 측정할 수 있다. 그 덕분에 콘드라이트에 들어 있는 개개 성운 먼지의 나이를 측정할 수 있게 되었다. 이렇게 하여 우리는 행성들이 존재하기 이전 시대, 즉 원시 행성 원반에서 최초의 먼지 알갱이들이 결정화되던 때를 들여다볼 수 있다.

태양계의 시간에서 우리의 위치를 파악하려고 할 때 맞닥뜨리는 어려움은 〈시작〉 지점을 정확하게 알아내는 것이다. 앞에서 보았듯이, 태양계 생성 — 성운이 가스에서 먼지로, 그리고 다시 먼지에서 세계들로 변한 이야기 — 은 하나의 사건이라기보다는 과정이었고 수백만 년의 시간이 걸렸다. 그 경계가 모호하다면 태양계 생성 〈이전〉과 〈이후〉를 나누는 선을 어디에 그어야 할까? 사실, 그런 선은 자의적인 것이 될 수밖에 없는데, 자연이 물리적으로 정한 기준이라기보다는 결국은 선택의 문제이기 때문이다. 그럼에도 불구하고 자연은 이 문제에 우아한 해결책을 제공한다. 그것은 콘드라이트를 이루는 우주 퇴적물 사이에 숨어 있다.

성운에서 최초로 응축된 먼지 알갱이인 CAI가 그 기준을 제공한다. CAI는 최초의 고체 물질 — 빙빙 돌던 성운에서 최초로 응축된 암석 — 이기 때문에, 자연히 이것이 생성된 시기를 태양계의 탄생과 암석 기록의 시작을 알리는 기준점으로 선택할 수 있다. 즉 CAI의 나이를 측정한다면, 태양계의 진짜 나이를 알 수 있다.

한 CAI 알갱이의 나이를 우라늄 시계를 사용해 측정하려면, 한 CAI 알갱이 속에 들어 있는 개개 결정 속의 납 동위 원소 조성을 정확하게 측정해야 한다. 만약 한 CAI 알갱이 속에 들어 있는 각 종류의 결정에서 납과 우라늄 동위 원소 조성을 측정한다면, 방사성 붕괴에서 생겨난 납의 양을 알 수 있고, 그것으로부터 나이를 계산할 수 있다. 하지만 이것을 정확하게 분석하는 것은 결코 간단한 일이 아니다.

CAI에는 납이 수억분의 1그램만 들어 있어 극소량 — 1조분의 1그램에 이를 만큼 적은 양이라도 — 의 오염조차도 파국적인 결과를 초래할 수 있다. 이런 분석을 하려면 아주 엄격한 기준과 규칙을 따르는 실험실이 필요하며, 그런 곳에서는 정제된 산으로 모든 것을 무차별적으로 깨끗이 청소해야 한다. 그렇긴 해도 이런 종류의 분석을 실행하는 것은 가능하며, 지금까지 CAI 4개의 나이를 알아내는 데 성공했다. 단 4개만 말이다. 납 시계를 사용해 개개 우주 퇴적물 조각의 나이를 알아내는 것은 현대 우주 화학의 최첨단 기술에 속한다.

2010년, 유리 아멜린Yuri Amelin이라는 우주 화학자가 처음으로 아옌데 운석의 CAI에 들어 있는 납의 나이를 계산하는 데 필요한 동위 원소 측정을 했다.[5] 오스트레일리아 국립 대학교의 깨끗한 실험실에서 아멜린은 동료들과 함께 아옌데 운석 조각에서 한 CAI 알갱이를 정교하게 떼어 낸 뒤에 그 속에 든 동위 원소 조성을 우아하게 측정했다. 〈SJ101〉이라는 이름이 붙은 이 CAI 알갱이는 그때까지 납 시계를 사용해 나이를 측정한 암석 중 가장 오래된 것으로 드러났다(이 기록은 지금까지도 깨어지지 않았다). 그 나이는 45억 년이 조금 넘었는데, 정확하게는 45억 6718만 년이었다. 이것은 지구의 역사를 24시간으로 압축한 우리의 지질학적 하루가 시작된 순간에 해당한다.

그 측정의 오차 범위도 ±50만 년으로, 측정한 나이 못지않게 아주 인상적이었다. 절대 시간으로 생각하면 이것은 아주 큰 불확실성을 초래할 것처럼 보이지만, CAI의 나이와 비교하면 아주 사소한 값에 지나지 않는다. 지구의 역사를 24시간으로 압축한 우리의 지질학적 하루에서는 5000만 년도 겨우 15분에 불과하다.

아멜린과 그 동료들이 아옌데 운석의 CAI에서 납의 나이를 알아낸 뒤에 추가로 3개의 CAI에서 그 나이가 측정되었다. 이 세 CAI는 다른 운석 — 1962년에 카자흐스탄에서 발굴되어 〈에프레모프카efremovka〉라는 이름이 붙은 CV 콘드라이트 — 에서 나왔는데, 측정된 연대는 모두 동일하게 45억 6700만 년 전이었다.

원시 행성 원반에서 CAI가 응축한 시점은 적어도 현재까지는 태양계의 나이를 정의하는 데 쓰이고 있다. 그 영점 시간은 45억 6700만 년 전이다. 바로 그때부터 암석 기록이 시작되었고, 우리의 이야기가 시작되었다.

우리가 사는 곳은 태양이라는 별 주위를 행성들이 돌고 있는 행성계이다. 태양계를 영어로 〈Solar System〉이라고 하는데, 그 이름조차 〈태양〉을 뜻하는 라틴어 〈솔sol〉에서 유래했다. 실제로 태양계는 별(태양)이 중심인 천체계이다. 그럼에도 불구하고 우리는 냉각하는 구름에서 응축된 고체 결정 물체인 CAI를 사용해 그 나이를 정의한다. 즉 우리는 태양계의 나이를 별이 아니라 암석을 사용해 정의하고 있다.

*

어린 시절에 이집트 기자의 대피라미드가 얼마나 오래전(약 4,500년 전)에 건설되었는지, 또는 공룡이 얼마나 오래전(약 6400만 년 전)에 멸종했는지, 혹은 지구가 얼마나 오래전(약 45억 년 전)에 생겼는지 듣고서, 깜짝 놀라 눈이 휘둥그레진 경험은 누구나 있을 것이다. 운석에서 심원한 시간과 태양계의 나이를 발견한 것은 과학이 거둔 큰 승리 중 하나이다.

우리 조상은 별들의 움직임을 보고 미래까지 예측하려고 돌로 거대한 스톤헨지를 세웠다. 이제 우리는 하늘에서 떨어진 암석 속에서 재깍거리는 천연 원자시계를 사용해 태양계 이야기의 시간 척도를 심원한 과거까지 연장할 수 있다.

모든 운석 조각에는 서사시가 기록되어 있다. 가장 오래된 이야기는 태양을 스쳐 지나가던 CAI가 응축될 때 시작되었는데, 서로 합쳐져 소행성을 만든 우주 퇴적물에 기록되어 있다. 각각의 콘드라이트에는 수십억 년에 이르는 태양계 역사가 담겨 있다. 이 역사는 성운 먼지의 생성에서부터 지구의 생성까지, 그리고 블롬보스 동굴의 미술 작품에서부터 오늘날까지 죽 이어진 동일한 지질학적 시간의 실을 이루고 있다.

6장
하늘에서 쏟아지는 불비

대다수 분류 체계와 마찬가지로 운석 분류 체계 역시 역사적 유물과 부적절한 명칭이 군데군데 있다. 탄소질 콘드라이트라는 이름이 오해를 불러일으키는 것처럼(모든 탄소질 콘드라이트에 탄소가 상당량 포함되어 있는 것은 아니기 때문에), 오늘날 지구에서 가장 많이 발견되는 운석에도 잘못된 이름이 붙어 있다. 〈정상 콘드라이트ordinary chondrite〉가 그 주인공인데, 하늘에서 떨어지는 여러 종류의 운석 중 그 수가 압도적으로 많아서 이런 이름이 붙었다. 정상 콘드라이트는 알려진 운석 중 약 80퍼센트에 이른다. 하지만 단어에 속아 넘어가면 안 된다. 정상 콘드라이트는 절대로 〈정상적인〉 운석이 아니다.

가장 중요한 운석 중 일부는 정상 콘드라이트인데, 과학계의 관심을 끄는 데 크게 기여한 토펌의 월드코티지 운석, 하늘에서 떨어지는 대다수 암석의 원천이 소행성대라는 것을 증명한 체코슬로바키아의 프르지브람 운석, 1969년에 남극 대륙에서 운석 골드러시를 촉발한 9개의 남극 대륙 운석 중 8개도 정상 콘드라이트이다. 가장 오래전에 기록된 낙하 운석 중 일부도 정상 콘드라이트이다.

오래된 낙하 운석

목격담이 기록으로 남아 있는 운석 중 가장 오래된 것은 861년에 일본에 떨어진 운석이다. 기록에 따르면, 평온한 밤에 갑자기 큰 소란이 일어났다고 한다. 하늘에서 밝은 섬광과 고막을 찢는 듯한 소리와 함께 날아온 물체가 노가타의 신사(神社) 지붕을 뚫고 떨어졌다. 그 신성한 물체는 그곳 신사에서 나무 상자에 담겨서 1,000년 이상 보관되었다.

이 운석은 1983년에 우주 화학 분석을 거쳐 정상 콘드라이트로 분류되었고, 떨어진 도시의 이름을 따서 〈노가타〉 운석으로 명명되었다.

노가타 운석이 떨어진 지 600여 년이 지났을 때, 프랑스와 독일 국경에 위치한 도시 엔시스하임에서 운석 낙하 사건이 목격되고 기록되었다. 1492년 11월 7일 정오 직전에 무시무시한 소리가 공기를 갈랐다. 뇌성 같은 그 소리의 메아리가 멀리 동쪽으로 150킬로미터나 떨어진 스위스 알프스 지역까지 울려 퍼졌다. 그것은 이전에 어느 누구도 들어 보지 못한 소리였다.

그 소리의 원인을 유일하게 목격한 사람은 어린 소년이었다. 소년은 거대한 물체가 하늘에서 도시 성벽 바로 밖의 밀밭으로 떨어지는 장면을 눈을 동그랗게 뜨고 바라보았다. 엔시스하임 주민들이 그 장소로 달려가 보았더니 어느 구덩이 바닥에 커다란 뇌석

(雷石)*이 놓여 있었다. 무게가 130킬로그램이나 되는 그 돌은 불에 탄 흔적이 남아 있었다. 사람들은 돌을 구덩이에서 끄집어낸 뒤에 즉각 한 조각씩 떼어 가려고 했다. 그들은 이 기묘한 돌에 마법의 성질이 있어 행운을 가져다준다고 믿었다.

물론 그 돌이 하늘에서 떨어졌다고 믿은 사람은 아무도 없었다. 그들이 판단의 근거로 삼을 만한 것은 어린 소년(정신이 나간 것이 분명한)의 말뿐이었다. 심지어 클라드니의 『철 덩어리』가 출간된 지 6년이 지난 300년 뒤에도 프랑스 화학자 샤를 바르톨 Charles Barthold은 엔시스하임의 돌이 근처의 알프스 산맥에서 씻겨 내려왔다고 결론 내리면서 그 당시의 불가사의한 이야기들을 일축했다. 바르톨은 그 이야기들이 미신을 좋아하는 주민들의 헛소리에 불과하다고 말했다.

엔시스하임 지사가 곧 낙하 현장에 도착해 광분한 군중이 돌을 해체하는 작업을 중단시켰다. 그리고 그 돌을 도시로 가져가 한 교구 교회 문간에 놓아두었다. 그렇게 그 돌은 쇠사슬에 묶인 채 약 300년 동안 그곳에 머물렀다. 그러다가 1793년에 프랑스 혁명대원들이 그것을 징발해 일시적으로 다른 곳으로 옮겼다.

그 돌은 현재 엔시스하임 섭정 박물관에서 나무와 유리로 만든 아름다운 캐비닛에 보관되어 있다. 원래는 130킬로그램이 나갔지만 지금은 54킬로그램만 남아 있다. 다행히도 지금은 특별한 종교 단체(엔시스하임 운석 수호자 생조르주 평신도회)가 이 운석을 보호하고 있다. 빨간색 케이프와 깃털이 달린 베이지색 모자를 착용한 수호자들은 미래 세대를 위해 그 화려함과 흥미로움을

* 옛날에 번개로 떨어졌다고 믿었던 돌 — 옮긴이 주.

보존하면서 운석을 보살핀다. 엔시스하임 운석은 노가타 운석처럼 정상 콘드라이트이다. 그리고 이것들은 알려진 나머지 정상 콘드라이트 5만 2,000개와 마찬가지로 정상적인 암석과 거리가 멀다.

탄소질 콘드라이트처럼 정상 콘드라이트의 우주 퇴적물 — 부모 소행성을 만들었던 먼지 — 은 강렬한 열로도 파괴되지 않았다. 원래의 순수한 상태를 거의 그대로 유지하고 있는 정상 콘드라이트 역시 소행성과 행성을 만든 암석 먼지의 수호자이다. 하지만 정상 콘드라이트는 지질학적으로 탄소질 콘드라이트와 분명히 구별된다.

얇은 용융각 껍질 아래에서 탄소질 콘드라이트는 거의 검은색에 가까운 암회색을 띠고 있다. 많은 것은 석탄과 아주 비슷하게 생겼다. 반면에 정상 콘드라이트는 옅은 회색에서 베이지갈색까지 색이 다양하며, 가끔 금속 부스러기의 광채도 나면서 마치 비스킷처럼 거친 알갱이가 많은 암석 조각처럼 보인다.

동위 원소 조성과 화학적, 지질학적 특성의 유사성을 바탕으로 분류하면, 정상 콘드라이트는 철의 함량에 따라 세 집단으로 나눌 수 있다. 철의 함량이 높은high 〈H〉 집단, 낮은low 〈L〉 집단, 아주 낮은low-low 〈LL〉 집단이 있다. 이 분류 방식은 더 깊은 수준에서도 반영되어 있다. 각 집단은 서로 비슷하지만 분명히 구별되는 산소 동위 원소 조성을 갖고 있고, 각자 독특한 부모 소행성에서 유래했다. 소행성대의 저 어딘가에 H 집단이 유래한 한 소행성이 있고, L 집단이 유래한 한 소행성이 있으며, LL 집단이 유래한 한 소행성이 있다.

가장 순수한 시료를 자르자마자 그것이 우주 퇴적암이라는 사실을 명백하게 알 수 있었다. 그 운석들은 거의 다 무수히 많은 원 모양의 알갱이로 이루어져 있었다. 무수한 알갱이가 서로 겹치면서 들러붙어 단단한 암석을 만들었다. 콘드라이트에서 온전한 상태로 떼어 내자, 그 원들의 정체는 구형의 구슬로 드러났다.* 전형적인 구슬의 크기는 양귀비씨만 했지만, 핀 대가리만 한 것에서부터 큰 완두콩만 한 것에 이르기까지 크기가 다양했다. 이런 구상체는 아옌데 운석 같은 탄소질 콘드라이트에도 많이 들어 있지만, 정상 콘드라이트는 거의 다 구상체로 이루어져 있다. 그래서 이 구상체를 그것이 발견된 운석 — 콘드라이트 — 의 이름을 따서 〈콘드룰chondrule〉이라고 부른다. 탄소질 콘드라이트에서부터 (그 중간에 있는 것들을 포함해) 정상 콘드라이트에 이르기까지 모든 콘드라이트에는 콘드룰이 있지만, 정상 콘드라이트에는 압도적으로 많이 들어 있다.

신사 과학자

1802년에 하워드가 체계적으로 분석한 운석들 중 4개가 콘드라이트였다. 이것들은 모두 정상 콘드라이트였지만, 그 당시는 아직 운석 분류에 그런 이름을 사용하지 않던 시절이었다. 하워드는 논문에서 세 운석에 유리 비슷한 물질로 만들어진 〈작은 구상체〉가 들어 있다고 지적했다. 작은 구상체에 대해서는 〈완벽하게 반반하고 빛나는 표면을 갖고 있어 작은 유리 공처럼 보일 때가 많다〉

* 오렌지를 반으로 잘라서 그 단면을 보면, 원으로 보이는 것처럼.

라고 기술했다.

이런 종류의 물체는 어떤 암석에서도 발견된 적이 없었다. 움직이는 물에 마모되고 떠밀리면서 둥글어진 구형 자갈과 모래 알갱이는 이곳 지구의 퇴적암에서도 자주 발견된다. 하지만 그런 퇴적암은 콘드라이트 내부에서 발견되는 구상체와 달리 유리와 비슷한 속성이 없다. 게다가 소행성에는 흘러가면서 삭마 작용을 통해 암석을 구형으로 만드는 강이나 바다가 없다.

헨리 클리프턴 소비Henry Clifton Sorby는 하워드가 중요한 연구를 발표한 지 약 25년 뒤인 1826년에 영국 셰필드에서 태어났다. 소비는 과학자들이 운석의 우주 기원설을 완전히 받아들인(비록 정확한 세부 내용은 여전히 열띤 논쟁 중이었지만) 시대에 자랐다. 열다섯 살에 학교를 떠나 홈스쿨링으로 공부를 계속했다. 대학교는 다니지 않았지만, 자연 과학에 큰 관심을 보였다. 부유한 집안에서 외동아들로 태어난 소비는 아버지가 일찍 세상을 떠나면서 스물한 살에 상당한 유산을 물려받아 생계를 위해 일할 필요가 없었다. 소비는 돈을 사업에 투자하는 대신에 자신이 좋아하는 과학에 쓰기로 결정했다. 1874년에 왕립 학회가 수여하는 로열 메달 수락 연설에서 소비는 이렇게 말했다. 「젊은이로 인생을 살아가기 시작했을 때, 나는 지혜와 부 중 하나를 선택할 수 있었는데, 절제된 삶에 만족하고 과학에 헌신하기로 결정했습니다.」

소비는 최신 작업장에 어울리는 장비와 도구를 구입하고 자기 집에 과학 실험실을 지었다. 그리고 82세의 나이로 세상을 떠나기 11일 전까지 그곳에서 일하며 평생을 보냈다.

결정학과 광물 연구에 대해 이미 잘 알고 있던 소비는 암석의 구조를 연구하기 위해 지질학 박편을 만드는 데 노력을 집중했다. 불과 30미크론 — 머리카락 굵기보다 훨씬 가느다란 두께 — 의 두께까지 돌 조각을 가는 방법을 다양하게 실험한 끝에 그는 암석 표본을 만드는 방법을 개발했다. 이 절차는 오늘날까지도 여전히 사용되고 있다.

소비의 표본은 품질이 예외적으로 뛰어났다. 요크셔주 해안의 세립질 사암에 관해 쓴 1850년 논문에서 그는 암석의 현미경적 구조를 조사함으로써 암석의 지질학적 특성에 관해 깊은 통찰력을 얻는 방법을 보여 주었다. 그 미세한 지질학적 특성으로부터 암석이 어떻게 생성되었는지 추론할 수 있었다. 미세한 수준에서 암석을 해독하는 방법을 개척한 사람이 바로 소비였다.

지구 지질학에 막대한 기여를 한 지 10년 뒤, 그때까지 모든 운석과 화구에 대해 알려진 내용을 집대성해 편찬한 천문학자 로버트 필립스 그레그Robert Phillips Greg의 격려에 힘입어 소비는 지상의 암석에 적용하던 지질학 기술을 우주의 암석에 적용하기 시작했다. 처음에 소비는 모든 운석에서 가장 잘 알려진 특징을 이해하려고 시도했다. 그 특징은 바로 검게 그슬린 용융각이었다. 모든 운석이 지닌 독특한 특징임에도 불구하고, 이 기묘하고 특이한 지질학적 특징에 대해서는 알려진 정보가 거의 없었다.

아주 얇은 용융각

운석을 얇게 잘라 박편을 만들면서 소비는 용융각을 이전의 어느 누구보다도 더 자세히 조사했다. 소비는 그 껍질이 거의 다 유리로 만들어졌다는 사실을 발견했다. 그것이 의미하는 것은 한 가지밖에 없었는데, 운석의 생애 중 어느 시점에 엄청나게 높은 열에 노출된 게 분명했다. 그런 일은 운석이 대기를 통과하면서 아주 밝게 빛나며 타오를 때 일어났을 것이다. 그때 운석의 겉면은 완전히 녹았다가 이내 식으면서 유리질 껍질로 변했을 것이다. 운석은 초음속으로 날기 때문에, 고체 암석이 녹을 정도로 온도가 높이 올라가는 것은 놀라운 일이 아니다.

지구의 대기는 브레이크와 같은 작용을 하면서 우주에서 날아오는 운석의 속도를 늦춘다. 이 브레이크 작용 때문에 운석은 큰 변형을 겪게 되는데, 큰 운석(아옌데 운석처럼)은 감속될 때 여러 조각으로 분해된다. 운석은 지표면에서 10~30킬로미터 고도에서는 우주의 속도를 다 잃고 초속 0.1킬로미터 — 아주 높은 곳에서 떨어뜨린 돌의 속도와 비슷한 — 라는 상대적으로 느린 속도로 계속 낙하한다. 속도가 느려지면서 운석의 용융각은 순식간에 불이 꺼지면서 유리질 형태로 변한다.

운석이 공중에서 떨어지는 일반적인 돌의 속도로 느려지면, 밝은 빛이 사라지고 〈어두운 비행dark flight〉 단계에 접어든다. 이렇게 운석은 마지막 여행 단계를 비교적 느린 속도로 낙하한다. 이제 그 궤적은 날씨의 변덕에 영향을 받는데, 최종 낙하지점을 좌우하는 큰 변수는 풍향이다. 그래서 카메라에 포착된 유성과 화구조차도 찾기가 어려운데, 마지막 몇 분의 낙하 궤적은 예측하기가 매우 어렵다. 약한 바람조차도 운석을 원래 경로에서 수 킬로미터나 벗어난 곳으로 날려 보낼 수 있기 때문이다.

운석의 모양도 어두운 비행 동안 경로를 예측할 수 없게 바꾸는 한 가지 요인이다. 지구의 암석과 마찬가지로 운석도 온갖 모양을 하고 있다. 반반하고 둥근 것도 있고, 울퉁불퉁한 모양에 부드러운 공작용 점토에 지문을 찍은 것처럼 움푹 파인 구멍으로 온통 뒤덮인 것도 있는데, 이런 지문 형태를 〈레그마글립트regmaglypt〉* 라고 부른다. 원뿔 모양을 하고서 마치 자전거 바퀴살처럼 중심 봉우리에서 골들이 방사상으로 뻗어 나간 것도 있다. 많은 운석은 부드러운 왁스를 가지고 조각한 것처럼 보인다.

고성능 현미경과 정교한 광학 장비를 갖춘 소비는 용융각의 두께도 측정했다. 그것은 사과 껍질 두께와 비슷한 겨우 1밀리미터에 불과했다. 하지만 운석 내부 — 용융각 바로 밑까지도 — 는 대기권 진입 시의 고열에 아무런 영향도 받지 않았다. 짧은 거리이긴 했지만 여기저기서 용융각 유리가 성난 혓바닥처럼 운석 내부로 뻗어 있었는데, 막대한 압력에 의해 암석 결정들 사이로 비집고 들어간 것으로 보였다. 하지만 나머지 부분은 아무 영향도 받지 않았다. 열이 내부에 영향을 미칠 기회를 채 얻기도 전에 용융된 운석 표면은 떨어져 나간다.

유명한 천문학자 허셜의 손자인 알렉산더 스튜어트 허셜 Alexander Stewart Herschel은 『왕립 천문 학회 월간 회보 *Monthly Notices of the Royal Astronomical Society*』 6월호에서 1881년 3월 14일에 노스요크셔주 하늘에서 떨어진 정상 콘드라이트 사례를 자세히 기술했다. 그는 그 암석을 〈아름답게 완벽한 운석〉이라고 묘사하면서

* 고대 그리스어로 〈갈라진 틈〉을 뜻하는 〈리그마ῥῆγμα〉와 〈조각〉을 뜻하는 〈글립톤γλυπτόν〉을 결합해 만든 단어이다. 레그마글립트는 작열하는 공기의 소용돌이가 낙하하는 운석 겉면에 움푹 파인 부분을 새기면서 만들어진다.

〈얇은 검은색 용융각은 …… 진정한 암석의 속성을 덮어 가린다〉라고 기술했다. 그 당시에는 운석이 떨어진 장소의 지명을 따서 운석의 이름을 붙이는 전통이 자리를 잡아 이 운석에는 〈미들즈브러〉 운석이라는 이름이 붙었다.

미들즈브러 운석은 노스이스턴 철도가 지나가는 곳에서 불과 몇 미터 떨어진 지점에 떨어졌다. 추락하던 암석을 동반한 화구는 늦은 오후의 밝은 햇빛에 가려져 사람들의 눈에 보이지 않았지만, 추락 도중에 시끄러운 소리를 여러 번 냈다. 폭발음은 노스요크셔주 상공에서 30킬로미터 이상 떨어진 곳까지 들렸다. 철도 보수 작업을 하던 노동자들은 머리 위에서 다가오는 큰 소리를 들었고, 그러다가 결국 가까운 곳에서 깊고 무겁게 쿵 소리가 나는 것을 들었다. 그들은 철도 성토 사면(흙을 쌓아서 만든 경사면)에 파인 구멍 바닥에서 주먹만 한 크기의 돌을 발견했다. 돌은 아래팔만 한 깊이로 땅속에 박혀 있었고, 그 구멍은 어른 남자의 팔이 쉽게 들어갈 수 있을 만큼 넓었다.

떨어진 지 불과 며칠 뒤에 그 돌을 발견한 허셜은 그것이 예외적인 운석임을 즉각 알아보았다. 그는 〈이 운석의 보존과 광물학 조사와 기술을 위해 최종적으로 어떤 대책이 세워지건, 꼭 필요한 것을 넘어서서 원래의 온전성이 손상되는 일이 있어서는 절대로 안 될 것이다〉라고 평했다.

정상 (〈L〉) 콘드라이트로 분류된 미들즈브러 운석은 정말로 이질적인 운석처럼 보였다. 대기를 통과하는 동안 뜨거운 공기에 의해 만들어진 골들이 바깥쪽 중앙의 중심점에서 사방으로 뻗어 있었다. 암석을 둘러싼 용융각의 두꺼운 엽들은 황량한 풍경을 가로지르며 뻗어 가는 용암 혓바닥을 닮았고, 흐름을 보여 주는 선들은 산불에 그슬린 나무뿌리처럼 보였다. 암석의 색은 밝은 검은색이었다.

운석을 보관할 장소를 놓고 여러 과학 기관 사이에서 가벼운 승강이가 벌어졌다. 노스이스턴 철도 회사는 대영 박물관과 더럼 대학교의 간청을 무시하고서 그 운석이 떨어진 지역인 요크셔주에 보관해야 한다고 결정했다. 1881년 9월에 운석에서 몇 그램의 표본을 떼어 내 대영 박물관에 보내고 나머지는 요크셔주 철학회로 보냈다.

이 운석은 요크에 있는 요크셔주 박물관에서 모두가 볼 수 있도록 공개 전시되었다. 그리고 오늘날까지 이곳에 계속 남아 있다. 미들즈브러 정상 콘드라이트는 보통 사람들의 눈에도 아주 기묘한 운석으로 보인다.

불비의 개개 방울

소비는 더 깊이 파고들었다. 지구의 암석들을 분석하면서 습득한 도구와 지식을 사용해 그슬린 운석 바깥쪽에서 안쪽으로 들어가면서 연구를 시작했다. 그는 집에 만든 실험실에서 현미경으로 운석 박편을 자세히 조사했다. 운석을 이루는 작은 구슬들, 즉 콘드룰의 지질학적 속성을 파악하는 데에는 유례없는 통찰력이 필요했을 것이다.

일련의 편광 필터와 렌즈를 갖춘 지질학 현미경은 소비의 정상 콘드라이트 박편에 포함된 암석질 구상체를 강렬한 색을 띤 만화경으로 변화시켰다. 콘드룰은 소비가 이전에 본 그 어떤 것과도 달랐다. 아니, 어떤 사람이 본 그 어떤 것과도 달랐는데, 그것과 비슷한 것은 지구의 어떤 암석에도 존재하지 않았기 때문이다. 현미경을 들여다본 소비는 양귀비씨만 한 크기의 원형 구슬이 실제로는 아주 작은 결정들이 복잡하게 합쳐진 것이라는 사실을 알아챘다. 그것은 많은 점에서 화성암과 비슷했다. 대부분은 지구에서 마그마로부터 만들어지는 암석을 연상시키는 결정들로 이루어져 있었다. 하지만 지질학적 특성은 아주 다양했다.

어떤 콘드룰은 아무 특징 없는 유리 바다 속에 커다란 비석 모양의 감람석 결정들이 박혀 있었다. 또 어떤 콘드룰은 바늘 같은 결정들이 직교 평행선 패턴으로 박혀 있었다. 대개의 경우에 감람석 결정들은 작고 촘촘하게 모여 있어 그 사이에 유리 물질이 파고들 공간이 거의 없었다. 편광 필터를 통해 보면, 감람석의 간섭색은 자주색과 파란색과 초록색의 밝은 색조로 빛나는 등대 불빛처럼 보였다.

몇몇 특이한 콘드룰에는 바깥쪽의 원형 가장자리에 위치한 한 점에서 사방으로 뻗어 나가는 결정성 바늘들이 있었다. 이것들은 한때 완벽한 유리 소구체였다가 깨어진 것처럼 보였는데, 지금은 금 같은 바늘들이 사방으로 뻗어 나가는 모습이 그 구조에 남아 있었다. 드물게 눈에 띄는 결정 구조가 없는 콘드룰도 있었는데, 편광 필터를 통해 보면 새카맣고 불투명한 원으로 보였다. 이런 콘드룰은 아무 특징 없는 유리로만 만들어졌고 내부에 결정이 전혀 존재하지 않았다.

지금까지 내가 우주 화학 분야에서 한 연구는 주로 콘드룰에 집중되었다(나는 콘드룰에 특별한 애착을 느낀다). 소비가 19세기에 기술한 조직은 내가 오늘날 콘드룰에서 보는 것과 정확하게 똑같은 조직이다. 내가 표본에 대해 기술한 내용 중 일부는 소비가 자신의 표본을 기술한 내용과 사실상 똑같다. 우리 두 사람 사이에는 100년이라는 긴 시간 간격이 있는데도 불구하고, 그가 쓴 단어를 읽으면 마치 실험실에서 내가 연구하고 있는 박편을 기술한 것이 아닌가 하는 느낌이 든다.

소비는 콘드룰이 용융된 암석에서 생겨났다고 결론지었다. 각각의 미세한 우주 구슬은 화성암 결정 소우주이다. 화성암 구조를 가졌다는 것은 그것이 한때 액체였으며, 사실상 모든 콘드룰에 존재하는 유리는 콘드룰이 용융 상태에서 빠르게(하지만 일부 결정의 성장을 완전히 멈출 만큼 충분히 빠르지는 않게) 냉각되었다는 것을 의미한다. 열은 콘드룰의 이야기에서 결정적 역할을 했다.

소비는 또한 아주 다양한 내부 구조에도 불구하고 콘드룰이 내부의 지질학적 결정 구조와 무관하게 다소 원형이라는 사실에 주목했다. 이 단순한 사실은 아주 큰 의미가 있다. 콘드룰은 생성되었을 때에는 각각 별개로 존재했다가 굳어서 고체 암석질 구슬이 된 뒤에 합쳐져 소행성을 만든 것이 틀림없다. 만약 용융 상태에 있을 때 서로 촘촘하게 붙어 있었더라면(오늘날 그런 상태에 있는 것처럼), 함께 녹아서 서로 섞여 비틀린 알갱이들의 뒤범벅이 되었을 것이다. 하지만 콘드룰은 사실상 완벽하게 둥근 모양을 하고 있다. 이들은 한때 서로 분리된 상태로 존재했으며, 뜨거운 용융 상태에 있는 동안에는 서로 접촉하지 않았다. 소비는

1877년 3월에 자신의 새로운 통찰을 동료 과학자들에게 알리면서 〈운석의 구성 입자들은 원래는 불비의 개개 방울처럼 서로 분리된 유리질 구상체였다〉[1]라고 말했다.

소비의 결론은 완전히 옳은 것으로 드러났다. 콘드률은 한때 용융된 암석을 이루는 개개 방울 상태로 원시 행성 원반에서 자유롭게 떠다녔다.

전구물질

가열된 뒤에 서로 결합해 콘드률을 만든 물질은 아마도 미세한 먼지들의 작은 무리로 존재했을 것이다. 원시 행성 원반에서 미세한 우주 먼지 덩어리들로 이루어진 광대한 구름이 떠다니는 장면을 상상해 보라.

화성암(콘드률 같은)이 용융 상태에서 식으면, 액체 속의 원자들이 서로 결합하여 새로운 결정을 만든다. 새로 생성되는 광물들은 예측 가능하고 질서 정연한 화학적 순서에 따라 결정화된다. 한 종류의 광물이 성장하고 나면 다음 광물이 성장하고, 그 뒤를 이어 또 다른 광물이 성장한다. 이런 과정은 질서 있게 이어진다. 하지만 콘드률 내부에는 가끔 완전히 엇박자를 보이는 광물이 존재한다. 이 기이한 광물들은 화학적 특성이 나머지 결정들이나 유리와 완전히 어긋나기 때문에, 숙주 콘드률 내부에서 결정화되었을 리가 없다. 이것들은 외부에서 어떻게 하여 숙주 결정 구슬 내부로 침투한 이물질이다.

이 광물들은 어떻게 어울리지 않는 장소인 콘드률 내부에 자리 잡게 되었을까? 유일한 가능성은 이것들이 콘드룰 전구물질에서 살아남은 파편이라는 것이다. 이것들은 콘드룰이 생성될 때 녹아서 결합되는 것을 피하고 살아남은 먼지 덩어리 — 원시 성운 먼지의 작은 조각 — 의 일부이다. 오늘날 이것들은 콘드룰을 생성한 먼지의 잔존물로 존재한다. 먼지 덩어리를 재생의 소용돌이로 휩쓸고 간 순간 가열과 뜨거운 온도는 그것들을 완전히 녹일 만큼 충분히 높진 않았고, 그래서 이 잔존물들이 살아남았다.

잔존 우주 물질

콘드룰은 동위 원소 조성도 다양한 것으로 드러났다. 산소, 크로뮴(크롬), 타이타늄(티타늄), 황, 텅스텐, 그리고 다소 낯선 원소인 몰리브데넘(몰리브덴)과 바륨을 포함해 많은 원소의 동위 원소 조성이 기묘하고 다양하게 나타난다. 콘드룰의 동위 원소 조성은 종잡을 수가 없는데, 이것은 콘드룰들이 제각각 원시 행성 원반의 다른 곳에서 생성되었다는 것을 의미한다.

심지어 동일한 운석에 들어 있는 콘드룰들조차 원시 행성 원반의 아주 다른 장소에서 생겼을 가능성이 있다. 난류가 콘드룰들을 이리저리 휩쓸고 지나가면서 처음에 결정화되었던 장소에서 먼 곳으로 실어 보냈을 것이다. 원래 생겨났던 장소에서 수억 킬로미터나 이동한 뒤에 서로 섞였고, 그 결과로 오늘날 운석의 동일한 박편 속에서 서로 접촉하게 되었다.

새로 생성된 콘드룰은 식어서 결정화되면서 CAI 같은 다른 우주 퇴적물과 함께 먼지 구름의 일부가 되었고, 그 구름이 붕괴하여 미행성체가 만들어졌다. 많은 콘드룰은 결국에는 행성을 만드는 데 합류했다. 소비는 이 사실도 알아챘는데, 〈운석은 행성으로 결합되지 못한 잔존 우주 물질이다〉라고 말했다.

따라서 콘드라이트의 주성분인 작은 구형 암석 구슬은 더 나아가 행성의 주요 구성 요소가 되었다. 지구만 한 크기의 암석 덩어리가 주로 양귀비씨만 한 크기의 화성암 구슬들이 모여 만들어졌다는 사실은 우주 화학의 놀라운 발견이다. 약 100만×1조×1조 개 콘드룰이 결합해 지구만 한 크기의 행성을 만들었다. 물론 그 콘드룰들은 지구 생성 당시의 파괴적인 힘에 부서졌지만, 용융되지 않은 소행성을 만든 콘드룰들은 모든 악조건에도 불구하고 살아남았다. 이것들은 오늘날 콘드라이트에서 발견된다.

만약 원시 행성 원반을 가득 채운 먼지(CAI와 콘드룰 같은)가 없었더라면 행성도 생겨나지 않았을 것이다. 정의상 어떤 것을 만든 기본 구성 요소는 그것보다 먼저 존재해야 한다. 이것은 콘드룰을 포함해 우주 퇴적물 중 적어도 일부는 행성보다 더 오래되었다는 것을 의미한다. 정상 콘드라이트 내부에 갇혀 있는 화성암 소구체들은 지구보다 오래되었다. 따라서 그 지질학적 특성을 알아냄으로써 지구 생성 이전의 역사를 들여다볼 수 있다.

패터슨이 지구의 나이를 측정할 때 단 한 번의 동위 원소 분석을 하는 데에도 많은 양의 암석이 필요했다. 1950년대에 양귀비씨만 한 우주 퇴적물(CAI와 콘드룰 같은)의 나이를 정확하게 측정하는 것은 불가능했다. 하지만 지금은 가능하다. 우리는 우주 퇴적물 연구를 통해 CAI가 가장 오래된 암석이며, 그 나이를 태양계의 나이를 정의하는 데 사용할 수 있다는 것을 발견했다. 그런데 콘드률은 어떨까? 콘드률은 정확하게 어떤 위치에 있을까?

우라늄 동위 원소 시계[2]를 사용해 연대를 측정한 36개의 콘드룰 중 CAI보다 오래된 것은 하나도 없었다. 하지만 몇몇은 CAI와 나이가 같은데, 이것은 일부 콘드룰이 CAI와 같은 시기에 생성되기 시작했음을 의미한다. 하지만 CAI는 모두 동시에 응축된 것으로 보이는 반면, 콘드룰의 나이에는 큰 편차가 있다.

최초로 생성된 콘드룰의 나이는 태양계 자체 — 45억 6700만 년 — 만큼 오래되었고, 마지막 콘드룰은 그로부터 약 500만 년 뒤에 생성되었다. 500만 년이라는 짧은 시간 동안 나중에 서로 결합해 미행성체와 행성을 만든 먼지 — 모두 암석질 — 가 사실상 전부 다 만들어졌다. 그 이후 콘드룰 생산 공장은 문을 닫았다. 지구의 역사를 24시간으로 압축한다면, 최초의 90초 동안에 모든 먼지가 생성된 것이다. 그 이후에 새로운 것은 아무것도 만들어지지 않았다. 이미 생겨난 것들이 재활용되면서 미행성체와 행성을 만들었다.

새로 생성된 콘드룰 구름은 밝게 빛나는 용암 방울들의 집단으로 원시 행성 원반 사이를 흘러 다니면서 500만 년 동안 무리를 지어 다녔다. 녹은 지 며칠이 지나기도 전에 각각의 콘드룰은 식으면서 굳어 화성암 결정 소우주가 되었다. 콘드룰들이 냉각되면서 밝게 빛나던 콘드룰 구름은 점점 희미해져 갔다. CAI와 그 밖의 우주 퇴적물 알갱이와 함께 콘드룰들은 서로 결합해 밀도가 높은 덩어리가 되었고, 결국에는 최초의 암석 세계를 만들었다. 관측 가능한 우주에 존재하는 별들의 수보다 수조×수조 배나 되는 콘드룰들이 중력 소용돌이 속에서 빙빙 돌다가 서로 뭉쳐서 소행성과 행성을 만들었다. 그 모습은 얼마나 대단한 장관이었을까! 마지막 일부 잔존 성운 먼지들이 태양 주위를 돌던 암석 물체에 휩쓸려 가면서 마지막 일부 콘드룰이 새로 생긴 암석 표면 위로 불비의 빗방울처럼 쏟아져 내렸다.

마지막 일부 콘드룰이 생성될 무렵에 성운 시대가 끝났고, 태양계는 일정한 형태가 없는 가스 구름에서 납작한 원반으로 진화해 갔으며, 그 원반에서 행성들이 생겨났다. 태양계 역사의 첫 장 — 가스에서 먼지로 — 은 짧았다. 많은 콘드룰은 밤하늘에서 우아하게 빛나는 행성들의 일부가 되었다. 우리 발밑의 땅도 대체로 양귀비씨만 한 크기의 식은 암석 구상체 덕분에 존재한다.

오래 지속된 수수께끼

콘드룰이 태양 성운의 미세한 먼지 덩어리들이 합쳐져 생겨났다는 사실은 자연스럽게 다음 질문을 낳는다. 애초에 먼지 덩어리들을 녹인 것은 무엇이었을까? 이것은 우주 화학에서 가장 오랫동안 지속되면서 큰 논란이 된 질문 중 하나이다.

소비는 정상 콘드라이트 박편에서 콘드룰의 특성을 연구하면서 콘드룰이 애초에 어떻게 만들어졌는지 궁금했다. 그는 자신의 의문을 동료들과 공유했다. 〈이것들[콘드룰]의 겉모습이나 내부 구조는 생성된 방식에 관해 확실한 정보를 전혀 제공하지 않는다.〉

소비는 콘드룰이 한때 〈아주 특별한 물리적 조건〉에서 작열하는 어떤 종류의 대기에서 과열된 게 틀림없다는 사실을 알아챘다. 그리고 아직 생겨나지 않은 행성들 외에 태양계에서 암석질 먼지 입자를 녹여 용융된 방울로 만들 만큼 온도가 높았던 장소는 오직 태양밖에 없다고 생각했다. 소비가 우주에서 날아온 암석을 현미경으로 관찰하던 무렵에 망원경을 통한 태양 관측에서 그 표면에서 플레어가 방출되는 장면이 발견되었다. 일부 플레어는 지구를 집어삼킬 만큼 충분히 컸다. 소비는 태양에서 일어나는 폭발이 새로 생성된 콘드룰을 태양 표면에서 떼어 내 멀리 행성들의 영역으로 밀어낼 만큼 강했다는 가설을 세웠다.

놀랍게도 소비는 그 당시 그것을 알 방법이 전혀 없었지만, 자기도 모르게 CAI의 생성 과정을 기술했다. 하지만 지금은 콘드룰 내부의 산소 동위 원소 조성이 태양의 그것과 완전히 다르다는 사실이 밝혀졌다. 따라서 태양 가까이에서 콘드룰이 생성되었을 가능성은 없다. 콘드룰은 회전하던 원시 행성 원반의 한가운데에 위치한 어린 별에서 멀찌감치 떨어진 곳, 곧 미행성체가 생겨나던 지역에 더 가까운 곳에서 생성된 것이 분명하다.

태양에서 멀리 떨어져 더 추운 지역에서 성운 먼지를 급속 가열할 수 있는 것은 무엇이 있을까? 콘드룰 전구물질의 먼지 덩어리는 어떻게 녹았을까? 어떤 종류의 일시적 열원이 먼지 덩어리를 용융된 방울로 만들었을까?

그 답은 아무도 모른다.

콘드룰 생성은 과학자들이 아직 그 답을 찾지 못한, 운석의 본질에 관한 질문 중 하나다. 얼마나 작은 성운 먼지 다발이 용융된 암석 방울로 변했는지는 아직도 수수께끼로 남아 있지만, 훌륭한 추측이 일부 나왔다.

별들이 태어나는 장소인 성간 공간은 별들이 죽어 가는 장소이기도 하다. 거대한 별은 극적인 폭발로 짧은 생애를 마무리 짓는데, 태양계는 이런 운명을 맞이한 별들 근방에서 생겨났다. 콘드룰 먼지 덩어리를 급속 가열한 것은 가까운 별의 폭발에서 나와 원시 행성 원반을 지나간 충격파였을 가능성이 있다. 만약 이것이 사실이라면, 별의 죽음은 행성들의 탄생을 촉발한 셈이다.

우리는 원시 행성 원반에는 장소에 따라 먼지가 아주 많이 모인 곳이 있다는 사실도 알고 있다. 미세한 티끌들이 태양 주위를 돌면서 서로 마찰을 일으켜 극소량의 정전기가 축적되었을 수 있다(머리카락에 풍선을 문지르면 정전기가 생겨 머리카락이 곤두서는 것처럼). 만약 정전기가 충분히 축적되면 큰 전기 불균형이 생겨날 수 있는데, 그 불균형을 해소하기 위해 엄청난 전기 방전 사건이 일어날 수 있다. 거대한 번개가 먼지들 사이를 가르고 지나가면서 먼지들을 녹여 콘드룰을 생성했을 수도 있다. 태양계의 어두운 바깥 지역에서 원시 행성 원반은 일시적으로 환하게 밝아졌을 것이고, 번개가 지나간 자리에 용융된 먼지 방울들이 밝게 빛나며 남았을 것이다.

혹은 어쩌면 완전히 다른 과정이 먼지를 급속 가열했을지도 모른다. 태양계가 생성된 직후에 태양 주위의 궤도를 돈 미행성체들이 있었다는 사실은 의심의 여지가 없는데, 철질 운석에서 미행성체의 용융 시점을 기록한 원자시계들은 미행성체의 생성이 CAI의 생성(영점 시간)에서 100만 년 이내라고 알려 준다. 어쩌면 초기에 생긴 이 미행성체들, 태양계에서 최초로 생겨난 암석 세계들이 바다를 가르며 지나가는 배의 이물처럼 먼지 구름을 지나가면서 콘드룰 전구물질을 급속 가열했을지도 모른다.

이것들은 콘드룰의 기원을 설명하는 많은 가설 중 단 세 가지에 지나지 않는다. 각각의 가설은 콘드룰의 많은 특성을 잘 설명하지만, 모든 특성을 완전히 설명하는 가설은 없다. 현실에서는 상황이 훨씬 복잡해서 콘드룰이 여러 가지 방법을 통해 생겨났을 가능성도 있다.

콘드룰에 숨겨진 이야기를 확실하게 밝혀내려면, 다면적 접근과 많은 분야에서 끌어온 과학적 사고방식이 필요하다. 〈아주 작은 암석질 구상체가 어떻게 생겨났을까〉라는 질문을 처음 제기한 사람은 19세기의 지질학자였지만, 아마도 전통적인 지질학 도구만으로는 그 답을 찾기에 충분치 않을 것이다. 그 후 우주 화학이 정교한 분석 도구를 사용해 그 이야기를 더 깊이 파헤쳤다. 하지만 이 방법마저도 한계가 있었다. 지금은 실험 과학자들이 이 탐구에 동참하고 있다. 그들은 실험실에서 원시 행성 원반의 환경과 비슷한 조건을 세심하게 재현하면서 콘드룰의 생성 조건을 시뮬레이션한다. 물리학자와 수학자도 고성능 컴퓨터로 원시 행성 원반의 조건을 시뮬레이션하면서 이 문제를 연구한다. 그들은 컴퓨터 코드로 만든 성운의 환경을 미세 조정하고 만지작거리면서 가상 세계에서 콘드룰을 만들 수 있다.

아주 드물게 예외가 있긴 하지만, 콘드룰은 모든 콘드라이트의 암석 구조를 지배한다. 콘드룰이 아주 많은 운석 — 소행성에서 날아오는 — 의 지배적인 기본 구성 요소라는 사실로 미루어 볼 때, 콘드룰은 행성에서도 지배적인 기본 구성 요소였음이 분명하다. 콘드룰은 행성 생성의 결정적 요소였다. 46억 년 전에 태양계가 생성될 때 콘드룰은 내부 태양계의 뜨거운 열이 미치는 지역에서부터 저 바깥의 차가운 가장자리에 이르기까지 아주 넓은 지역에 걸쳐 무리를 지어 돌아다녔을 것이다. 콘드룰은 사실상 모든 곳에 존재했다.

하지만 지금은 콘드룰 생성에 관한 수수께끼는 미행성체 — 그리고 결국에는 행성 — 생성 과정에 관한 우리의 지식에서 크나큰 구멍으로 남아 있다. 우리는 작은 암석 구슬들이 어떻게 만들어졌는지 확실한 답을 모른다. 작은 먼지 덩어리들이 뜨거운 열 속에서 결합된 과정은 태양계 이야기에 관한 우리의 지식에서 큰 구멍으로 남아 있다. 지구도 적어도 일부는(어쩌면 아주 많은 부분이) 콘드룰로 만들어졌기 때문에, 지구 이야기에서도 이 문제는 큰 구멍으로 남아 있다. 하지만 언젠가는 콘드룰의 비밀이 밝혀질 것이라고 나는 확신한다.

과학사에서 답과 이해는 예상 밖의 순간에 찾아오는 경우가 많다. 아무런 사전 예고도 없이 새로운 패러다임이 모든 분야를 휩쓰는 일이 일어난다. 심지어 200년 전만 해도 하늘에서 떨어지는 돌에 그토록 중요한 비밀이 숨어 있으리라고 생각한 사람은 아무도 없었다. 우리가 그 돌에서 먼 옛날의 놀라운 이야기를 해독할 것이라고 예상한 사람도 없었다. 적어도 지금으로서는 그런 비밀과 이야기가 훨씬 더 많이 숨어 있는 것이 틀림없다.

*

소비가 급속 가열로 생긴 구형 결정 산물을 처음 기술한 지 거의 100년이 지난 1960년대 초에 콘드라이트 내부에서 또 다른 예상 밖의 물체가 새로 발견되었다. 너무나도 작아서 소비와 동시대 사람들은 볼 수 없었던 이 기묘한 물체는 콘드룰과 CAI의 생성보다 훨씬 더 먼 과거로 우리를 데려간다. 아니, 태양계 생성보다 더 먼 과거로 우리를 데려간다.

우주 화학자들은 하늘에서 떨어진 돌들의 구조를 깊이 연구함으로써 태양계 밖에서 생성된 암석을 손에 넣는 방법을 발견했다.

7장
현미경 아래의 별들

우주에서 실체들 — 나무와 암석에서부터 소행성과 전체 행성계에 이르기까지 — 을 만들어 내는 90여 개의 화학 원소들은 거의 다 자연적으로 일어나는 핵반응 덕분에 존재한다. 원자 수준에서 일어나는 이 반응들은 모두 다 별 내부에서 〈핵합성〉 과정을 통해 일어난다. 별은 화학이 처음 태어난 도가니이다.

별은 인간 중심의 종교와 신화 이야기를 훨씬 뛰어넘는 방식으로 태양계 이야기에서 중요한 일부를 차지한다. 이제 우리는 우리 이야기의 가장 깊은 기반을 신화 속의 별자리나 하늘에 사는 신들이 아니라, 망원경 접안렌즈를 통해 보는 별들의 빛에서 배운다. 이 이야기 중 일부는 하늘에서 떨어지는 돌들에서도 드러난다.

단순한 시작들

우주는 약 138억 년 전에 빅뱅을 통해 태어났다. 빅뱅은 모든 것의 시작을 알리는 사건이었다. 지구의 지질학적 역사는 태양계 역사의 서브플롯이고, 태양계 역사는 우주 이야기의 서브플롯이다.

빅뱅에서 약 100만분의 1초가 지났을 때, 막 태어난 우주는 아원자 입자들 — 원자핵의 구성 입자인 양성자와 중성자 — 이 들끓는 바다와 같았다. 약 1분 동안 양성자와 중성자는 각자 독자적인 입자로 존재했고, 따라서 그때 유일하게 존재한 원소는 1번 원소인 수소뿐이었다.

처음에는 어마어마한 대폭발에서 나온 에너지로 우주가 엄청나게 뜨거웠기 때문에 양성자와 중성자는 서로 분리된 채 존재했고, 아원자 수준에서 복잡한 충돌이 난무하는 가운데 서로 부딪치고 튀어 나갔다. 하지만 우주가 팽창하면서 식어 가자, 양성자와 중성자 사이에 일어나는 상호 작용의 강도가 점점 약해져 갔고, 핵력이 둘을 결합시키기 시작했다. 몇 분이 지나기도 전에 양성자와 중성자는 서로 결합해 새로운 형태의 물질을 만들기 시작했다. 이렇게 해서 2번 원소인 헬륨이 생겨났다.

최초의 순간에서 15분쯤 지났을 때, 팽창을 계속한 우주의 온도는 처음에 비해 1000억×1조분의 1 수준으로 냉각되었고, 양성자와 중성자 사이의 핵반응이 멈췄다. 새로운 원소들의 생성은 여기서 멈췄고, 우주의 화학적 조성은 수소 75퍼센트, 헬륨 25퍼센트(무시할 만한 수준이긴 하지만 리튬도 극소량 있었다)로 얼어붙었다. 그리고 그 상태가 2억 년 동안 고정되었다. 만약 그 당시에 원소 주기율표가 있었더라면 칸이 2개만 있었을 것이다.

처음에 수소와 헬륨은 갓 태어난 우주 전체에 가느다란 가닥처럼 흩어져 있었다. 너무 희박하게 분산되어 있어 사실상 없는 것이나 다름없었다. 이때의 우주는 온 사방이 차갑고 어두웠는데,

열과 빛을 내는 별이 전혀 존재하지 않았기 때문이다.

처음 2억 년이 지난 뒤에 수소와 헬륨 집단들이 서로 뭉치기 시작했다. 최초의 성운들이 천천히 생겨났다. 별이 전혀 없었기 때문에 최초의 성운들은 오늘날처럼 환하게 빛나지 않았지만, 그 속에 이미 별의 씨들이 뿌려져 있었다. 가스 덩어리들이 자체 중력으로 붕괴하면서 밀도가 높은 구들을 형성했고, 그 주위에 가느다란 가닥을 이루어 궤도를 도는 원반들이 있었다. 밀도가 높은 구의 중심에서는 온도와 압력이 엄청나게 높아져 핵융합 반응이 일어나면서 거대한 가스 구체가 깜빡이면서 빛을 내기 시작했다.

이렇게 해서 최초의 별들이 탄생했고, 이제 우주에는 빛이 흘러넘치기 시작했다. 오랜 암흑의 시대가 끝나고 별빛의 시대가 시작되었다.

최초의 별들 주위를 돌고 있던 가스 원반에서 최초의 행성계들이 만들어졌지만, 이 초기의 태양계들은 우리가 살고 있는 태양계와는 아주 달랐다. 전체 우주에는 아직 두 가지 원소(수소와 헬륨)만 존재했기 때문에, 식어 가던 원시 행성 원반에서 먼지가 생겨날 수 없었다. 가스에서 먼지로 변하는 광물의 응축도 일어날 수 없었다. 화학은 아직 우주의 특징이 아니었고, 따라서 암석도 존재하지 않았다. 최초의 행성들은 오직 가스로만 만들어졌다.

하지만 상황이 서서히 변하고 있었다.

우주의 도가니

태양은 평균 크기의 별이지만 그래도 그 무게는 무려 2×10^{33}킬로그램(20억×1조×1조 킬로그램)이나 나간다. 이렇게 질량이 크다 보니 별들은 중력장이 아주 강하고, 겹겹이 쌓인 수소와 헬륨의 무게로 중심부의 온도와 압력은 엄청나게 높다. 별 중심에서는 일련의 핵반응을 통해 수소 원자들이 융합해 헬륨을 만드는 과정이 일어난다. 수십억 년의 시간에 걸쳐 1번 원소가 서서히 2번 원소로 변하는 것이다.

수소 원자핵이 융합해 헬륨 원자핵이 만들어지는 과정에서 막대한 에너지가 나온다. 새로운 원소의 생성은 곧 별이 빛나는 이유이다. 이것은 지구가 차갑고 죽은 세계가 아니라 따뜻한 빛을 쬐고 있는 이유이기도 하다. 태양은 생명을 주는 핵융합로이다.

별의 중심에서 수소가 천천히 소비되면서 점점 쌓이는 헬륨은 쌓인 재가 활활 타는 불을 뒤덮듯이 핵융합 반응을 방해하기 시작한다. 그러다가 결국 수소 연료가 바닥나면 핵융합 반응이 멈춘다. 별은 잠깐 동안 시동이 꺼지면서 에너지를 생산하지 못해 자체 중력을 버텨 낼 힘이 없어 수축한다.

그러면 바깥쪽에서 신선한 수소가 헬륨으로 뒤덮인 중심부로 끌려오고, 마치 뜨거운 숯덩이에 마른 불쏘시개를 던진 것처럼 중심부 주위가 다시 한번 확 타오른다. 이제 별은 백열 상태의 헬륨 중심부와 그 주위를 둘러싸고 핵융합 반응을 일으키며 춤추는 수소 껍데기로 이루어져 있다. 더 안쪽에서는 핵반응이 전혀 일어나지 않는 중심부가 수축하면서 온도가 더 올라간다. 별의 바깥층은 깊숙한 내부에서 뿜어져 나오는 강렬한 열에 떠밀려 우주 공간으로 퍼져 나가고, 별은 팽창하면서 원래 크기보다 약 100배나 커진다.

이것은 앞으로 태양이 맞이할 운명이다. 약 50억 년 뒤에 태양은 중심부의 수소 연료가 바닥나면서 바깥쪽으로 크게 팽창해 수성과 금성과 지구를 집어삼킬 것이다.

중심부 주위에서 활활 타는 수소 껍데기도 계속 핵융합 반응을 통해 헬륨으로 변함에 따라 이곳에도 헬륨 재가 쌓인다. 재로 뒤덮여 핵융합 반응이 일어나지 않는 중심부가 점점 늘어나는데, 그와 동시에 수축이 더 강하게 일어나면서 더 뜨거워진다. 결국 헬륨이 크게 압축되면서 온도가 아주 높게 상승하다가 갑자기 불이 붙는다. 중심부는 이전보다 10억 배나 더 밝게 빛나면서 또다시 핵융합 반응에 시동이 걸린다. 2번 원소인 헬륨의 원자핵 3개 또는 4개가 융합해 6번 원소인 탄소와 8번 원소인 산소를 만드는 핵융합 반응이 일어난다.

우주에서 제1세대 별들이 이런 단계를 거쳐 진화함에 따라 점차 화학이 생겨나게 되었다.

헬륨 연소가 일어나던 중심부는 결국 탄소와 산소 재가 쌓여 또 한 번 멈춰 서게 된다. 두 번째 붕괴가 일어난다. 평균 크기의 별은 꾸준히 수축하는 중심부가 탄소와 산소의 핵융합이 일어날 만큼 충분히 높은 압력과 온도에 이르지 못한다. 그래서 중심부는 깜박이다가 불이 꺼지고 영원히 비활성 상태에 놓인다.

수축하는 탄소-산소 중심부는 온도가 엄청나게 높아 별의 바깥층을 우주 공간으로 흩날려 보낸다. 별은 가볍게 헐떡거리면서 자신의 물질을 온 사방으로 흩뿌린다. 내부에서는 핵융합 반응이 완전히 멈춘다. 약 100억 년에 걸친 별의 생애는 이렇게 끝난다. 최후를 맞이한 별은 간헐적으로 막대한 질량을 우주 공간으로 내뿜으면서 수소와 헬륨을 성간 공간 영역으로 보낸다. 이 물질들이 모여 새로운 성운이 탄생하고, 결국에는 가스가 다시 붕괴하면서 또다시 새로운 별이 태어난다. 끝없이 반복되는 우주의 부활 과정을 통해 일부 물질은 새로운 태양계들을 만든다.

산소 다음의 핵융합

태양보다 무거운 별은 중심부가 탄소와 산소 재로 가득 차더라도 불이 꺼지지 않는다. 질량이 너무 커서 — 따라서 중심부를 짓누르는 물질이 아주 많아서 — 핵융합 반응이 계속 일어날 만큼 충분히 뜨겁다. 쌓인 재 때문에 중심부에서 핵융합 반응이 멈출 때마다 곧 다시 다음 단계의 핵융합 반응이 시작되고, 새로 융합된 원소들이 주기율표의 칸들을 하나씩 채워 나간다. 중심부에서 연료가 고갈될 때마다 중심부가 붕괴하고 온도와 압력이 한 단계 더 상승하면서 불길을 지피고 재를 다시 불타오르게 만든다. 중심부가 멈춰 섰다가 재점화할 때마다 불타는 별의 도가니 속에서 점점 더 무거운 원소들이 만들어진다.

헬륨 원자핵이 산소 원자핵과 융합하여 10번 원소인 네온이 만들어진다. 네온 재가 넘쳐 나면 중심부는 다시 안쪽으로 수축했다가 이번에는 네온이 연소하기 시작한다. 헬륨 원자핵이 네온 원자핵과 융합하여 12번 원소인 마그네슘이 만들어진다. 개개의 핵융합 반응에서 나오는 에너지는 사소하지만, 별은 거대한 우주 물체여서 매초 일어나는 핵융합 반응 횟수가 어마어마하게 많다. 그 에너지들이 합쳐지면 전체 별을 유지하기에 충분할 만큼 막대한 양이 된다.

마그네슘 연소 다음에는 14번 원소인 규소 연소가 시작된다. 그다음에는 16번 원소인 황의 차례가 된다. 황 다음에는 18번 원소인 아르곤 연소가 시작된다. 그런 식으로 20번 원소인 칼슘, 22번 원소인 타이타늄, 24번 원소인 크로뮴이 차례로 이어진다.*

이 시점에 이르면 별 내부에 풍부한 화학 원소들이 존재하지만, 이 화학적 칵테일 — 수소에서부터 크로뮴에 이르는 — 은 별 표면 아래의 깊은 곳에 갇혀 있어 아무 일도 하지 못한다. 만약 새로 합성된 원소들이 물질 — 분자, 광물, 운석, 마음 등 — 을 만들려면, 자신이 태어난 별을 떠나야 한다.

가장 무거운 별들 — 질량이 태양보다 8배 이상 큰 — 은 어마어마한 온도와 압력을 유지하기 때문에 더 무거운 원소들의 핵융합이 일어날 수 있다. 결국 별 중심부에서 〈규소 연소〉가 일어나면서 26번 원소인 철과 28번 원소인 니켈이 만들어지는데, 이것은 종말의 시작을 알린다. 철과 규소는 더 이상 핵융합 반응을 일으키지 않으며(핵융합 반응에서 나오는 에너지보다 핵융합 반응을 일으키는 데 드는 에너지가 더 크기 때문에), 그래서 별 중심부의 내부 열기관이 식어 간다. 별은 수백만 년 동안 밝게 빛났지만, 규소 연소는 너무나도 격렬하게 일어나 단 하루 동안만 지속된다. 별 중심부에서 새로 합성된 철과 니켈의 구는 금방 지구만 한 크기로 성장한다.

* 실제로 이런 식으로 점점 더 무거운 원소가 만들어지는 과정 — 원자 번호가 2씩 증가하는 방식으로 — 은 나란히 진행되는 여러 갈래의 핵반응들 중 하나에 불과하다. 여러 갈래의 핵반응들이 합쳐져 양성자 수가 홀수 개인 원소들을 포함해 다양한 원소들과 동위 원소들이 만들어진다.

그러고 나서 별은 격변적 내파(內破)가 일어난다.

엄청난 중력에 맞설 에너지가 전혀 생산되지 않기 때문에 허약한 중심부는 붕괴한다. 마치 핵폭발이 반대로 일어나는 것처럼, 불과 1초 만에 중심부는 지구만 한 크기 — 폭이 약 1만 3,000킬로미터 — 에서 요크셔주만 한 크기 — 폭이 약 100킬로미터 — 로 짜부라지며, 바깥층을 지지하던 중심부가 사라지면서 바깥층이 안쪽으로 무너진다.

별이 짜부라지는 데 걸리는 1초 동안 붕괴하는 층들은 광속의 4분의 1(초속 7만 5,000킬로미터)만큼 가속된다. 이것은 일상적인 이해 범위를 벗어나는 돌발 상황이다. 별 중심부가 붕괴하면서 온도는 1000억 °C까지 치솟는다. 여기서 매우 기이한 일이 벌어진다. 붕괴하던 층들이 내파된 중심부와 충돌해 튀어나오면서 엄청난 충격파가 되어 밖으로 나간다.

그렇게 하여 별은 격변적으로 폭발한다. 우리는 이 폭발을 초신성이라고 부르는데, 짧은 시간 동안 초신성은 은하 전체가 내는 빛보다 더 밝게 빛난다.

자신의 막대한 중력에서 해방된 거대한 별은 산산조각 나면서 어마어마한 양의 에너지를 방출한다. 최후의 순간이 찾아오기 이전 며칠 또는 몇 주 동안 초신성은 태양 1000억 개와 맞먹을 만큼 밝게 빛난다. 초신성은 우주에서 가장 극적인 빛의 쇼 중 하나이다.

핵융합을 통해 별 내부에서 만들어진 다양한 화학 원소들 — 수소에서부터 철과 니켈까지 — 이 충격파를 통해 밖으로 방출되고, 밝게 빛나는 가스가 기다란 실과 연기 줄기 모양으로 우주 공간으로 뻗어 나간다. 초신성 폭발에서 방출된 물질은 빛나는 태피스트리처럼 성간 공간의 바다를 장식한다.

초신성 폭발의 진앙에는 별의 나머지 물질이 남아 있다. 붕괴된 중심부의 중력장이 너무나도 강해 전자가 원자핵에 바짝 다가가 양성자와 결합하여 중성자가 된다. 그 결과로 오로지 중성자로만 이루어진 중심부만 남아 빙빙 도는데, 강한 중력장 때문에 크게 짜부라져 폭이 10킬로미터 정도에 불과하다. 그 밀도는 엄청나게 커서 사과만 한 덩어리가 암석 30세제곱킬로미터와 맞먹는 질량을 가진다. 별의 시체에 해당하는 도시만 한 크기의 이 물체를 〈중성자별〉이라 부른다. 중성자별은 알려진 우주에서 가장 극단적이고 기이한 존재 중 하나이다.

부활

하지만 별의 죽음은 비극이 아니다. 그러니 우주에서 하나의 빛이 사라졌다고 해서 슬퍼해야 할 이유가 없다.

제1세대의 큰 별들은 자신이 만든 원소 잡동사니를 우주로 내보냈고, 항성풍과 초신성의 충격파에 실려 사방으로 퍼진 무거운 원소들은 주변 환경을 풍요롭게 했다. 성간 성운은 이전에는 수소와 헬륨으로만 이루어져 있었지만, 이제 별들에서 나온 원소들이 추가되어 구성 요소들이 풍부해졌다. 이렇게 해서 우주 화학이 탄생했다.

제1세대 별들에서 만들어진 원자들은 성운에 섞였고, 성운과 함께 붕괴하면서 새로운 태양계들을 만들었다. 자체 중력으로 붕괴하면서 소용돌이치는 성운들에 이 원자들이 섞여 들어가자, 새로운 원소들을 많이 받아들여 화학적으로 풍요로워진 성운들은 훨씬 큰 잠재력을 갖게 되었다. 빙빙 도는 구름은 납작해져 원시 행성 원반이 되었고, 그것은 천천히 식어 갔다. 제1세대 별들과 달리 주기율표의 다양한 원소들을 갖춘 제2세대 원시 행성 원반은 그 풍부한 원소들로 암석을 만들고 세계들의 지질학적 역사를 써 내려갈 수 있게 되었다.

거대한 별 내부에서 만들어진 원소들은 아기 태양계들 안에서 서로 결합하면서 새로운 형태의 물질을 계속 만들어 냈다. 아주 작은 암석 알갱이—CAI와 콘드률 같은—가 죽은 별들의 재에서 불사조처럼 나타났고, 우주 최초의 암석들이 도처에서 만들어졌다. 그와 함께 우주의 지질학적 기록이 시작되었다. 46억 년 전에 우리 태양계에서 그랬듯이, 성운 먼지 알갱이들이 모여 미행성체와 혜성을 만들었고 결국에는 행성도 만들었다. 거대한 별의 중심부에서 일어난 핵융합은 지질학의 탄생을 위한 전제 조건인데, 핵융합이 일어나지 않았더라면 우주에는 오직 수소와 헬륨만 존재할 것이다.

주기율표를 채우고 있는 많은 원소는 우리 태양계 중 적어도 일부는 별에서 나온 물질로 만들어졌다는 것을 보여 준다. 태양계는 나이가 아주 많지만, 우주의 나이에 비하면 아무것도 아니다. 우리의 부모 성운이 붕괴를 시작하기 전에 별들은 90억 년 이상 무거운 원소들을 우주에 꾸준히 공급했다. 그것은 헬륨보다 무거운 원소들로 우주를 비옥하게 만들기에 충분히 오랜 시간이었다.

1970년대에 캘리포니아 공과 대학교의 우주 화학자들은 얼마 전에 떨어진 아옌데 운석 조각에서 떼어 낸 거대한 CAI들을 조사했다. 그들은 세심한 연구 끝에 전혀 예상하지 못했던 것을 발견했는데, 마그네슘의 무거운 동위 원소 ^{26}Mg이 비정상적으로 많이 들어 있었다. 마그네슘-26은 초기의 소행성을 녹이는 데 큰 역할을 한, 수명이 짧은 방사성 동위 원소 알루미늄-26(^{26}Al)의 딸 생성물이다. ^{26}Mg이 다소 많이 존재하는 이 현상을 설명하려면, 태양계가 생성될 당시에 〈활성 상태의〉 ^{26}Al이 존재했다고 볼 수밖에 없다.

^{26}Al처럼 수명이 짧은 방사성 동위 원소의 발견은 우리 성운이 붕괴하기 직전에 별의 낙진이 씨앗 물질로 흘러들었다는 사실을 합리적 의심을 넘어서서 증명한다. 별에서 ^{26}Al이 합성되고 나서 우리 성운에 포함되기까지 걸린 시간은 아주 짧았어야 하는데, 수백만 년을 넘지 않았을 것이다. 그렇지 않았더라면 ^{26}Al은 우리에게 도착할 때쯤에는 이미 모두 마그네슘-26으로 변하고 말았을 것이다.

죽어 가는 별 내부에서 합성된 뒤, 성간 공간으로 흩뿌려지고 붕괴하는 우리 성운으로 흘러들어 섞인 다음, CAI와 최초의 소행성들에 포함된 ^{26}Al의 이야기는 빠르게 전개되었다.

막 태어난 태양계 주위에서 거대한 별들이 원소들이 풍부한 바깥층을 날려 보내면서 폭죽처럼 폭발했다. 이 별들의 표면에서 합성된 원소들과 방사성 동위 원소들을 싣고서 격렬한 바람이 불어 나와 주변의 성운 구름들에 대성당 같은 모양의 동굴들을 새겼다. 구름들은 난류가 강하고 밀도가 높은 지역으로 변해 갔다. 소용돌이치는 가스에 생긴 섭동으로 이 지역들은 중력의 지배적인 영향력에 놓이게 되었다. 죽어 가는 별들에서 뿜어져 나온 이 바람들이 애초에 성운의 붕괴를 초래했을 가능성이 있다.

폭주 붕괴가 뒤따라 일어났다. 새로운 별과 원시 행성 원반들은 이제 우주 화학의 잡동사니에서 재료를 공급받아 새로운 존재로 진화해 갔다. 적어도 그중 하나 — 우리 태양계 — 는 자기 나름의 이야기를 펼쳐 갈 능력이 있는 화학 분자들을 많이 지니게 되었다.

*

수소와 헬륨 다음부터 철까지의 원소들* 은 핵융합을 통해 활활 타오르던 거대한 별 내부에서 만들어졌다. 그런데 여기서 중요한 의문이 떠오른다. 그렇다면 철보다 더 무거운 원소들은 어디서 왔을까?

어떤 운석 — 혹은 이 문제에서는 어떤 암석이라도 — 을 화학적으로 분석해 보면, 주기율표에 있는 원소들이 거의 다 포함되어 있다. 그중에는 26번 원소인 철보다 무거운 것도 많다. 지구의 천연 원소 중 가장 무거운 것은 92번 원소인 우라늄이다. 그 사이에 있는 원소 66종 — 33번 원소 비소와 47번 원소 은, 82번 원소 납을 포함해 모든 원소 — 은 별의 용광로에서 핵융합을 통해 만들어질 수가 없다. 별 내부에서 핵융합과 나란히 진행되는 또 다른 과정이 있다.

* 사실, 별 내부에서 만들어지는 원자핵 중 가장 무거운 것은 니켈-56이지만, 니켈-56은 방사성이 아주 강해서 생겨난 지 불과 몇 주 만에 방사성 붕괴를 통해 미미한 양으로 줄어든다. 따라서 지구에서 핵융합을 통해 만들어진 원소 중 가장 무거운 것은 철(더 구체적으로는 철-56)이다.

붕괴를 통해 태양계를 탄생시킨 성운은 오래전에 죽은 많은 별에서 나온 온갖 화학 물질을 영겁의 시간 동안 공급받았다. 철보다 무거운 원소들은 별 내부에서 두 가지 과정을 통해 합성된다. 그것을 각각 〈**느린** 과정slow-process〉과 〈**빠른** 과정rapid-process〉이라고 부른다. 두 과정은 비슷하게 창조적인 방식으로 일어나지만, 서로 아주 큰 차이가 나는 시간에 걸쳐 일어나며, 일부 원소들 — 구체적으로는 일부 원소들의 일부 동위 원소들 — 은 두 과정 모두를 통해 만들어지는 반면, 다른 원소들은 둘 중 한 과정을 통해서만 만들어진다. 우연히도 각각의 과정은 태양계에서 니켈보다 무거운 원소들의 양에 똑같이 기여했다.

느린 과정과 **빠른** 과정은 둘 다 원자핵에 중성자가 추가되는 과정을 통해 일어난다. 두 과정 모두 별에 화학적 씨앗 — 기존의 무거운 원소 — 이 존재해야 한다. 이런 형태의 원소 생성 과정은 순수하게 수소와 헬륨만 있는 제1세대 별에서는 일어날 수 없다. 두 과정은 적어도 그보다 원자 번호가 더 높은 원소들의 씨앗을 어느 정도 가진 성운이 붕괴해 생긴 별에서만 일어날 수 있다.

얼핏 생각하면 중성자 추가를 통해 새로운 원소가 합성될 수 있다는 개념은 직관에 반하는 것처럼 들린다. 원소를 정의하는 것은 원자핵 속에 있는 양성자 수이지, 중성자 수가 아니지 않은가? 중성자는 복잡한 화학의 영역에서는 일절 관여하지 않고 방관자로 지내며, 원자의 질량에만 영향을 미쳐 대다수 원소에 존재하는 일단의 동위 원소를 만든다.

하지만 완전히 새로운 원소를 만드는 중성자의 능력은 같은 원소의 동위 원소를 만드는 힘에서 나온다. ^{26}Al 사례와 천연 원자시계들의 캐비닛에서 보았듯이, 모든 동위 원소가 안정한 것은 아니며, 방사성 붕괴가 일어나면 새로운 원소로 변한다. 이 과정에 핵융합은 필요하지 않다.

느린 과정

느린 과정은 이름 그대로 두 가지 무거운 원소 합성 과정 중 더 느리게 일어난다. 별 중심부가 비활성 탄소와 산소로 꽉 차 질식 상태에 놓이면, 그 주변의 헬륨과 수소 연소 껍질에서 아주 많은 중성자가 만들어진다. 이 중성자들은 단순히 핵융합 반응의 부산물이다. 만약 이 껍질들에 기존의 무거운 원소 — 이전 세대의 무거운 별들에서 만들어져 전해진 — 가 약간 포함되어 있다면 **느린** 과정이 시작될 수 있다.

원자가 이렇게 홀로 떠돌아다니는 중성자를 만나는 일이 가끔 일어난다. 중성자가 적절한 속도로 적절한 부위에 충돌한다면 둘이 융합할 수 있다. 그러면 원자의 질량수가 1 증가하여 더 무거운 동위 원소가 생긴다. 하지만 원소 자체가 변하는 것은 아니다.

이 껍질들에서 중성자 흡수가 일어나는 것을 보려면 오랫동안 참고 기다려야 한다. 원자가 외따로 돌아다니는 중성자를 만나려면 수백 년 혹은 수천 년이 걸릴 수 있지만(그래서 **느린** 과정이라고 부른다), 그런 만남이 한 번 일어날 때마다 원자는 원래의 자신보다 조금 더 무거운 동위 원소로 변한다.

만약 원자핵이 자신이 안정적으로 유지할 수 있는 것보다 많은 중성자를 흡수하면, 더 이상 자신의 형태를 그대로 유지할 수 없게 된다. 바로 여기서 **느린** 과정의 마법이 일어난다. 불안정한 동위 원소는 방사성 붕괴가 일어난다. 원자핵에서 중성자 수가 조금 지나치게 많아지면, 그중 하나가 자연 발생적으로 분해하면서 양성자로 변한다. 즉 이전의 중성자가 있던 자리에 양성자가 생긴다. 원소의 종류를 결정하는 것은 양성자 수이기 때문에, 이러한 변화는 원자의 본질을 바꾸면서 새로운 원소가 탄생한다.

고통스럽게 오랜 시간이 지나는 동안 중성자가 하나씩 천천히 화학적 씨앗에 흡수된다. 방사성 동위 원소가 만들어질 때마다 그것은 금방 붕괴하여 양성자 수를 하나 늘림으로써 새로운 원소가 생겨난다. 하나씩 차례로 점점 더 무거운 동위 원소가 만들어지고, 거기서 점점 더 무거운 원소들이 만들어진다. 핵융합 반응의 한계인 철에서부터 82번 원소(비스무트)에 이르기까지 중성자 흡수라는 느린 과정을 통해 무거운 원소들이 질서 정연한 순서대로 합성된다.

핵융합 반응의 한계인 철-56(^{56}Fe)을 예로 들어 살펴보자. 만약 어떤 별이 이전 세대의 거대한 별에서 나온 ^{56}Fe을 포함하고 있다면, ^{56}Fe은 **느린** 과정의 씨앗으로 작용할 것이다. ^{56}Fe이 중성자를 하나 흡수하면 그 질량수가 1만큼 증가하여 ^{57}Fe이 된다. 중성자를 하나 더 흡수하여 ^{58}Fe이 만들어지기까지는 거기서 1만 년이 더 걸릴 수도 있다. 세 번째 중성자를 흡수하면 방사성 동위 원소인 ^{59}Fe가 만들어진다. 이것은 금방 방사성 붕괴가 일어나면서 코발트-59(^{59}Co)로 변한다. 즉 26번 원소인 철에서 27번 원소인 코발트가 생겨난 것이다. 이런 식으로 별은 핵융합의 한계를 뛰어넘을 수 있다.

별이 심원한 시간의 구불구불한 경로를 따라 배회하는 동안 **느린** 과정은 주기율표를 구불구불 기어 올라가면서 새로운 원소를 하나씩 차례로 만들어 낸다. 연속적인 중성자 흡수로 방사성 붕괴라는 장벽에 부닥칠 때마다 원자는 주기율표에서 다음 칸으로 건너뛰면서 새로운 원소가 된다. 별은 이런 식으로 풍부한 화학을 탄생시킨다.

빠른 과정

느린 과정은 거의 모든 별 내부에서 비교적 느리게 원자 번호가 높은 원소들을 만드는 반면, 그 쌍둥이에 해당하는 **빠른** 과정은 이름 그대로 빠르게 일어나며, 미세 조정된 특별한 조건들이 필요하다.

느린 과정으로 특정 원소의 무거운 동위 원소들을 만드는 효율은 대체로 한 가지 요인에 제약을 받는데, 그것은 바로 새로 생성된 동위 원소의 방사성 붕괴 속도이다. 일단 **느린** 과정을 통해 방사성 동위 원소가 생성되더라도, 그 방사성 동위 원소는 예외적으로 느리게 붕괴하지 않는 한 또 다른 중성자를 흡수할 기회가 찾아오기 전에 붕괴하고 만다. 하지만 **빠른** 과정에서는 그런 걸림돌이 없다.

우주에는 중성자 밀도가 극단적으로 높은 환경 — 1세제곱센티미터의 부피 속에 약 10억×1조 개의 중성자가 빽빽하게 들어 있는 — 이 있다. 이런 환경에서는 **느린** 과정에 수반되는 시간 제약이 아무 문제가 되지 않는다. 너무나도 많은 중성자가 도처에 빽빽하게 존재하기 때문에 원자 씨앗은 눈 깜짝할 순간에 중성자를 잇달아 계속 흡수할 수 있다. 그래서 미처 붕괴하기도 전에 또 다른 중성자를 흡수할 수 있다. 이러한 원자핵은 금방 기묘하게 변형된 모습들로 부풀어 오를 수 있고 그러면서 훨씬 무거운 동위 원소들의 잡동사니를 만들어 낸다.

중성자가 이렇게 풍부한 환경은 가장 극단적인 종류의 별에만 존재한다. 이런 환경은 **느린** 과정을 낳는 온건하고 차분한 조건과 달리 우주에서 순식간에 나타났다가 사라지는 현상이며, 그렇게 밀도가 높은 무리를 지어 흘러 다니는 중성자의 공급은 겨우 몇 분 동안만 지속된다.

맹렬하던 중성자 공급이 갑자기 멈추고, 중성자가 지나간 자리에는 온갖 종류의 아주 무거운 동위 원소들이 남는다. 이 기형적인 동위 원소들은 매우 불안정하다. 동위 원소들은 즉각 잇달아 일어나는 방사성 붕괴 폭포에서 뒹굴면서 그때마다 주기율표를 건너뛰어 점점 더 무거운 원소들을 만들어 낸다. 방사성 붕괴는 우연히 안정한 동위 원소에 도달할 때까지 계속되며, 그 시점에 이르면 방사성 붕괴 폭포가 돌연히 멈춘다.

주기율표에서 우라늄에 이르기까지 비스무트보다 무거운 원소들은 모두 다 가장 극단적인 별의 용광로에서 **빠른** 과정을 통해 만들어진다. 그런 원소에는 우리가 가장 귀하게 여기는 47번 원소 은, 78번 원소 백금, 79번 원소 금도 포함된다.

아주 먼 우주의 우주 화학

우리 태양계에 **빠른** 과정을 통해 합성된, 중성자가 풍부한 동위 원소들이 존재한다는 — 지구의 암석과 운석 모두에 — 사실은 극단적으로 중성자가 풍부한 별의 환경에서 만들어진 낙진의 씨앗이 우리 성운에 흘러들었다는 것을 입증한다. 하지만 **빠른** 과정이 처음으로 논문에서 가설로 제시된[1] 1950년대 이후 그런 일이 자연에서 실제로 일어나는 장소는 오랫동안 추측의 영역에 국한되어 있었다. 주기율표에서 상당 부분을 차지하는 원소들을 합성하려면 중성자 밀도가 아주 높은 별의 환경이 필요하다는 것은 분명했다. 하지만 우주에서 1세제곱센티미터의 공간에 약 10억×1조 개의 중성자가 빽빽하게 들어 있는 장소가 어디에 존재하는지는 수수께끼로 남아 있었다. 그런 밀도는 보통 별의 환경에서는 불가능했다.

빠른 과정을 통해 동위 원소들을 만들 수 있는 한 유력한 후보는 별이 폭발하는 사건인 초신성이었다. 초신성 폭발이 일어날 때에는 은하 전체보다 더 밝은 빛이 나오며, 중심부 붕괴가 일어나는 동안 폭발의 진앙에 밀도가 극단적으로 높은 중성자별이 생길 수 있다. 어쩌면 새로 생겨난 중성자별이 유력한 후보가 아닐까? 그것은 직관적으로 그럴듯해 보였다.

초신성 폭발의 컴퓨터 시뮬레이션과 중성자별 생성의 물리학을 기술하는 수학적 모형은 **빠른** 과정의 산물인 동위 원소들을 만들기 위해 필요한 조건을 그럴듯하게 재현하는 데 번번이 실패했다. 이것은 큰 문제였다. 중성자별의 중성자들은 대부분 잔존 중심부에 묶인 채 새로운 동위 원소를 만드는 일에 일절 관여하지 않는 것처럼 보였다.

수십 년 동안 물리적 관측 역시 이 상황에 아무런 실마리를 제공하지 못했다. 중성자가 풍부한 비방사성 동위 원소에 도달할 때까지 일어나는 연쇄적인 방사성 붕괴에서는 막대한 에너지가 나오는데, 그 결과로 초신성에서 방출되는 물질은 예측할 수 있는 특유의 방식으로 빛을 내야 한다. 별의 폭발 이후에 하늘에서 그러한 잔광은 전혀 관측되지 않았다.

초신성은 그 매력에도 불구하고 **빠른** 과정의 동위 원소들을 만드는 환경이 아닌 것으로 보였다. 따라서 **빠른** 과정의 핵합성 영역과 태양계에서 철보다 무거운 원소들 중 절반의 기원은 여전히 수수께끼로 남아 있었지만, 최근에 일어난 현대 과학의 가장 스릴 넘치는 이야기 중 하나를 통해 그 베일이 벗겨졌다.

2017년 8월 17일, 은하 간 공간을 1억 3000만 년 동안 여행한 끝에 우주의 천에 생긴 주름이 태양계에 도착했다. 그것은 우주 공간을 가로지르는 광속 여행을 계속하는 과정에서 지구를 지나갔다. 시공간에 생긴 작은 섭동은 미국 워싱턴주에 있는 라이고 LIGO, Laser Interferometer Gravitational-Wave Observatory(레이저 간섭계 중력파 관측소)와 이탈리아 카시나에 있는 비르고 간섭계 Virgo Interferometer*의 두 천체 물리학 관측소에서 동시에 포착되었고 약 100초 동안 지속되었다. 이 파동을 우리는 〈중력파〉라고 부른다. 100초 동안의 이 시공간 요동 관측이 모든 것을 바꿔 놓았다.

중력파는 시공간의 천에 생긴 주름이다. 중력파는 상상할 수 없을 정도로 큰 질량을 가진 두 물체가 충돌해 융합할 때 생겨나 우주를 가로지르며 나아간다. 중력파는 알베르트 아인슈타인의 일반 상대성 이론(1915년)에서 나온 중요한 예측이지만, 아인슈

* 〈처녀자리 간섭계〉라는 뜻이다 — 옮긴이 주.

타인 자신은 중력파가 너무나도 미약해서 감지할 수 없을 것이라고 믿었다. 하지만 2017년에 우리는 드디어 그것을 포착했다.

라이고와 비르고의 중력파 검출기는 일종의 중력파 망원경과 같다. 길이 4킬로미터의 L자 관으로 이루어져 있는데, 양방향으로 레이저를 보내 그것이 반사되어 온 경로를 분석함으로써 양성자 지름의 1만분의 1, 즉 0.0000000000000000001미터 정도로 미소한 시공간의 잔물결을 감지할 수 있다. 우주의 천에 생긴 순간적인 중력파를 감지하려면, 이 정도로 아찔한 수준의 정밀성이 필요하다.

약 1억 3000만 년 전(지구에서 공룡들이 걸어다니던 시절)에 먼 은하에서 밀도가 엄청나게 큰 두 천체 — 중성자별 — 가 죽음의 소용돌이에 휘말려 들었다. 두 중성자별은 정교한 피루엣 동작으로 서로의 주위를 돌면서 서서히 중력 에너지가 우주 공간으로 빠져나갔고 그러면서 점점 가까이 다가갔다. 나선을 그리며 조금씩 조금씩 다가가던 두 중성자별은 어느 순간 갑자기 하나로 합쳐졌다. 둘이 합쳐지면서 마지막으로 내뿜은 중력 에너지가 중력파의 형태로 방출되었다. 그 중력파가 2017년 8월 17일에 지구에 도착한 것이다.

중력파가 검출된 직후에 전 세계 천문학계에 그것이 어디서 왔는지 찾아보라는 긴급 경보가 발령되었다. 전 세계 천문학자들이 이에 호응하고 나섰다. 열한 시간이 지나기 전에 칠레의 천문학자 팀이 스워프 망원경을 사용해 그 방출원을 찾아냈다.

서로 융합한 두 중성자별 — 둘 다 질량은 태양보다 크지만 크기는 작은 도시만 한 — 은 정말로 막대한 양의 폭발 에너지를 방출했다. 이 폭발에서 나온 낙진은 광속의 4분의 1 속도로 뿜어져 나와 우주 전체를 환하게 밝히면서 극적인 빛의 쇼를 연출했다.

전 세계 각지의 천문학자 팀들은 지상과 우주의 망원경을 사용해 몇 달 동안 광범위한 관측 활동을 펼쳤다. 전자기 스펙트럼의 모든 빛 — 전파에서부터 적외선, 가시광선, 자외선, X선, 감마선에 이르는 — 을 사용해 그 폭발에 관한 데이터를 얻었다. 하늘의 이 불꽃놀이 사건을 연구하기 위한 유례없는 노력에 전 세계에서 3,600명 이상의 과학자가 참여했다.[2]

두 중성자별은 마지막 순간에 격렬하게 산산조각 나면서 막대한 양의 중성자를 주변으로 날려 보냈다. 폭발에서 나온 낙진도 중성자와 함께 사방으로 날아갔다. 폭발 후 며칠이 지나자 급팽창하던 중성자 폭풍이 잦아들고 과열된 가스가 식었지만, 그래도 예상보다 훨씬 뜨거운 상태로 머물렀다. 무언가가 그것을 가열하고 있었다.

낙진에 섞인 동위 원소 중 일부는 분명히 방사성 동위 원소였다. 방사성 동위 원소는 방사성 붕괴를 통해 주변 환경으로 에너지를 방출했고, 그럼으로써 낙진이 너무 빨리 식지 않게 했다. 크게 팽창하던 분출물에 섞여 있던 각종 원자들도 잔광 중 일부 빛을 흡수했지만, 각각의 화학 원소들은 특정 파장의 빛을 체계적이고 질서 정연한 방식으로 흡수했다. 천문학자들은 이 분광학적 지문을 사용해 폭발의 화학적 조성을 분석한 결과, 거기에 무거운 원소들이 가득하다는 사실을 발견했다. 그 폭발이 일어난 지 몇 년이 지난 지금도 천문학자들은 여전히 분광학 데이터를 분석하면서 낙진 속에서 새로운 원소를 확인하고 있다(예를 들면 2019년 후반에 38번 원소인 스트론튬의 존재를 확인했는데, 스트론튬은 인체의 뼈와 치아에 미량 포함되어 있다).

이 폭발에서 무거운 원소들이 100조×1000조 킬로그램이나 방출되었다. 이것은 지구 약 1만 5,000개와 맞먹는 양의 물질이다. 1만 5,000개의 지구 중 약 10개는 금이다. 이 폭발은 문자 그대로 금을 만들어 내 우주 전체로 흩뿌렸다.

풍부한 중성자, 방사성 동위 원소 낙진, 무거운 원소들……. 이런 조건은 방출된 중성자를 신속하게 흡수함으로써 만들어진 원자들이 낙진에 가득했다는 것을 의미한다. 원자들은 금방 붕괴해 안정한 원소들의 중성자가 더 많은 동위 원소들을 만들었다. 천문학자들이 마침내 이 일을 해냈다. 그들은 태양계에서 철보다 무거운 원소들 중 절반이 태어난 장소와 비스무트보다 무거운 원소들을 모두 만들어 낸 우주의 도가니를 발견했다. 즉 **빠른** 과정이 일어나는 장소를 발견한 것이다. 이론 천체 물리학과 운석의 조성은 〈이 원소들과 동위 원소들이 어디서 생겨났는가〉라는 질문을 던졌고, 그 답을 향해 나아가는 길을 중력파가 환히 밝혀 주었다.

*

빅뱅 직후의 몇 분 동안 만들어진 수소와 헬륨 외에 주기율표의 모든 원소는 대체로 별들 내부에서 합성되었다.* 철보다 가벼운 원소들은 핵융합을 통해 만들어졌고, 철보다 무거운 원소들은 대

* 다만 4번 원소인 베릴륨과 5번 원소인 붕소는 예외인데, 이들은 별 내부에서 만들어지지 않는다. 이 두 원소는 원자가 고에너지 우주선의 폭격을 받아 쪼개질 때에만 만들어진다.

체로 **느린** 과정과 **빠른** 과정을 통해 중성자를 흡수함으로써 만들어졌다. 죽은 별과 죽어 가는 별에서 가스와 먼지의 형태로 나와 우주 도처에 흩뿌려진 원소들이 우리 성운으로 흘러들었다. 여기에 제각각 다른 별의 환경에서 만들어진 원소들까지 섞이면서 태양계를 탄생시킨 구름이 만들어졌다.

장소에 따라 약간의 차이만 있을 뿐, 우리 태양계는 놀랍도록 균일하다. 태양에서 멀리 떨어진 태양계 외곽의 추운 지역에 얼음이 풍부한 천체가 더 많이 있는 것은 사실이다. 또 소행성들 사이에서도 산소 동위 원소 조성을 비롯해 여러 가지 특성에서 차이를 발견할 수 있다. 하지만 이러한 차이는 대체로 붕괴한 원시 행성 원반의 물리적, 화학적 진화에서 물려받은 것이다.

성운 내부에 존재했던 동위 원소 조성의 차이는 태양계를 이루는 원자들을 공급하는 데 기여한 수많은 별의 환경을 반영한 것이었는데, 그러한 차이는 성운이 붕괴하기 전에 빙빙 도는 과정에서 대체로 사라졌다. 원반이 생성되는 동안 발생한 강한 열은 거의 모든 것을 기화시키고 뒤섞는데, 그런 물질에는 가스와 함께 붕괴한 약간의 먼지도 포함되어 있었다. 우리의 조상에 해당하는 별들의 풍부한 역사를 알려 주는 세부 단서들은 사라지고 말았다. CAI와 콘드룰과 소행성이 생성되기 직전에 존재한 성운은 거의 완전히 균일했다.

거의 그랬다.

기묘한 비활성 기체

20세기 중엽에 운석들 내부 깊숙이 숨겨진 기이하고 극단적인 동위 원소 지문 단서가 나타나기 시작했는데, 기묘한 동위 원소 지문이 발견된 최초의 원소들 중 일부는 비활성 기체였다. 비활성 기체 원소들 — 헬륨, 네온, 아르곤, 크립톤, 제논(크세논) — 은 주기율표에서 맨 오른쪽 기둥에 위치하고 있으며, 다른 물질과 잘 반응하지 않는 성질(비활성)로 유명하다. 이들은 화학 반응과 결정 성장이라는 복잡한 일에 전혀 관여하지 않는 경향이 있으며, 그래서 암석 속에 있을 때에는 광물 구조의 일부로 참여하지 않을 때가 많다. 대신에 결정 배열 내부에서 다른 원자들 사이에 갇힌 채 거북하게 자리 잡고 있다.

비활성 기체 원소들도 동위 원소가 많다. 헬륨(He)은 동위 원소가 2개, 네온(Ne)과 아르곤(Ar)은 각각 3개, 크립톤(Kr)은 6개 있으며, 제논(Xe)은 9개로 가장 많다. 각각의 동위 원소는 별 내부에서 일어나는 제각각 다른 합성 과정을 통해 만들어진다. 예를 들면, 제논의 동위 원소들 중 중간에 위치한 5개 — ^{128}Xe, ^{129}Xe, ^{130}Xe, ^{131}Xe, ^{132}Xe — 는 부분적으로 **느린** 과정 동안에 중성자가 하나씩 차례로 추가되면서 만들어진다. 가장 무거운 두 동위 원소 — ^{134}Xe, ^{136}Xe — 는 오로지 충돌하는 중성자별에서만 **빠른** 과정을 통해 만들어진다.

첫 번째 불가사의한 측정 결과 중 일부는 제논에서 나왔다. 1960년대 중엽에 우주 화학자들은 작은 운석 — 구체적으로는 콘드라이트 — 조각을 진공 상태의 용광로에서 서서히 가열함으로써 암석에 갇혀 있던 극소량의 기체들을 연속적으로 분해하면서 꺼냈다. 그중에 제논도 있었다. 이렇게 분리한 제논을 질량 분석기에 집어넣어 그 동위 원소 조성을 매우 정밀하게 측정했다.

운석 속에 갇혔다가 900°C 가까운 온도에서 분리된 제논의 동위 원소 조성은 이전에 측정한 태양계 내의 어떤 암석하고도 달랐다. 콘드라이트는 본질적으로 원시 행성 원반에서 제각각 다른 시간과 장소에서 생성된 수많은 개개 성운 먼지 알갱이의 집합체이다. 운석들 내부에는 기묘한 제논 기체를 붙들고 있다가 아주 뜨거운 온도에 이르렀을 때 풀어 주는 무언가가 — 어떤 것은 아직 알려지지 않은 종류의 우주 퇴적물로 — 있었다.

얼마 후 이와 비슷하게 기묘한 동위 원소 조성 이상이 운석에 갇힌 네온에서도 발견되었다. 크립톤과 질소, 탄소도 그 뒤를 이었다. 이들의 기묘한 동위 원소 조성은 설명할 수가 없었다. 태양계 내에서 동위 원소 조성 편차는 대개 1퍼센트의 1퍼센트도 되지 않지만, 여기서는 그 비율이 표준 수치와 수백 배나 차이가 났다. 콘드라이트 내부에 흩어져 있는 기묘한 동위 원소 조성을 만들어 내는 화학적 과정이나 물리적 과정은 태양계에서는 알려진 것이 없었다. 생성될 때 태양계가 골고루 잘 섞이고 균일했다면 더더욱 그럴 수가 없었다.

우주의 건초 더미에서 동위 원소 바늘 찾기

우주 화학자들은 기묘한 비활성 기체의 모호한 신호에만 의존해 동위 원소 조성 이상을 초래한 원인을 찾기 시작했다. 현미경은 전혀 도움이 되지 않았는데, 이상한 우주 퇴적물의 속성에 대해 알려진 것이 전혀 없었기 때문이다.

1970년대 중엽에 시카고 대학교의 우주 화학자들이 아옌데 운석 조각에서 이상한 알갱이들을 찾을 때 완전히 새로운 접근법을 시도했다. 불과 몇 년 전에 떨어져 CAI와 콘드률 같은 원초적인 우주 퇴적물이 가득 들어 있는 아옌데 운석은 그 연구에 안성맞춤이었다.

커다란 아옌데 운석 조각을 내화학성 병에 집어넣고 강한 염산, 발연 질산, 치명적인 플루오린화 수소산, 부글부글 거품이 이는 왕수(王水) — 진한 염산과 진한 질산을 3 대 1의 비율로 혼합한 강산으로, 금과 백금도 녹일 수 있다 — 를 비롯해 여러 가지 강산에 녹였다. 이 산들은 아옌데 운석을 원자 수준에서 분해했는데, 운석은 뜨거운 차에 넣어 저은 설탕처럼 완전히 분해되었다. 46억 년에 이르는 태양계 역사 동안 살아남은 광물들 — CAI와 콘드률을 포함해 — 이 완전히 파괴되었다.

그런데 놀랍게도 일부 광물은 강한 부식성 산의 혹독한 공격을 버텨 내고 살아남았다.

병 바닥에 엄지손가락 정도 되는 양의 미세한 결정들이 혹독한 화학적 공격에 아무 상처도 입지 않고 남아 있었다. 알갱이들은 믿을 수 없을 정도로 강인했다. 우주 화학자들은 조심스럽게 산 용액을 병에서 따라 내고 미세한 알갱이들만 남긴 뒤, 그것들을 건져 내 용광로가 딸린 질량 분석기 안에 집어넣었다. 우주 화학자들은 온도를 올리면서 조리함으로써 이 기묘한 알갱이들에 갇혀 있던 비활성 기체를 해방시켰다.

그것들은 완벽한 짝이었다. 강산의 부식력에도 끄떡없는 나노 수준의 아옌데 운석 알갱이는 기묘한 동위 원소 지문의 원천이었다. 연구를 위해 큰 아옌데 운석 조각이 희생되었지만, 바늘을 찾기 위해 건초 더미를 태움으로써 우주 화학자들은 마침내 동위 원소 조성 이상의 근원인 그 기묘한 우주 퇴적물을 분리했다.

1980년대에 산에 녹이는 방법으로 일단의 콘드라이트 — 아옌데 운석을 포함해 — 에서 동위 원소 조성이 이상한 알갱이들을 더 많이 분리했는데, 이번에는 질량 분석기 대신에 고성능 현미경 렌즈 아래에서 분석했다. 일부 알갱이는 폭이 5나노미터(적혈구 크기의 1,000분의 1에 불과한)밖에 안 돼, 지질학 영역과 원자 영역 사이의 경계에 위치했다. 이렇게 작은 크기에도 불구하고, 동위 원소 조성이 이상한 알갱이들을 확인할 수 있었다. 그런데 우주 화학계는 드러난 알갱이들의 광물학적 속성에 큰 충격을 받았다. 그것들은 다이아몬드였다. 진짜 결정질의 우주 다이아몬드였다.

그 후 몇 년 동안 이상한 알갱이들이 더 많이 분리되고 특성이 확인되었다. 나노다이아몬드가 추가로 더 발견되었고, 그와 함께 나노 수준의 흑연(다이아몬드와 마찬가지로 순수한 탄소로 이루어진 탄소 동소체)과 탄화규소(예외적으로 드문 광물로 거의 다 운석에서만 발견된다) 결정도 발견되었다. 이 세 가지 알갱이는 측정 가능한 모든 원소에서 극단적인 동위 원소 조성을 보여 주었다. 운석 조각을 차례로 녹이는 분석 과정을 통해 동위 원소 조성 이상을 지닌 이 작은 알갱이들의 목록은 계속 늘어났다.

그런데 나노 수준의 암석 조각들은 태양계를 만든 〈정상〉 물질과 왜 그토록 다를까? 매우 극단적인 동위 원소 조성 이상 뒤에 숨어 있는 원인은 무엇일까? 물리적인 것이건 화학적인 것이건, 태양계에서 알려진 과정 중에는 이 정도 규모의 동위 원소 조성

이상을 초래할 수 있는 것은 없다.

그런데 바로 이 사실에 답이 있다. **태양계에서** 알려진 과정 중에는 그 어떤 것도 이러한 규모의 동위 원소 조성 이상을 초래할 수 없다. 따라서 이 알갱이들은 CAI와 콘드룰과 그 밖의 〈정상〉 우주 퇴적물 알갱이와 함께 잘 섞인 채 어린 태양 주위를 돈 원시 행성 원반에서 결정화되었을 리가 없다.

그렇다면 답은 뻔하다. 알갱이들은 태양계 밖의 다른 곳에서 결정화되었다. 이것들은 다른 별 주위에서 결정화된 것이다. 알갱이들은 다른 태양계의 조각으로, 우리 태양계가 생성될 때까지 살아남았다가 운석 속에 갇혀 46억 년 동안 버텨 온 것이다. 이것들은 진정한 별의 먼지이다.

별의 먼지

죽어 가는 별에서 뿜어져 나오는 바람과 초신성 폭발에서 나온 낙진, 충돌하는 두 중성자별에서 나온 분출물에 섞인 현미경적 광물이 가스에서 응축되어 성간 먼지가 되었다. 별의 먼지 알갱이들은 바람에 실려 바다를 건너는 뱃사람처럼 광대한 성간 공간을 건너기 전에 부모 별로부터 기묘한 동위 원소 조성 — 핵융합과 **느린** 과정과 **빠른** 과정의 지문 — 을 물려받았다.

그러다가 이들은 나중에 태양계를 탄생시킬 성운을 만났다. 무리를 지어 도착한 별의 먼지들은 밝게 빛나면서 천천히 회전하는 가스 가닥들과 섞였다. 거기서 영겁의 세월 동안 구름들 사이를 떠다녔다. 그러다가 성운이 수축하면서 — 아마도 가까운 초신성에서 나온 충격파가 그 원인이었을 텐데, 그와 함께 더 많은 별의 먼지들이 날아왔을 것이다—붕괴해 원시 행성 원반이 만들어졌다. 이 알갱이들도 함께 붕괴했다.

별의 먼지 중 결정성 먼지는 대부분 붕괴하는 원반에서 방출된 에너지에 파괴되었다. 먼지 입자들은 기화하여 가스 구름의 일부가 되어 가느다란 성운 줄기에 섞여 들어갔다. 이들의 동위 원소 조성 이상은 넓게 퍼져 나가면서 나머지 가스와 섞여 영영 사라지고 말았다. 가스에서 먼지로, 먼지에서 가스로, 오래전에 죽은 별들의 유령은 증발하여 미풍 속으로 사라져 갔다.

하지만 일부 알갱이는 온갖 역경을 이겨 내고 살아남았다. 부모 별에서 방출된 뒤 긴 성간 공간 여행을 거쳐, 우리 성운으로 섞여 들었다가 성운이 붕괴해 회전하는 원시 행성 원반이 되자 다시 그곳으로 옮겨 가고, 다른 우주 퇴적물 조각들—CAI, 콘드룰, 다양한 세립질 기질—과 함께 합쳐져 미행성체를 만들고, 격변적 규모의 소행성 충돌과 폭격을 견뎌 내고, 소행성대에서 46억 년 동안 태양 주위의 궤도를 돌고, 충돌을 통해 부모 소행성에서 튀어나오고, 운석에 갇혀 행성 간 여행을 통해 지구로 날아와 화염에 휩싸여 지구 대기권을 통과하고, 우주 화학 실험실에서 강한 부식성 산의 학살을 견딘 끝에 마침내 호기심 많은 지구 주민에게 기적적으로 발견되었다. 이 알갱이들은 모든 역경을 견뎌 내고 살아남았다. 알갱이들이 존재한다는 사실은 기적에 가까울 정도로 경이로운 일이다. 우리가 이것들을 발견했다는 사실은 과학적 방법의 우아함과 운석이 지닌 스토리텔링의 힘을 증언해 준다.

필연적으로 이 작은 별의 먼지 조각들은 46억 년 전에 우리 성운이 붕괴하기 전에 존재한 것이 틀림없다. 이들은 태양계보다 앞서 존재했다. 따라서 작은 별의 먼지 알갱이들은 우리가 손에 쥘 수 있는 물체 중 가장 오래된 것이다(물론 이 알갱이는 너무 작아서 고성능 현미경의 도움이 없이는 맨눈으로는 보이지도 않지만). 이것들은 우리 별 근방에서 그 어떤 것보다도 더 오래된 것으로 원시 행성 원반에서 응축한 최초의 광물 — CAI — 과 태양 자체보다도 훨씬 앞서 존재했다. 2020년, 시카고 필드 박물관의 우주 화학자 팀은 일단의 별의 먼지 알갱이들을 대상으로 천연 동위원소 스톱워치를 사용해 그 나이를 측정했다.[3] 일부 알갱이는 나이가 70억 년 이상이나 되어 태양계보다도 30억 년이나 앞섰다. 나이가 **70억 살**이나 되는 작은 암석 조각이라니! 정말로 믿기 힘든 이야기가 아닌가!

그래서 우리는 이 경이로운 우주 퇴적물 알갱이를 〈선태양계 pre-solar〉 입자라고 부른다.

물론 우리는 이 입자들이 정확하게 어떤 별에서 왔는지 결코 알 수 없겠지만 — 어쨌든 지금 그 별들은 대부분 사라진 지 오래되었다 — 선태양계 입자는 그 별들이 존재했다는 것을 알려 주는 유일한 물리적 증거이며, 운석 내부에 갇힌 채 하늘에서 쏟아진다.

인류의 전체 역사 중 대부분의 시간 동안 우리는 오로지 맨눈으로만 별을 볼 수 있었다. 지난 400년 동안은 망원경으로 별을 바라보았고, 지금은 선태양계 입자 덕분에 현미경 아래에서 별을 볼 수 있다. 처음에는 전혀 어울리지 않아 보이는 두 과학 도구의 동맹 덕분에 완전히 새로운 관점에서 별을 볼 수 있게 되었다. 우리는 그 별들의 작은 파편들을 이곳 지구에서 손에 넣었다.

*

우리 조상들은 별이 중요하다는 사실을 알아챘지만, 별이 얼마나 중요한지, 그리고 자신들의 짧은 삶의 역사에 얼마나 구체적인 역할을 하는지 알지 못했다. 우리는 운 좋게도 조상들이 몰랐던 것을 알게 되었다.

핵합성 — 화학 원소들과 그 잡다한 동위 원소들의 기원 — 은 가장 중요한 과학 발견 중 하나이다. 실용적 차원에서 핵합성은 한 가지 기본적인 질문에 답을 내놓는다. 화학 원소들은 어디서 왔을까? 인간적 차원에서 핵합성은 우리가 수천 년 동안 계속 던진 질문에 답을 내놓는다. 별은 왜 빛날까? 정신적 차원에서는 영원히 제기되는 다음 질문에서 중요한 부분을 차지한다. 우리는 어디서 왔을까?

주위를 한번 돌아보라. 손 안에 든 탄소, 숨을 쉴 때마다 폐를 채우는 질소, 발밑의 암석 속에 갇혀 있는 산소, 우리가 마시는 물속에 녹아 있는 플루오린과 마그네슘과 칼슘, 혈액 속을 흘러 다니는 철, 우리 몸을 치장하고 기술을 굴러가게 하고 건축 재료를 만드는 데 쓰이는 무거운 원소들……. 이 모든 원소는 뜨거운 별 내부에서, 죽어 가는 별의 폭발적 최후에서, 중성자별들의 격변적 충돌에서 핵합성을 통해 만들어졌다. 우리는 많은 지식을 운석에서 직접 얻었다.

우주 화학은 경이로우면서도 이해하기 어려울 때가 많은 과학 분야이다. 우주 화학은 인간 지식의 지평을 여러 차원에 걸쳐 믿을 수 없는 규모로 확장한다. 순간적인 초신성 폭발에서부터 영겁의 시간에 이르기까지, 단 하나의 암석에서부터 전체 세계들에 이르기까지, 현미경적 먼지 결정에서부터 거대한 별에 이르기까지. 나는 핀 대가리만 한 암석에서 전체 태양계에 대한 깊은 통찰력을 얻을 수 있다는 사실에 늘 경이로움을 느낀다. 운석은 이해의 범위를 미소한 것에서 엄청나게 거대한 것으로 확장할 수 있는데, 이를 보여 주는 사례 중 가장 아름다운 것은 바로 콘드라이트 내부에 갇힌 별의 먼지를 발견한 것이다.

성운의 붕괴와 태양계의 생성이 인류의 이야기에서 첫 장이라면, 별들에서 화학 원소들이 합성된 사건은 프롤로그에 해당한다. 시간을 거꾸로 거슬러 심원한 시간의 구불구불한 실을 따라간다면, 지질학적 시간을 지나고 우주 화학적 시간을 지나 마침내 천문학적 시간에 도달하는데, 선태양계 입자가 그 길을 안내한다. 선태양계 입자는 암석 기록을 별들을 가로질러 저 멀리 밖으로 확장한다.

하늘에서 반짝이는 빛들은 우리 성운의 붕괴와 성운 먼지의 응축과 지구 자체의 생성만큼 우리의 이야기에서 중요한 부분을 차지한다. 이것들은 모두 끊어지지 않고 죽 이어진 사건들의 사슬을 통해 서로 연결되어 있다. 그리고 별들의 도가니에서 생겨나 태양계를 만든 원자들 중 일부는 진화를 거듭하다가 마침내 의식을 가진 존재가 되었고, 자신의 기원에 관한 질문을 던지기 시작했다. 즉 우리가 된 것이다.

일부 운석에는 멀리 떨어진 별들 주위에서 동위 원소 조성 이상을 가진 입자들이 생성된 이야기보다 우리에게 조금 더 가까운 곳에서 일어난 기원 이야기가 담겨 있다. 용융되지 않은 우주 퇴적물 집합체인 콘드라이트에는 세계를 만든 먼지 성분의 기본 구성 요소가 보존되어 있다. 그중 한 부분 집합 — 탄소질 콘드라이트 — 에는 그에 못지않게 놀랍고 흥미진진한 것이 들어 있다. 그것은 바로 생명 자체의 화학적 기본 구성 요소이다.

8장
스타-타르

때는 1969년이었다.

2월에 원초적인 우주 퇴적물로 가득 찬 2톤 무게의 아옌데 운석이 멕시코 상공에서 떨어졌다. 단 하나의 이 운석에서 많은 발견이 일어났다. 태양과 비슷한 것으로 드러난 CAI의 산소 동위 원소 조성, 막 태어나던 태양계에 존재했던 〈살아 있는〉 ^{26}Al, 다이아몬드로 이루어진 선태양계 별 먼지의 분리와 속성 파악, 우라늄-납 동위 원소 시계로 CAI의 연대를 측정함으로써 알아낸 태양계의 정확한 나이 — 45억 6700만 년 — 등이 그것이다. 아옌데 운석은 과학사를 통틀어 가장 깊이 연구된 암석 중 하나로 남아 있지만, 그 낙하 사건은 1969년에 일어날 발견의 시작을 알린 것에 불과했다.

6월에 아폴로 11호 우주 비행사들이 새턴 5형 로켓으로 추진된 우주선을 타고 달에 갔다. 그들은 달 표면에 최초의 인류 발자국을 남긴 뒤, 20킬로그램이 넘는 월석을 채취해 지구로 가져왔다.

9월 28일에는 오스트레일리아 빅토리아주의 조용한 농촌 마을에서 태양계에서 우리의 위치를 바라보는 방식을 영원히 바꿔 놓는 사건이 일어났다. 이 사건의 중심에는 우주에서 날아온 또 다른 암석이 있었다.

머치슨 운석

머치슨Murchison 마을 상공에는 맑은 하늘이 펼쳐져 있었고, 마을에는 일요일만이 가져다주는 나른함이 흘러넘쳤다. 공기는 조용하고 뜨거웠다. 주민들은 교회에 갈 채비를 하고 있었다. 구두에 광을 내고 머리를 빗고 옷을 다림질하면서 준비하고 있을 때, 갑자기 평온을 깨뜨리는 사건이 일어났다.

큰 폭발과 함께 지구 속과 하늘에서 동시에 나는 듯한 굉음이 울려 퍼졌다. 마치 마을에서 제트기가 이륙하기라도 한 것 같았다. 소들은 요란한 소리에 놀라 방목장에서 미친 듯이 뛰어다녔고, 일요일 아침의 느긋함에 빠져 있던 주민들은 화들짝 놀라 벌떡 일어났다. 굉음은 온 사방에서 몰려오는 것 같았다.

두 번째 폭발의 메아리가 온 사방으로 울려 퍼졌다. 굉음은 이전보다 훨씬 컸다. 그러고 나서 밝은 빛이 확 퍼졌다. 눈부시게 밝은 주황색 불이 백열 상태의 헤일로로 둘러싸여 머치슨 상공의 하늘을 찢고 지나가면서 오전의 태양보다 훨씬 밝게 빛났다. 이 불이 지나간 자리에는 청회색 연기가 남았는데, 이것은 400킬로미터 밖에서도 보였다. 그리고 세 번째 폭발이 일어났다. 굉음은 곧 공기 속으로 사라져 갔고 침묵이 다시 찾아왔다.

교회에 모인 신도들 사이에서는 비극적인 사고 — **항공기 충돌** — 에서부터 환상적인 이야기 — **추락한 우주선 잔해** — 와 초자연적 상상 — **하늘에서 전투를 벌인 외계인 우주선들** — 에 이르기까지 온갖 추측이 나돌았다. 그 정체가 무엇이건, 이 같은 현상은 그때까지 어느 누구도 경험한 적이 없었다.

하늘을 가로지른 불이 남긴 연기 자국이 서서히 옅어져 가는 가운데 그 아래 지상에서는 하늘에서 떨어진 암석들이 여기저기 흩어져 있었다. 기적적이게도 이 사건으로 인한 피해는 주먹만 한 크기의 돌 조각이 헛간 지붕을 뚫고 건초 더미 위에 떨어진 것이 전부였다. 암석들은 완전히 새카맸고 부드러운 니스 같은 껍질로 뒤덮여 있었다. 머치슨 마을에 떨어진 것은 바로 운석이었다.

한 시간 이내에 마을 사람들은 운석 파편들을 열심히 찾았다. 매우 기이한 점은 그것이 단지 하늘에서 떨어졌다는 사실뿐만이 아니었다. 이 특이한 암석들에는 기묘한 점이 있었는데, 바로 **냄새**가 난다는 사실이었다.

그 암석들은 페인트 제거제처럼 자극적인 화학 물질 냄새가 강하게 났다. 일부 주민은 처음에는 자극적인 증기에 독성이 있을지도 모른다며 경계했다. 하지만 결국에는 호기심에 못 이겨 그들은 운석을 수거하기 시작했고, 넓은 농경지에서 100킬로그램에 가까운 운석이 수거되어 마을 사람들의 집에 보관되었다. 여기서 중요한 사실은 이 암석들이 대기 현상 — 비 같은 — 에 영향을 받을 시간도 없이 금방 채집되었다는 점이다. 이 암석들은 지금까지 채집된 운석 중에서 가장 오염이 덜 된 운석 중 일부로 남아 있다.

5일이 채 지나기 전에 극적인 화구와 기묘한 암석 조각들에 대한 소식이 멜버른 대학교 지질학과에 전해졌다. 몇몇 파편은 지구 과학 대학원 학장이던 존 러버링John Lovering 교수의 손에 들어갔다. 러버링은 여기저기 운석의 용융각이 떨어져 나간 부분이 있고 그곳에서 그 내부 모습이 보인다는 사실을 알아챘다. 그 베일 뒤에서 새카만 암석이 밖을 내다보고 있었다. 새카만 검댕 같은 기질 사이에 작은 부스러기들이 있었는데, 어떤 것은 눈처럼 하얗고 보송보송한 반면, 어떤 것은 원형에 회색을 띠고 있어, 이 암석은 이곳 지구에서 흔히 볼 수 있는 입상(粒狀) 퇴적암을 떠오르게 했다. 그것은 우주 퇴적암이었다. 보송보송한 흰색 알갱이들은 CAI였고, 둥근 구슬 같은 알갱이들은 콘드룰이었다. 머치슨 운석은 아옌데 운석과 마찬가지로 탄소질 콘드라이트라는 드문 종류의 운석 집단에 속했다.

머치슨 운석은 아옌데 운석과 다른 점이 여러 가지 있었다. 머치슨 주민들처럼 러버링도 암석에서 기묘한 냄새가 난다는 사실을 알아챘다. 〈그 운석을 처음 보았을 때, 그것은 비닐봉지에 들어 있었다. 봉지를 열자, 갑자기 강한 유기 화합물 냄새가 마치 소독용 알코올처럼 확 풍겼다. 아주아주 강렬했다!〉 누구나 예상할 수 있듯이, 냄새가 나는 운석은 예외적으로 드물다.

러버링은 언론에 〈이것[운석]은 거의 달 먼지만큼이나 흥미로운 것이다!〉라고 말했다. 그는 지질학과 우주 화학 역사를 통틀어 가장 깊이 연구될 암석 조각 중 하나를 손에 쥐고 있었는데, 그것은 아옌데 운석에 필적할 만한 것이었다. 머치슨 운석은 아폴로 우주 비행사들이 가져온 월석보다 더 흥미로운 것으로 드러났다.

머치슨 운석의 용융각 아래에서 무엇이 발견되었는지 알아보기 전에 운석 연구가 과학 분야에서 각광을 받는 데 결정적 역할을 한 원소를 잠깐 살펴보기로 하자. 그 원소는 바로 탄소이다.

생명의 원소

탄소는 우주에서 네 번째로 풍부한 원소이고, 질량으로 따질 때 인체에서 산소 다음으로 풍부한 원소이다. 탄소는 여러 가지 화학 성질 덕분에 다른 화학 원소—다른 탄소 원자는 물론이고—와 쉽게 결합하는 성향이 있어 엄청나게 다양한 분자 화합물을 만든다. 탄소는 다른 원소들과 결합하는 성질이 워낙 뛰어나 탄소를 중심으로 한 화학 분야가 따로 있을 정도인데, 그 분야는 바로 유기 화학*이다.

지난 세기에 화학자들은 수천만 가지의 유기 분자를 확인하고 그 특성을 기술했다. 유기 분자의 형태와 크기는 아주 다양하다. 일부 유기 분자는 탄소 원자들로 이루어진 골격이 긴 사슬 모양으로 늘어서 있고, 각각의 탄소 원자에 작은 원자 집단들이 실에 꿰인 진주들처럼 붙어 있다. 수소와 산소, 질소가 포함되는 경우가 많고, 빈도는 그보다 낮지만 인과 황이 포함되는 경우도 있다. 중심 골격에 탄소 원자들이 고리 모양으로 늘어서 있고, 각각의 탄소 원자에 분자 집단들이 화관에서 삐죽 튀어나온 잔가지처럼 붙어 있는 유기 분자도 있다. 또 어떤 유기 분자들은 수백 개의

* 분자에 탄소가 포함되어 있다고 해서 다 유기 분자로 간주되는 것은 아니다. 예컨대 이산화 탄소(CO_2)가 그런 경우이다. 유기 분자의 정확한 정의에 대해서는 화학자들 사이에 일치된 견해가 없다.

원자로 이루어진 사슬과 고리가 결합되어 분자 대도시를 이루고 있다. 모든 유기 분자는 한 가지 공통점이 있는데, 그것은 바로 탄소 골격이다.

우리가 아는 한 탄소는 생명에 절대적으로 필요한 요소이기 때문에 〈생명의 원소〉라는 별명을 얻었다. 살아 있는 생물은 모두 탄소를 기반으로 만들어진다. 수소와 산소, 질소, 인, 황과 함께 탄소는 효모, 나무, 대왕고래에 이르기까지 살아 있는 모든 생물의 몸 중 대부분을 만든다. 우리 몸의 전체 질량 중 96퍼센트 이상을 탄소와 산소, 수소, 질소가 차지한다.

유기 분자는 우리가 일상적으로 경험하는 세계에서는 너무나도 흔하게 발견되지만, 전체 행성 차원에서 본다면 지구에는 비교적 드문 편이다. 우리 발밑의 암석 속에는 탄소가 드물다. 암석의 지질학적 구조 내부에 흩어져서 발견되는 경우 — 우리 문명을 지탱하는 석탄과 석유, 천연가스 같은 화석 연료를 이루는 탄화수소 화합물처럼 — 에도, 거의 모든 유기 분자는 궁극적으로는 한때 살아 있던 생물에서 비롯된 것이다. 예를 들면 석유는 먼 지질학적 과거에 퇴적층 아래에 묻힌 생물의 사체가 분해되어 생긴 것이다.

땅속 암석 속에서는 유기 분자가 매우 희귀하지만, 아주 기묘한 예상 밖의 장소에서 유기 분자가 발견될 때가 있다. 그곳은 바로 운석이다.

자랑스러운 운석

19세기 중엽에 이르러 하늘에서 정말로 돌이 떨어진다는 개념이 과학계에 널리 퍼졌다. 그것은 무척 다행스러운 일이었는데, 1864년 5월 14일에 특별히 기묘한 암석이 프랑스에 떨어졌고 지상의 풍화 작용에 훼손되기 전에 금방 채집되었기 때문이다.

오후 8시 13분, 하늘에 화구가 나타나더니 프랑스 도시 몽토방을 눈부신 빛으로 뒤덮었다. 목격자들은 〈보름달만큼 큰 화구가 별똥별처럼 하늘을 가로질러 갔다〉고 기억했다.

그 빛은 사방으로 500킬로미터나 뻗어 갔고, 소닉 붐sonic boom(음속 폭음)의 큰 소음이 프랑스 남부 시골 지역을 가로질러 에스파냐 북부까지 울려 퍼졌다. 이 극적인 사건은 몽토방 남쪽에 돌들이 쏟아지면서 절정에 이르렀다. 역사에 기록된 219번째(프랑스에서는 40번째) 운석 낙하 목격 사건이었다. 하늘에서 펼쳐진 이 빛의 쇼에 대한 소식은 금방 프랑스 과학계에 알려졌다. 이 지역에서 약 15킬로그램의 운석이 금방 회수되었고, 이 운석의 이름은 그것이 떨어진 마을 이름을 따 오르게유Orgueil(프랑스어로 〈자랑〉, 〈자부심〉이라는 뜻)로 정해졌다.

그 당시 알려진 운석은 대부분 더 나은 단어가 없어 석질 운석이라고 불렀다. 만약 누가 그 운석을 당신을 정확하게 겨냥해 던지더라도, 그 운석은 그 시련에서 아무 탈 없이 살아남을 것이다(당신은 그렇게 운이 좋지 못할 테지만). 철질 운석은 금속으로 이루어져 있어 아무리 무분별하게 다루더라도 충분히 견뎌 낼 수 있지만, 석질 운석(석질 아콘드라이트와 콘드라이트) 역시 상당히 단단한 편이다.

그런데 오르게유 운석은 달랐다. 많은 점에서 오르게유 운석은 적절한 암석이라기보다는 잘 부서지는 석탄 덩어리와 비슷했다. 안과 밖이 모두 새카맸고, 더 옅은 색의 작은 알갱이가 여기저기 박혀 있었으며, 너무나도 퍼석퍼석해 꽉 쥐기만 해도 가루가 되고 말았다. 물에 닿자 이 운석은 금방 분해되어 〈구두약처럼 새카만 진흙〉처럼 변했다. 지표면에 떨어질 때까지 살아남았다는 것이 기적처럼 보였다.

이 운석을 최초로 자세히 관찰한 과학자는 프랑스 화학자 프랑수아 스타니슬라스 클로에즈François Stanislas Cloëz였다. 운석이 떨어지고 나서 3주가 지나기 전에 클로에즈는 오르게유 운석 내부에서 놀라운 것을 발견했다. 그것은 바로 복잡한 유기 분자들이었다. 클로에즈는 오르게유 운석에 포함된 유기 분자들과 먼 옛날에 살았던 생명체의 화석 유해가 들어 있는 지구의 역청암에 포함된 유기 분자들이 유사하다는 사실을 발견했다. 그리고 운석의 전체 무게 중 약 3퍼센트는 이런저런 형태의 탄소라는 사실도 발견했다.

클로에즈는 물의 존재도 보고했다. 물이라니! 물론 젖은 천을 짜듯이 암석에서 물을 짜낼 수는 없었다. 오로지 가열을 통해서만 암석에서 물을 해방시킬 수 있었는데, 이것은 물이 구성 광물의 구조 내에 묶여 있음을 시사했다. 클로에즈는 놀랍게도 운석의 전체 질량 중 약 10퍼센트를 물이 차지한다고 보고했다.

오르게유 운석은 즉각 탄소질 콘드라이트라는 특이한 운석 집단으로 분류되었다. 얼마 전에 새로 편입된 이 집단에 속한 운석 표본은 오르게유 운석 외에 5개밖에 없었다. 오르게유 운석은 특히 이전에 발견된 두 석질 운석과 놀랍도록 비슷했다. 하나는 1806년에 프랑스에 떨어진 알레 운석이고 다른 하나는 1838년에 남아프리카의 웨스턴케이프에 떨어진 콜드보케벨트 운석이었다. 이 세 운석은 모두 새카맸고, 물과 탄소를 상당량 포함하고 있었으며, 맨손으로 손쉽게 쪼갤 수 있을 정도로 물렀다.

세 운석은 또한 가열하면 모두 냄새가 났는데, 석유를 연상시키는 매우 자극적인 향기를 방출했다. 또 세 운석은 모두 유기 분자가 가득 들어 있었다.

유기 분자와 물을 함유한 운석의 목록은 점점 늘어나고 있었다. 그 당시의 우주 화학자들이 운석에서 이 물질들을 발견하고서 얼마나 큰 흥분과 함께 당혹감을 느꼈을지 상상하기는 어렵다. 그 당시 사람들은 유기 분자가 오로지 살아 있는 생물에서만 만들어진다고 생각했기 때문에, 하늘에서 떨어진 암석에서 발견된 유기 분자는 불가능해 보이는 개념을 자극했다. 유명한 화학자 프리드리히 뵐러Friedrich Wöhler는 1860년에 콜드보케벨트 운석의 암석 조직에 섞인 유기 분자들을 기술한 논문에서 이렇게 썼다. 〈현재의 지식을 바탕으로 판단할 때, 이 유기 물질은 오로지 조직된 물체organised body에서만 생길 수 있다.〉

사실, 뵐러는 〈조직된 물체〉라는 용어를 통해 모든 사람이 차마 입 밖으로 내뱉지 못하고 있던 단어를 분명히 표현했는데, 그 단어는 바로 생명이었다.

의심스러운 씨앗

그 후에도 19세기의 나머지 기간과 20세기 중엽까지 풍부한 유기 분자와 물을 포함한 탄소질 콘드라이트가 계속 지구에 떨어졌다.

탄소질 운석은 지질학적 렌즈를 통해 태양계 이야기를 환히 밝혀 주는 한편으로 훨씬 더 가깝고 친밀한 성격의 이야기를 암시했는데, 그 이야기는 바로 생물학 이야기였다. 소행성에서 유래한 암석에 생명의 분자가 들어 있다는 사실로부터 많은 우주 화학자는 이 암석들이 지구에서 생명의 기원에 모종의 역할을 했을 것이라고 추측했고, 심지어 태양계의 다른 곳에 존재하는 생명의 단서를 포함하고 있을 수도 있다고 생각했다.

20세기 중엽에 이르자, 채집되기 전에 며칠 혹은 몇 시간만 땅 위에 놓여 있던 운석 — 오르게유 운석처럼 — 도 이제 지구의 생물권에서 머문 지 거의 100년 가까이 되었다. 많은 우주 화학자는 운석에 포함된 유기 분자 중 많은 것이 혹은 심지어 대부분이 우주에서 날아온 것이 아니라, 지표면의 수많은 틈에 서식하는 생명체로부터 오염된 것이 아닐까 의심했다.

답을 찾기 위해 그들은 탄소가 가장 풍부하게 들어 있는 운석들에 초점을 맞추었는데, 〈CI 콘드라이트〉라는 운석 집단이었다. CI 콘드라이트는 1938년에 탄자니아에 떨어진 이부나Ivuna 운석에서 딴 이름이다. 지금까지 CI 콘드라이트는 단 9개(5개는 낙하 운석, 4개는 남극 대륙의 발견 운석)만 알려져 있다. 모두 합친 무게는 20킬로그램을 조금 넘는다. 그중에서 15킬로그램이 조금 못 되는 오르게유 운석이 전체 무게의 절반 이상을 차지한다.

하지만 오르게유 운석은 남극 대륙 운석들과 아폴로 우주 비행사들이 가져온 월석을 보관하기 위해 존슨 우주 센터에 마련한 것처럼 정교한 우주 화학 큐레이션 시설이 제대로 세워지기 1세기도 더 전에 떨어졌다. 아옌데 운석처럼 현대에 떨어지는 운석들은 떨어진 지 며칠 이내에 회수되어 실험실의 멸균 환경에 놓이게 된다. 이곳에서는 차가운 공기가 안정적으로 흐르고, 습도가 엄격하게 조절되며, 운석이 흙과 먼지와 장갑을 끼지 않은 손에 접촉할 일이 없다. 역사적인 낙하 운석들은 현대의 운석들보다 불운했다. 그것들은 박물관의 목제 캐비닛이나 유리 진열 상자에 보관되는 경우가 많았는데, 그곳에는 주변 환경을 조절하는 장치도 거의 없었다.

오르게유 운석의 파편 중 대다수는 유럽의 큰 박물관들로 보내졌다. 그곳에 보관되어 있는 동안 서서히 지구의 대기가 암석 속으로 스며들었고 결국에는 미생물까지 침입했다. 그중 한 파편인 〈9419번〉은 땅에 떨어진 지 2주에서 4주 사이의 어느 시점에 프랑스 몽토방의 자연사 박물관에 도착했다. 9419번은 98년 동안 전시용 유리병에 밀봉된 채 끈기 있게 놓여 있었다. 마침내 그 속에 포함된 유기 분자를 연구하려는 우주 화학자 팀이 유리병을 깨뜨리고 그것을 꺼냈다. 유리병 속에 머무는 동안 공기 중의 습기 때문에 암석이 약간 바스러졌는데, 탄소를 풍부하게 함유한 이 운석들의 취약성을 잘 보여 주었다.

부분적으로 검은색 니스 같은 용융각으로 뒤덮인 검은색 암석은 시카고의 한 실험실로 보내졌다. 그곳에서 우주 화학자들은 조심스럽게 그것을 작은 조각들로 부수었다. 그들은 즉각 기묘한 것을 발견했다. 새카만 기질 곳곳에 황갈색 알갱이들이 박혀 있었는데, 그때까지 어떤 운석에서도 보지 못한 광경이었다.

그것들은 CAI가 아니었다. 콘드룰도 아니었다. 그것들은 씨앗이었다. 씨앗들이 운석 **속에** 있었다.

그들은 마침내 궁극적인 발견을 했다고 생각했다. 조직된 물체, 덜 완곡하게 표현한다면 생명을 발견한 것 같았다. 오르게유 운석은 유기 분자들이 가득 들어 있었고 사실상 외계의 물을 흠뻑 머금고 있었다. 지구 밖 생명체의 증거를 찾는다면, 바로 이것과 같은 운석이 가장 유력한 후보지로 보였다. 그들은 정말로 외계의 씨앗을 발견한 것일까?

외계 생명체의 발견은 모든 것을 확 바꿔 놓을 사건이 될 것이기 때문에 가장 엄격한 증거들이 필요했다. 시카고의 우주 화학자 팀은 엄격한 의심의 잣대를 들이대면서 뛰어난 과학적 기량을 발휘해 이 문제를 검토했는데, 그러자 얼마 지나지 않아 곳곳에서 균열이 드러났다.

오르게유 운석에는 씨앗과 함께 낯익은 암석 파편들이 섞여 있었다. 그 암석은 바로 연료로 사용되는 석탄이었다. 석탄의 존재는 그전까지는 새카만 오르게유 운석에 완벽하게 섞여 있어서 눈에 띄지 않았다. 오르게유 운석 파편에는 석탄 조각들이 섞여 있었다.

몇 달 뒤, 몽토방 자연사 박물관 관장이던 알베르 카바이예Albert Cavaillé는 그 씨앗이 소택지가 많은 들판과 목초지에 서식하는 골풀의 일종인 융쿠스 콩글로메라투스*Juncus conglomeratus*의 씨앗이라고 확인했다. 이 식물은 프랑스 남부에서 흔한 종이다. 운석의 씨앗은 외계에서 온 것이 아니라 프랑스에서 온 것이었다.

세 번째 증거의 발견으로 조작 가능성은 확실한 의심으로 변했는데, 그 증거는 바로 아교였다. 말 사체에서 유래한 아교가 운석 내부 곳곳에서 발견되었는데, 운석을 지탱하는 동시에 씨앗과 석탄 파편을 제자리에 고정시키고 있었다. 그리고 알고 보니 〈용융각〉은 아예 용융각이 아니었다! 용융각은 오르게유 운석이 초음속으로 대기를 통과하는 동안 외부가 녹아서 생긴 게 아니라, 붓으로 오르게유 운석에 칠한 아교가 마르면서 광택이 나는 래커처럼 변해 생긴 것이었다.

이를 통해 큰 사기극이 드러났고, 그 진상이 『사이언스*Science*』에 「오염된 운석」이라는 눈길을 끄는 제목으로 발표되었다.[1] 1864년에 오르게유 운석이 떨어지고 나서 몽토방 자연사 박물관에 도착할 때까지 몇 주일 사이에 어느 사기꾼이 암석 속에 씨앗을 집어넣음으로써 과학자들을 속이려고 시도한 것이었다. 범인의 정체와 그 동기는 오랜 세월이 지나는 동안 역사 속에서 실종되었지만, 이 사건은 클로에즈가 운석에서 유기 분자를 발견한 것에 영감을 받아 저질렀을 가능성이 높다. 범인이 CI 콘드라이트에 외계 생명체의 증거가 들어 있다는 주장을 뒷받침하려고 한 것인지 혹은 그 개념을 부정하려고 한 것인지는 알 수 없다.

하늘의 발이냐, 지상의 엄지손가락 지문이냐?

1960년대 초에 꽃피기 시작한 인류의 우주 탐사 활동에 힘입어 외계 유기 화학 분야가 다시 급부상했다. 지질학, 화학, 생물학 분야의 과학자들이 힘을 합쳐 아주 오래된 질문의 답을 얻으려고 시도했다. 생명은 어떻게 시작되었을까? 이것은 모든 문화와 종교, 신화가 답을 찾으려고 애썼던 질문이다.

분명히 〈살아 있지〉 않은 무생물 원자들 — 탄소, 산소, 수소,

그리고 그 밖의 여러 원소 — 이 어떻게 서로 합쳐져 우리처럼 분명히 〈살아 있는〉 생물을 만들어 냈을까? 그렇게 단순한 시작 — 원시 행성 원반에서 빙빙 돌던 가스와 먼지 구름 — 으로부터 어떻게 화학 물질들이 의식을 얻어 행성에서 살아 있는 부분이 되었을까? 간단하게 말해서, 생명은 언제 어디서 어떻게 나타났을까? 맨 처음에 무생물 화학 원소들을 살아 있는 생명체로 바꾼 과정을 공식적으로 〈자연 발생abiogenesis〉이라고 부른다. 자연 발생이 정확하게 언제 어디서 어떻게 일어났는지에 대해서는 아직까지 과학계에서 일치된 견해가 없다. 하지만 그런 일이 일어났다는 것만큼은 의문의 여지가 없다. 그런 일이 일어나지 않았다면 우리가 어떻게 존재할 수 있겠는가?

이 이야기의 일부가 원시 행성 원반에서 일어나 초기 태양계의 암석 기록에 남아 있을 가능성이 있다. 탄소질 콘드라이트에 일부 답이 숨어 있을지도 모른다.

오르게유 운석 사기극에도 불구하고, 일부 탄소질 콘드라이트에 포함된 복잡한 유기 분자의 기원 문제는 신뢰할 수 있는 과학 탐구 영역으로 남아 있었다. 그 기원은 세 가지 가능성이 있었다. 첫째는 지구의 생물권에서 유래한 것으로, 그저 오염에 불과할 가능성이다. 둘째는 태양계의 초기 역사에서 순전히 화학적 방법을 통해 자연 발생적으로 조립되었을 가능성이다. 셋째는 가장 흥미로운 시나리오인데, 살아 움직이는 생물학적 유기 분자 집단(즉 생명체)의 산물일 가능성이다.

이렇게 해서 탄소질 콘드라이트에 들어 있는 유기 물질의 화학적 조성을 밝히려는 노력이 시작되었다. 전 세계 각지의 실험실들에서 화학적 성질을 바탕으로 이 기묘한 운석들에서 탄소를 기반으로 한 분자들을 하나씩 차례로 세밀하게 분석하고 그 정체를 확인했다. 일부 분자들은 구조가 아주 단순했는데, 탄소 원자는 한두 개만 있고 거기에 산소와 수소로 이루어진 짧은 잔가지가 붙어 있었다. 하지만 다른 것들은 아주 복잡했다. 탄소 사슬이 길게 구불구불 뻗어 있고, 각각의 탄소에 붙은 팔들이 비틀어진 가지들처럼 바깥쪽으로 뻗어 있었다. 또 고리 모양으로 빙 늘어선 탄소 원자들에 장식물처럼 붙은 가지들이 원 주위를 따라 온 사방으로 돌출한 것도 있었다. 탄소와 연결된 가지에는 수소와 산소가 많았고 질소와 인, 황도 약간 포함되어 있었다. 분자들의 복잡성과 다양성은 믿기 어려울 정도였다.

유기 분자를 특히 많이 포함한 운석 중 하나는 〈머리Murray〉 운석으로, 탄소질 콘드라이트 중에서도 CM 콘드라이트(1889년에 우크라이나 미게이Mighei에 떨어진 운석에서 딴 이름)에 속한 운석이었다. CM 콘드라이트는 유기 분자가 많이 들어 있는 것으로 유명하다. 1950년 9월 20일에 미국 켄터키주에서 자정을 넘긴 심야에 하늘을 가로지르는 화구가 나타나(이것은 5개 주에서 목격되었다) 그 폭음으로 2,600제곱킬로미터에 이르는 지역의 창문이 덜컹거렸는데, 그것이 지상에 떨어진 것이 머리 운석이었다. 파편 하나는 한 집의 지붕을 뚫고 마룻바닥 위에 똑바로 떨어졌다(다행히 다친 사람은 아무도 없었다). 머리 운석은 모두 합쳐 12킬로그램이 조금 넘어 지금까지 알려진 CM 콘드라이트 중 가장 큰 것으로 남아 있다. 일부 파편은 즉각 회수되었지만, 공식적인 수색 작업은 그로부터 몇 주일이 지나서야 시작되었는데, 그러자 비가 내리기 시작했다.

1962년에 캘리포니아 공과 대학교 연구자들은 머리 운석의 암석 조직에 섞인 유기 물질을 분석하다가 놀라운 것을 발견했다. 거기서 생명에 필수적인 요소로 알려진 유기 분자를 확인했는데, 그것은 바로 아미노산이었다. 단백질의 기본 단위인 아미노산은 퍼즐 조각처럼 서로 조립되면서 우리와 지구상의 모든 생물을 이루는 생체 분자를 만든다. 그래서 아미노산은 〈생명의 기본 구성 요소〉라고 불린다. 아미노산은 대사를 비롯해 그 밖의 생명 과정을 유지하는 기반이 되는 분자 기구에서 중심적 역할을 한다.

그런데 생명의 기본 구성 요소라는 그 아미노산이 CM 콘드라이트에 포함된 유기 분자들의 바다에 떠다니고 있었다. 그 사이의 5~6년 동안 CI 콘드라이트(조작하지 않은 오르게유 운석 파편을 포함해)를 비롯해 다른 탄소질 콘드라이트 집단들에서도 아미노산이 발견되었다. 처음에 생각했던 것보다 일이 훨씬 복잡해지기 시작했다. 하지만 한 가지 문제가 남아 있었다. 아미노산은 미량으로만 존재했기 때문에 — 대개 각설탕만 한 크기의 운석에 수백만분의 1그램만 들어 있을 정도 — 지상에서 오염되었을 가능성이 얼마든지 있었다.

운석에 미량으로 존재하는 어떤 것 — 유기 물질이건 다른 것이건 — 을 알아내기는 매우 어려운데, 배경 오염 수준을 늘 감안해야 하기 때문이다. 1965년에 『네이처*Nature*』에 농담조로 「손의 아미노산」[2]이라는 제목으로 실린 논문에서, 화학자들은 사람의 엄지손가락 지문이 남긴 극미량의 기름이 탄소질 콘드라이트에서 발견된 외계 아미노산의 원천이 될 수 있다는 것을 보여 주었다. 운석에서 흔히 측정되는 아미노산의 양은 극미량의 오염으로 충분히 설명이 가능했다. 여기저기 지문이 몇 개만 묻어도(실험실에서 사용하는 피펫이나 유리 용기, 메스실린더에 묻는 지문은 차치하더라도) 그 정도의 아미노산이 남을 수 있었다. 콘드라이트 운석 전체를 아미노산으로 오염시켜 거기에 외계에서 온 생명의 기본 구성 요소가 들어 있다는 그릇된 인상을 주는 일은 너무나도 쉽게 일어날 수 있다. 「손의 아미노산」을 쓴 저자는 〈하늘에서 발들이 후다닥 뛰어다닌 자국처럼 보이지만, 사실은 지상의 엄지손가락 지문일지 모른다〉라고 언급했다.

아미노산의 기원에 대한 의심은 1969년에 떨어진 특별한 운석이 불식시켰다. 오스트레일리아 오지에 큰 충격파가 몰아닥치더니 그 뒤에 파란색 연기 기둥을 남기면서, 머치슨 마을 주변의 농경지에 비처럼 쏟아진 운석에 이 수수께끼에 대한 답이 들어 있었다.

손 대칭성

〈지상의 엄지손가락 지문〉이 가끔 묻어 대부분의 파편에 옮겨지긴 했지만, 머치슨 운석은 너무나도 커서 운석에 전달된 유기 물질 오염은 그 속에 들어 있는 유기 물질의 양에 비하면 무시할 만한 수준이었을 것이다. 운석의 유기 물질 분석은 부스러기만 한 크기를 대상으로 조사하는 것이 보통이었다. 그런데 머치슨 운석은 큰 덩어리를 조사할 기회를 제공했다.

게다가 낙하 직후에 운석에서 풍긴 냄새는 적어도 일부 유기 물질은 외계에서 온 것이 분명하다는 것을 보여 주었다.

멜버른 대학교의 러버링 교수는 머치슨 운석 파편을 받은 지 일주일이 지나기 전에 그 운석을 CM 콘드라이트*로 분류했다. 오르게유 운석처럼 더 희귀한 CI 콘드라이트만큼 물이나 유기 물질이 풍부하진 않았지만, 그 표본은 믿기 어려울 정도로 신선했다. 그것은 지구의 생물권 속에 머물면서 100년간의 부주의한 관리로 인해 오염될 일이 없는 운석에서 외계 유기 분자—특히 아미노산—를 분리하는 데 완벽한 기회를 제공했다.

머치슨 운석의 유기 분자에 관한 소식은 곧 언론에 전해졌고, 운석이 떨어지고 나서 불과 2주 만에 『캔버라 타임스*The Canberra Times*』는 「희귀한 유성에 들어 있는 유기 물질 화석」이라는 선정적인 헤드라인을 내보냈다. 물론 그것은 과장된 표현이었지만(그런 화석은 발견된 적이 없었다) 그 당시의 분위기를 잘 반영한 제목이었다. 우연히도 머치슨 운석이 지구에 떨어진 날은 아폴로 11호의 월석 표본이 과학적 연구를 위해 오스트레일리아에 도착한 날과 일치했고, 그래서 우주 탐사 이야기에 이미 고조되어 있던 대중의 호기심이 크게 불타올랐다. 이 절묘한 우연의 일치를 사람들

* 내가 스물두 살 때 NASA의 존슨 우주 센터에서 인턴으로 일하면서 연구했던 운석인 론울프 누나탁스 94101도 CM 콘드라이트였다. 이 운석은 1994년에 남극 대륙에서 탐험가들이 발견하여 세심한 큐레이션을 위해 존슨 우주 센터로 보내기 전에 남극 동부 빙상의 멸균 환경에 갇힌 채 수천 년을 보냈다. 나는 그것을 다이아몬드로 덮인 얇은 날의 톱으로 잘라야 했는데, 그 일을 하는 데 거의 하루가 걸렸다. 결국 사과만 한 크기의 그 운석은 깨끗하게 둘로 갈라졌다. 내가 맨 먼저 한 일은 막 자른 표면을 코앞에 갖다 대고 숨을 깊이 들이쉰 것이었다. 그 냄새는 예리한 꼬챙이처럼 나를 찔렀다. 그런 냄새는 화학 실험실에서는 그렇게 이상한 것이 아니었을 것이다. 나는 그 당시에 그 냄새를 주유소 냄새와 축축한 수건 냄새가 섞였다고 묘사한 것으로 기억한다. 거기서는 **퀴퀴한 냄새**가 났다.

은 간과하지 않았는데, 그것은 러버링도 마찬가지였다. 그는 이렇게 말했다. 〈월석 표본을 가져오는 데에는 온스당 280만 달러의 비용이 들었다. 그런데 우리가 이 운석을 공짜로 얻은 것은 아주 큰 행운이다.〉

주류 매체보다는 조금 더 신중한 태도를 유지했던 과학계는 머치슨 운석이 떨어진 지 약 14개월이 지난 뒤에야 그 분석 결과를 발표했다. 건전한 과학 탐구에 수반되는 견제와 균형을 엄격하게 실행에 옮기면서 미국의 세 기관(캘리포니아주에 위치한 NASA의 외계 생물학부, 캘리포니아 대학교의 지질학과, 애리조나 주립 대학교의 운석 연구 센터)을 아우르는 연구 팀이 그 결과를 발표했다. 이들이 발견한 것은 아미노산을 둘러싼 논쟁에 확실히 종지부를 찍었다.

이 연구 팀은 머치슨 운석 중 10그램(복숭아씨만 한 크기)의 파편을 분석했는데, 운석 파편치고는 상당히 큰 편이었다. 그 파편은 또한 큰 덩어리 중심에서 떼어 낸 것이어서, 표본을 다루는 과정에서 우연히 〈지상의 엄지손가락〉 지문이 운석 표면을 오염시킬 위험을 크게 낮추었다. 그 파편을 가루로 만들어 일련의 화학 처리 과정을 거친 뒤에 암석에 들어 있는 유기물을 추출했다. 전체 과정에 사용된 증류수는 지구의 아미노산 — 〈배경〉 자연 환경에 존재하는 — 이 우연히 표본에 섞여 들 위험을 줄이기 위해 세 차례나 증류한 것을 사용했다.

머치슨 운석에서 추출된 유기물 혼합물에서 모두 일곱 종류의 아미노산이 발견되었다. 비록 극미량 — 수백만분의 1그램에 불과할 정도 — 이긴 했지만, 그것들은 분명히 운석에 들어 있었다. 특히 그중에서 두 종류의 아미노산인 〈사르코신〉과 〈2-메틸알라닌〉은 과학자들을 놀라게 했는데, 이곳 지구의 생물에서는 잘 발견되지 않는 것이었기 때문이다. 따라서 이 아미노산들은 오염된 물질일 가능성이 낮았다. 이것은 아미노산들이 외계에서 기원한 것임을 강하게 시사했다.

아미노산의 외계 기원을 명백하게 입증한 증거는 〈손 대칭성〉이라고도 부르는 〈카이랄성chirality〉이라는 특이한 화학적 성질에서 나왔다. 〈chirality〉라는 영어 단어는 〈손〉을 뜻하는 고대 그리스어 〈케이르χείρ〉에서 유래했다. 먼저 카이랄성이 무엇인지 알아보자.

두 손을 겹치는 것은 불가능하다. 오른손은 왼손과 기본적으로 다른데 — 얼핏 보면 두 손이 똑같아 보이지만 — 두 손이 서로의 **거울상**이라는 단순한 이유 때문이다. 이것이 바로 카이랄성이다. 양발도 카이랄성이 있는데, 신발을 서로 바꿔 신어 보면 그 사실을 명백히 알 수 있다.

많은 유기 분자도 카이랄성이 있다. 손과 마찬가지로 카이랄성이 서로 다른 두 분자를 겹치는 것은 불가능한데, 두 분자는 서로에 대해 완벽한 거울상이기 때문이다. 두 분자는 거울에 반사된 것과 같은 모습을 하고 있어 서로 마주 보는 모습으로는 겹쳐지지만, 같은 방향으로는 절대로 겹쳐지지 않는다. 아미노산도 이와 같은 행동을 보인다. 각각의 아미노산에는 화학적 분자 구조는 동일하지만 카이랄성이 정반대인 도플갱어 — 화학적 일란성 쌍둥이 — 가 있다.

이것은 수백 종류나 존재하는 아미노산이 각 종류마다 〈좌회전성〉과 〈우회전성〉의 두 가지 버전 중 하나로 존재할 수 있다는 뜻이다. 두 가지 버전은 서로 정반대인 카이랄성을 빼고는 완전히 동일하다. 만약 두 아미노산이 정확하게 동일한 화학 원소들로 이루어져 있고, 중심에 붙어 있는 원자 집단들도 정확하게 똑같더라도 카이랄성이 서로 다르다면, 둘은 서로 다른 분자이다. 합성 화학이 좋은 예를 제공한다. 순전히 화학적 수단만 사용해(살아 있는 생물의 영향이 전혀 없는 상태에서) 플라스크에서 아미노산을

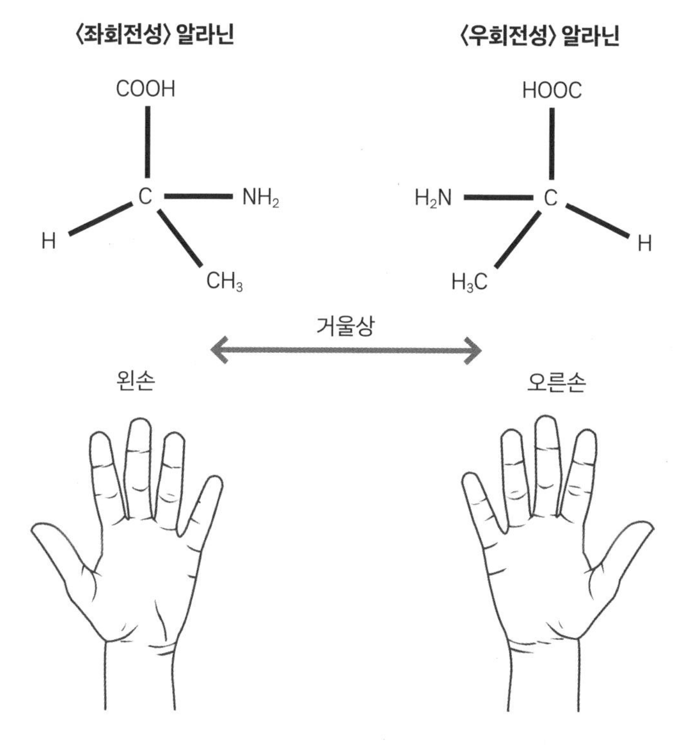

1970년에 머치슨 운석에서 발견된 〈좌회전성〉 버전과 〈우회전성〉 버전의 단순한 아미노산(알라닌). 두 버전 모두 분자를 이루는 원자들, 그리고 중심의 탄소를 둘러싼 원자들의 배열이 동일하지만, 각자는 서로의 거울상이다. 그래서 공간상에서 어떻게 비틀거나 회전시켜도 서로 겹쳐지지 않는다.

합성한다면 〈좌회전성〉과 〈우회전성〉 아미노산이 대략 각각 절반씩 만들어진다. 하지만 생물학적 아미노산은 다르다.

지구에 사는 생명체가 사용하고 합성하는 아미노산은 전부 다 좌회전성인 것으로 드러났다. 바로 이 사실에서 마법이 시작된다. 우리가 아는 생명의 화학적 기본 구성 요소는 오로지 한손잡이만 존재한다. 그것은 비대칭적이다. 지구에서 생명이 시작되었을 때, 모든 생명은 좌회전성 분자 청사진을 바탕으로 스스로를 만들었다. 왜 좌회전성을 〈선택〉했는지 그 정확한 이유는 밝혀지지 않은 채 남아 있다. 만약 우주의 다른 곳에서 탄소를 기반으로 한 생명체가 진화했다면, 그것은 우회전성 분자로 이루어져 있을지도 모른다.

하지만 지구 생화학의 이 별난 행동은 우리에게 유용한 검증 수단을 제공한다. 만약 머치슨 운석 내부에 있는 아미노산 혼합물이 살아 있는 생명체의 산물이라면, 그것은 완전히 한손잡이로만 이루어져 있을 것이라고 기대할 수 있다. 대신에 만약 비생물학적 화학 반응의 산물이라면, 〈좌회전성〉과 〈우회전성〉 버전이 대략 비슷한 비율로 섞여 있을 것이라고 예상할 수 있다.

우주 화학자들은 머치슨 운석에 들어 있는 아미노산들이 왼손잡이와 그 도플갱어인 오른손잡이가 대략 반반씩 섞여 있다는 사실을 발견했다. 이 단순한 관찰 사실은 그동안 골치를 썩였던 문제를 해결해 주었다. 이 아미노산들은 지구의 것이건 외계의 것이건 간에 생명체의 산물이 아니다. 이 결과는 (실망스럽게도) CM 콘드라이트에 포함된 아미노산과 여타 유기 분자의 생물학적 기원을 부정하는 반면, 그것이 외계에서 기원했다는 사실을

(설득력 있게) 입증한다.

머치슨 운석은 1969년에 떨어진 이래 거기서 수만 개의 유기 분자가 확인되었지만, 앞으로 더 발견될 분자의 수는 수백만 개로 확대될 게 거의 확실하다. 게다가 유기 분자를 포함한 운석은 머치슨 운석뿐만이 아니다. 탄소질 콘드라이트에 속한 8개 집단 모두뿐만 아니라, 이 중 어느 집단에 확실히 집어넣기 힘들 정도로 독특한 탄소질 콘드라이트 수십 개에서도 다양한 유기 분자 혼합물이 확인되었다. 그중에서 아미노산만 해도 70종류 이상이나 된다.

태양계를 넘어

탄소질 콘드라이트에 유기 분자가 많이 들어 있다는 사실은 초기 태양계에서 탄소를 기반으로 한 복잡한 화학이 광범위한 특징이었으며, 소행성의 보편적인 한 구성 성분이었음을 말해 준다. 실제로 우리가 하늘을 바라보면서 다른 세계들을 탐구한 이래 많은 세계에서 복잡한 화학 물질이 발견되었다. 유기 분자는 외계 세계들에서 예외가 아니라 규칙인 것처럼 보인다.

토성계에서 가장 큰 위성인 타이탄은 유기 분자가 주성분인 두꺼운 구름으로 뒤덮여 있는데, 그 농도가 매우 짙어 액체 메탄(CH_4) 비가 내린다. 얼음 표면 위로 떨어진 액체 메탄 빗방울은 액체 탄화수소 화합물 호수와 바다로 흘러가 얼음 표면을 깊이 파면서 곳곳에 강과 하천의 수로망을 만든다. 그리고 저 멀리 태양에서 날아온 자외선이 타이탄의 높은 고도에 뜬 구름에서 화학 반응을 촉발하면서 탄소질 콘드라이트에서 발견되는 것만큼 복잡한 유기 분자들을 다양하게 합성한다.

유기 분자는 기체 행성들 — 목성, 토성, 천왕성, 해왕성 — 과 그 위성들의 대기에서도 발견되었다. 토성의 위성들 중 타이탄 외에 엔켈라두스와 이아페투스에서도 유기 분자가 발견되었다. 목성의 4대 위성 중 유로파, 가니메데, 칼리스토에서도 유기 분자가 발견되었고, 해왕성의 가장 큰 위성인 트리톤에서도 발견되었다.

위성뿐만이 아니다. 2015년, NASA가 보낸 무인 탐사선 뉴허라이즌스가 9년 동안의 여행 끝에 태양계 바깥쪽에 위치한 명왕성계에 도착했다. 태양에서 약 50억 킬로미터 거리에 있는 작은 세계인 명왕성은 암석과 다양한 얼음으로 이루어져 있는데, 얼음에는 암모니아(NH_3)와 메탄(CH_4), 물이 포함되어 있다. 태양과 먼 별들과 다른 은하들에서 날아온 우주선이 단순한 분자들에 충돌해 탄소를 기반으로 한 복잡한 화학 물질의 합성을 촉진한다. 이렇게 합성된 유기 분자들이 얼어붙은 풍경 곳곳에 널려 다채로운 색깔의 쪽모이 같은 명왕성 표면을 만들어 낸다.

뉴허라이즌스는 명왕성을 지나 초속 약 15킬로미터로 계속 나아갔는데, 15억 킬로미터(태양에서 토성까지의 거리와 맞먹는 거리)를 더 지난 뒤에 또 다른 세계를 만났다. 그것은 2014 MU_{69} 울티마 툴레(2019년에 정식 이름이 486958 아로코트로 정해졌다)라는 카이퍼대 천체였다. 이 천체는 지금까지 우리 종이 방문한 세계 중 가장 먼 곳에 있다. 뉴허라이즌스는 2019년 1월 1일에 이곳에 도착했고, 그 전후 몇 주일 동안 도시만 한 이 세계의 사진들을 지구로 보냈다.

그 사진들은 매우 아름답다. 사진들은 한때 따로 존재했던 두 물체가 부드럽게 합쳐져서 만들어진 울퉁불퉁한 땅콩 모양의 천체 모습을 보여 주는데, 명왕성처럼 암석과 얼음으로 이루어진 세계이다. 가장 눈길을 끄는 특징 중 하나는 색이다. 울티마 툴레는 명왕성 표면의 일부처럼 짙은 빨간색을 띠고 있다. 사실상 전체 표면은 유기 물질 층으로 뒤덮여 있다. 유기 물질이 마치 당밀 층처럼 이 작은 세계를 뒤덮고 있지만, 태양에서 약 70억 킬로미터나 떨어져 있어 이 유기 물질들은 꽁꽁 언 고체 상태로 존재한다. 나는 그것을 밟으면 싸락눈처럼 느껴질 것이라고 상상한다.

20세기로 막 넘어올 무렵, 천문학자들은 지상의 망원경으로 핼리 혜성의 꼬리(태양열에 증발되어 표면에서 방출되는 물질)에서 유기 분자 혼합물을 발견했다. 이 혼합물에 섞인 한 유기 분자는 독성으로 유명한 사이아노젠(C_2N_2)이었다. 1910년 2월 8일, 『뉴욕 타임스*The New York Times*』는 1면을 「혜성의 유독한 꼬리」라는 제목으로 장식했다. 이어진 기사에서는 핼리 혜성의 꼬리가 지구에서 생명의 종말을 가져올 수 있다고 불안을 부추겼다. 〈사이아노젠은 매우 치명적인 독이며…… [그리고] 대기에 가득 스며들어 어쩌면 지구의 모든 생명을 죽일지도 모른다.〉

진취적인 기업가들은 대중의 공포에 편승해 방독면과 〈하늘의 분노를 피하는 묘약〉이라고 선전한 〈혜성 해독 알약〉을 팔아 돈을 벌었다. 미국 전역에서 불안에 사로잡힌 시민들 중에는 치명적인 증기를 막기 위해 집을 밀봉하고 열쇠 구멍마저 막은 사람들도 있었다. 그들의 노력이 헛된 것이 되어서 무척 다행인데, 행성 차원의 종말이 일어날 것이라고 주장한 그 엉뚱한 예언은 실현되지 않았다. 핼리 혜성 표면에서 우주 공간으로 방출된 유기 물질은 너무나도 희박해서 사실상 거의 없는 것이나 다름없었다.

유기 분자는 차가운 성운에 존재하는 별들 사이의 성간 공간에서도 발견되었는데, 은하 사이로 흘러 다니는 우주선에 자극을 받아 생겨났다. 그것은 수백만 년의 시간이 걸려 대단한 인내가 필요한 과정이지만, 우주 화학의 활동 무대는 수십억 년의 시간에 걸쳐 펼쳐지기 때문에 그 정도는 아무것도 아니다. 자유롭게 떠다니는 단순한 기체 분자들 — 일산화탄소(CO)와 수소(H_2) 같은 — 이 가끔 우주선과 충돌하면, 거기서 다른 기체와 반응하는 데 필요한 에너지를 얻어 더 복잡한 분자를 만들 수 있다. 이 과정은 계속 반복되고, 그럴 때마다 점점 더 크고 복잡한 분자가 만들어진다. 이 분자들은 우리가 닿을 수 없는 거리에 있어, 강력한 망원경을 사용해 그 분광학적 지문을 탐지하는 방법으로만 발견할 수 있다.

물론 유기 분자는 지구의 한 가지 특징이기도 하다. 유기 분자들은 서로 합쳐져서 나무와 고양이, 사람을 비롯해 경이로운 형태를 수많이 만들어 냈다.

유기 화학은 태양계의 모든 세계에서 나타난다. 유명한 천문학자이자 저자이자 과학 대중화 운동의 전도사였던 칼 세이건Carl Sagan과 그의 코넬 대학교 동료였던 비슌 카레Bishun Khare는 1979년에 『네이처』에 발표한 논문[3]에서 분자 집단을 가리키는 용어를 만들었다. 그 이름은 그것을 많이 만질 때 드는 느낌을 떠올리게 하는데, 끈적끈적한 기름과 비슷한 느낌을 연상시킨다. 〈우리는 어떤 모형에도 얽매이지 않은 기술적 용어인 《톨린tholin》을 제안한다. 비록 《스타-타르star-tar》라는 용어가 좀 끌리긴 하지만 말이다.〉

톨린은 〈진흙투성이의〉라는 뜻인 그리스어 〈톨로스θὸλος〉에서 유래했다. 나는 이 단어가 좋긴 하지만, 〈스타-타르〉가 더 마음에 든다.

기원

세이건과 카레가 스타-타르라는 용어를 만든 데에는 충분히 그럴 만한 이유가 있었다. 탄소질 콘드라이트에 들어 있는 유기 분자 중 일부는 태양계를 만든 성운에서 유래했다. 이 분자들은 우주선에 의해 합성된 뒤에 아주 차가운 환경에서 갇힌 채 살아남았다(비록 태양계 생성의 소동 속에서 약간 변형되긴 했지만). 성간 유기 분자들은 원시 행성 원반의 납작한 평면에 비처럼 쏟아졌고, 가스와 먼지와 함께 그곳에서 빙빙 돌다가 합쳐져 최초의 세계들을 만들었다.

붕괴하는 구름에서 방출된 에너지 — 그리고 중요하게는 원반 중심에서 새로 태어난 태양에서 나온 빛 — 가 단순한 기체 분자들 사이의 화학 반응을 촉진했다. 단순한 성분들로부터 복잡한 분자들이 새로 생겨났다. 그리고 이전부터 존재한 유기 분자들은 약간 변형되었는데, 일부가 떨어져 나가고 새로운 원자 집단이 들어와 그 자리를 대신했다. 새로 불붙어 지옥처럼 이글거리는 태양에서 멀리 떨어져 있던 유기 분자들은 살아남았다. 이들은 원시 행성 원반에서 소용돌이치는 가스와 암석 먼지 알갱이와 수많은 얼음 조각과 함께 태양 주위를 돌았다.

우주 퇴적물과 함께 합쳐져 탄소를 많이 포함한 미행성체를 만든 뒤에 유기 분자들은 추가적인 변화를 겪었다. 방사성 동위 원소의 붕괴에서 나온 에너지가 탄소질 콘드라이트의 부모 소행성을 따뜻하게 데웠다. 그러자 물을 포함한 유기 물질 혼합물에 거품이 일었다. 소행성들에서는 새로운 종류의 분자들이 생겨났지만, 이 세계들은 작은 크기 때문에 금방 식어 새로운 분자 합성은 시작되자마자 멈추고 말았다. 유기 분자들은 소행성들 안에 갇힌 채 약 46억 년 동안 살아남았다.

생명의 분자들은 만들기 어렵지 않다. 생물 발생 이전의 유기 화학은 비교적 쉽고, 거의 모든 태양계 생성 단계에서(그리고 그 이전에도) 일어났다. 그것은 〈당연한 화학〉이고, 만약 자연이 성운 가닥으로부터 행성계를 만들어 낼 만큼 숭고한 존재라면, 탄소 골격을 중심으로 복잡한 분자들을 조립하는 일도 손쉽게 해낼 능력이 있을 것이다. 그리고 긴 시간이 흐른 뒤에 그중 일부가 의식을 얻게 되었다.

물의 세계

운석의 물도 중요한 조사 대상이 되었는데, 알려진 2,500여 개의 탄소질 콘드라이트(이 문제에 관한 한 많은 정상 콘드라이트도)는 사실상 전부 수화(水和) 광물을 많이 포함하고 있기 때문이다. 수화 광물의 존재는 운석이 지구에 도착하기 전에 물을 많이 함유하고 있었다는 증거이다. 탄소질 콘드라이트에 포함된 물은 원래 그 운석에 있던 것이다. 그것은 외부 우주에서 유래했다.

어떤 운석(그중에서도 오르게유 운석 같은 CI 콘드라이트가 가장 좋은 예이다)은 물을 잔뜩 머금은 광물들로만 이루어져 있다. 아주 희귀한 이 운석들은 한 번도 용융된 적이 없는 소행성에서 날아왔지만, 대다수 콘드라이트와는 달리 부모 소행성을 만든 먼지가 보존되어 있지는 않다. 서로 합쳐져 CI 콘드라이트의 부모 세계를 형성한 우주 퇴적물은 전부 물의 작용으로 파괴되었다. 모든 CAI와 콘드률과 기질은 완전히 소멸되고, 결정이 될 때 물을 결정 구조에 가둔 일련의 새로운 수화 광물로 대체되었다. 이렇게 해서 이 외계의 물은 광물들의 결정 구조 내부에 갇혔다.

많은 탄소질 콘드라이트는 천연 우주 온도계처럼 물의 온도도 기록했다. 운석을 이루는 수화 광물 집단의 특성(그리고 동위원소 조성)을 분석함으로써 우주 화학자들은 순환한 물의 온도를 알아낼 수 있다. 운석에 따라 미지근한 것에서부터 펄펄 끓는 증기에 가까운 것에 이르기까지 기록된 물의 온도가 제각각 다르지만, 대부분은 목욕물과 비슷한 온도였다.

따뜻한 물의 순환 — 그리고 애초에 암석 먼지 알갱이들과 함께 합쳐진 얼음의 융해 — 을 촉발한 원인은 태양열이 아니었다. 그 에너지는 별의 열원과는 완전히 별개로 수명이 짧은 방사성 동위 원소의 붕괴에서 나왔다. 탄소질 콘드라이트의 부모 소행성들은 지질학적으로 죽은 세계가 아니라 열수 활동이 활발하게 일어났다. 이것은 유기 분자로 이루어진 스타-타르 혼합물의 풍부한 합성을 촉진했다.

*

운석을 연구하면서 우리는 화학 원소들의 합성에서부터 태양계 생성과 지구와 비슷한 암석 세계들의 조립에 이르기까지 우리의 기원을 깊이 파고든다. 탄소질 콘드라이트는 이 노력에 생물학적 관점을 제공한다.

그 속에 한때 살아 있는 생물이 있었다고 설득력 있게 말해 주는 증거는 어느 운석에서도 발견되지 않았다. 단순히 우리가 운석에서 외계 생명의 증거를 아직 발견하지 못했을 수도 있지만, 나는 그 가능성을 의심한다. 나는 (그리고 많은 우주 화학자는) 그보다는 탄소질 콘드라이트에 생명 이야기의 화학적 **전편**(前篇)에 해당하는 이야기가 기록되어 있을 가능성이 훨씬 높다고 생각한다.

탄소질 콘드라이트는 또한 태양계의 다른 곳에 생명이 존재할 가능성을 시사한다. 스타-타르는 소행성들을 비롯해 태양계에 있는 많은 세계의 표면을 뒤덮고 있으며 그 암석 구조에 섞여 있다. 생명의 복잡한 분자들은 광범위하고 풍부하게 존재하기 때문에, 적어도 태양계의 다른 곳에서 생명체를 탄생시켰을 가능성이 있다. 지구에서 생명은 지구가 생성되고 나서 얼마 지나지 않아 나타났다. 그렇다면 같은 성분들이 있는 곳이라면 다른 곳에서도 같은 일이 일어나지 말라는 법이 있겠는가? 막 태어난 태양계에는 따뜻하고 유기물이 포함된 물이 있는 소행성이 무수히 많았는데, 이 세계들은 태양계에서 생명체가 거주할 수 있는 최초의 장소들이었다.

그리고 우리 태양계가 본질적으로 특별한 점이 있는 것도 아니며, 스타-타르는 우주 전체에 널려 있는 무수한 행성계의 한 가지 특징인 것이 분명하다. 지구 근처의 다른 곳에서 유기 분자들이 생명체로 발달하는 일이 일어나지 않았다 하더라도, 은하 전체에서 생겨나는 수많은 태양계에 유기 분자가 보편적으로 존재한다는 사실을 감안하면, 우주의 다른 곳에서 생명이 출현할 가능성은 충분히 있다(그리고 내 생각에는 불가피해 보인다). 생명의 화학적 기본 구성 요소는 도처에 존재한다.

하지만 소행성의 생명체는 설령 출현했다 하더라도 생존 기간이 짧았을 것이다. 중간 크기의 탄소질 소행성도 금방 식었을 텐데, 내부의 열을 우주 공간으로 빼앗기면서 바깥쪽부터 차례로 차가워져 갔을 것이다. 소행성은 수천 년이 지나면서 결국 중심부만 충분히 따뜻한 상태로 남아 서식 가능 영역이 급격히 축소되었을 것이다. 그리고 곧 소행성 전체가 꽁꽁 얼어붙어 한계선상에서 버티고 있던 생명체들도 모두 추위 속에서 죽어 갔을 것이다. 언젠가 이 세계들에 탐사선이 가서 — 혹은 우리가 직접 가서 — 표면 아래에 묻혀 있는 암석 표본을 채취하다가 태양계 최초의 생명체가 얼어붙은 채 남아 있는 흔적을 발견할지도 모른다.

감질나게도 우리는 원시적인 유기 물질이 부모 소행성을 탈출해 초기 지구에 도착했다는 사실을 분명히 알고 있다. 탄소질 콘드라이트는 초기 지구의 표면에 뿌려진 생명의 씨앗이고, 거기서 생명의 나무가 웅장하게 자라났을지도 모른다.

지구의 암석 기록은 생명의 이야기를 들려준다. 그 가지들을 따라 생명의 역사를 거꾸로 살펴보려고 할 때, 우리는 화석이 들어 있는 퇴적암 층을 들여다본다. 유인원을 닮은 우리 조상의 화석에서부터 먼 옛날 바다에 살았던 생물들과 35억 년 전의 얕은 바다 바닥을 뒤덮으며 햇볕을 쬐던 미생물에 이르기까지 수많은 화석이 있다. 생물학적인 것에서부터 생화학적인 것과 순수하게 화학적인 것에 이르기까지 그 이야기를 거꾸로 추적하면, 결국에는 하늘에서 떨어진 암석들을 만나게 된다.

찬란하게 빛나는 탄소질 콘드라이트는 하늘에서 온 생물학 이전 시대의 우리 조상일지 모른다.

9장
붉은 행성의 파편

밤하늘에서 아름답게 빛나고 광공해가 아주 심한 지역에서도 보이는 천체들이 있다. 그중 하나는 하늘에서 거대한 은색 구체로 장엄하게 빛나는데, 하도 밝아서 심지어 낮에도 볼 수 있다. 그 천체는 물론 달이다. 햇빛을 반사해 우리 머리 위에서 밝게 빛나는 달 표면은 밤 풍경에 은은한 빛을 비추면서 수천 년 동안 많은 이야기와 신화에 영감을 주었다. 달은 시계로서도 유용한 역할을 한다. 달이 뜨고 지는 시각과 달이 기울고 차는 주기는 시간을 재는 척도가 되었다. 달이 하늘을 가로지르는 움직임은 태양이 다시 돌아올 때까지 남은 시간을 책임지며, 주기적인 달의 위상 변화 — 초승달에서 반달, 보름달로 변했다가 다시 반대로 변하는 과정 — 는 약 30일에 걸쳐 일어난다. 계절 변화를 정확하게 파악하는 능력에 의지해 살아가던 수렵 채집인에게 달은 편리한 시계였다.

하늘에서 또 다른 빛들은 언뜻 별처럼 보이지만, 자세히 관찰하면 별과 확연한 차이가 있다. 이 빛들은 달처럼 차거나 기울지도 않고 밝은 구체도 아니다. 보통 별처럼 보이지만 기이한 행동과 특이한 속성을 보여 준다.

모든 별은 시간이 지남에 따라 하늘에서 움직이는 것처럼 보인다. 지구의 자전 운동 때문에 별들은 큰 호를 그리며 움직이지만, 서로에 대한 상대 위치는 변하지 않는다. 별들은 머리 위에서 회전하는 무한히 큰 돔에 고정된 채 빛나는 점들처럼 보인다. 하지만 어떤 〈별들〉은 위치가 변하는데, 며칠 또는 몇 주일이라는 짧은 시간에도 감지할 수 있을 만큼 변한다. 이 별들 역시 시간이 지남에 따라 큰 호를 그리며 하늘을 가로지르지만, 고정된 별들을 배경으로 매일 그 상대 위치가 변한다. 먼 옛날 사람들도 하늘에서 이렇게 천천히 움직이는 점들을 놓치지 않았다. 고대 그리스인들은 이 특이한 빛의 점들을 〈방황하는 별들〉이라는 의미를 지닌 〈플라네테스 아스테레스πλάνητες ἀστέρες〉라고 불렀다. 오늘날 우리는 이 천체들을 〈행성planet〉이라고 부른다. 행성들은 지구와 마찬가지로 태양 주위의 궤도를 돌기 때문에 밤하늘에서 이러한 움직임을 나타낸다.

약 20만 년 동안 인류는 두 발을 땅에 디딘 채 지구 표면에서만 살아왔다. 신화에서는 수성Mercury을 하늘에서 바쁘게 달리는 신들의 전령 메르쿠리우스Mercurius,* 밤하늘에서 가장 아름답게 빛나는 천체 중 하나인 금성Venus은 로마 신화에 나오는 사랑과 미의 여신 베누스Venus,** 성난 것처럼 보이는 붉은 행성 화성Mars은 로마 신화에 나오는 전쟁의 신 마르스Mars라고 설명했다. 태양계에서 가장 큰 행성인 목성Jupiter은 로마 신화에 나오는 신들의 왕

* 머큐리Mercury는 메르쿠리우스의 영어 이름이다 — 옮긴이 주.
** 그리스 신화의 아프로디테에 해당하는 여신이다 — 옮긴이 주.

유피테르Jupiter에서 그 이름을 땄고, 가장 느린 속도로 배회하는 행성인 토성Saturn은 로마 신화에서 식량과 모든 것이 풍요로웠던 〈황금시대〉 동안 지구를 다스렸다는 농경의 신 사투르누스Saturnus에서 그 이름을 땄다. 우리는 별들과 마찬가지로 행성들을 의인화해 우리 자신의 성격과 드라마를 투사했다.

하지만 행성마다 자기 나름의 이야기가 있고, 그중 일부가 지구 이야기처럼 암석에 새겨져 있다는 사실을 우리는 알지 못했다. 이제 우리는 과학의 도구를 사용해 행성들의 지질학적 역사를 밝혀내고 있다. 한 사람의 생애에 해당하는 기간에 우리는 맨눈으로 볼 수 있는 여섯 행성 모두에 우주 탐사선을 보내 그 주변의 궤도를 돌게 하는 데 성공했고,[1] 금성과 화성 표면에 로봇 과학 실험실을 무사히 착륙시켰다. 태양계 탐사는 헌신적이고 지속적인 노력에서 나온 대단한 기술적 성취를 대표할 뿐만 아니라, 우리가 집단 의지와 노력을 쏟아붓기만 한다면 가장 어려운 문제들을 풀 능력이 있다는 것을 보여 준다.

운석도 적어도 한 행성의 탐사에서 중요한 역할을 했다.

화성으로

1971년 11월 27일, 소련의 무인 우주 탐사선 마르스 2호가 지구를 떠난 지 약 6개월 만에 마침내 초속 6킬로미터로 화성의 대기권에 진입했다. 내부에는 화성 표면 위에 연착륙하도록 설계된 간편한 과학 실험실이 실려 있었다. 하강하는 동안 맞닥뜨린 높은 압력과 1,000°C의 온도를 열 차폐가 고스란히 받아 내면서 온갖 과학 장비가 탑재된 소중한 착륙선을 보호했다. 탐사선의 안전한 착륙을 위해 낙하산도 준비되어 있었다. 하지만 낙하산이 제대로 작동하지 않았다. 화성 대기권에 진입한 지 3분 뒤에 마르스 2호는 교신이 끊겼다. 비록 공학적 실패로 간주되긴 하지만, 마르스 2호는 화성 표면에 착륙한 최초의 인공 물체였다.

불과 9일 뒤에 동일한 우주 탐사선 마르스 3호가 발사되었다. 마르스 3호는 쌍둥이 탐사선의 뒤를 바짝 따라가면서 1971년 12월 5일에 붉은 행성에 도착했지만 역시 비슷한 운명을 맞이했다.

두 탐사선은 도착한 때가 좋지 않았다. 거대한 먼지 폭풍이 화성 전체를 뒤덮으면서 시속 100킬로미터의 바람에 실려 모래와 미세 먼지 구름이 70킬로미터 상공까지 치솟았다. 이것은 에베레스트산보다 거의 8배나 높은 것이다. 태양계에서 가장 높은 화산인 올림푸스산조차 그 아래에 잠기고 말았다. 이것은 지금까지도 화성에서 관찰된 가장 극적인 먼지 폭풍으로 남아 있다. 착륙선을 싣고 간 우주선들은 착륙선을 계속 단 채 궤도를 돌 만큼 연료가 충분하지 않았고, 그래서 먼지 폭풍이 가라앉을 때까지 기다릴 수 없었다. 소련 과학자와 공학자들은 소중한 착륙선을 내려보내는 수밖에 선택의 여지가 없었다. 착륙선을 구하기 위해 그들이 할 수 있는 일은 아무것도 없었다.

마르스 3호의 착륙 시스템은 마르스 2호의 착륙선과 동일한 것이었다. 기적적으로 컴퓨터로 제어되는 착륙 절차는 완벽하게 실행되었지만, 거세게 몰아치는 화성의 질풍 앞에서 낙하산은 무용지물이었다. 마르스 3호는 불시착하면서 사용이 불가능할 정도로 크게 망가졌다. 착륙한 지 20초가 지났을 때, 마르스 3호에서는 아무런 신호도 없었다. 하지만 곧 희미한 신호가 지구에 도착했다. 화성 표면을 최초로 촬영하도록 설계된 착륙선의 녹화기에서 데이터가 전송되어 온 것이다. 사진은 하나도 나타나지 않았다. 흐릿한 픽셀들을 통해 아무 형체 없는 흰색 형태만 보였다. 그러고 나서 마르스 3호는 쌍둥이 탐사선과 마찬가지로 영영 교신이 끊기고 말았다.

1974년 3월에 마르스 6호와 7호 쌍둥이 탐사선이 화성 표면에 (연)착륙하는 데 실패하면서 소련 과학자들은 다시 한번 좌절을 맛보았다. 정교한 전자 장비들에 전기가 흐르지 않았다. 그 결과로 어떤 장비도 화성의 이미지를 촬영하거나 화성의 암석을 뒤집지 못했다. 탑재된 회로도 지구에서 보낸 깨어나라는 신호를 받지 못했다. 각각의 금속과 전선 무더기는 화성 표면 위에서 미동도 하지 않고 차갑게 얼어붙은 채 남았다.

NASA는 같은 불운을 겪고 싶지 않았다. 마르스 착륙선의 실패에서 교훈을 얻은 NASA는 행성 간 우주 탐사선을 제작해 1975년 8월에 바이킹 1호와 바이킹 2호라는 쌍둥이 탐사선을 보냈다. 이 탐사선들은 궤도선과 착륙선의 두 부분으로 이루어져 있었다.

바이킹 1호는 1976년 6월에 화성에 도착해 화성 주위의 궤도에 안착했다. 그리고 한 달이 지나기 전에 착륙 장소를 최종 선정해 착륙선을 내려보냈다. 화성 대기권에 진입한 지 9분이 지났을 때, 바이킹 1호는 단단한 붉은색 땅 위에 연착륙했다. 마침내 인류가 화성에 탐사선을 착륙시키는 데 성공하게 된 것이다. 착륙한 지 25초 만에 사진 한 장이 지구에 도착했다. 이 사건은 생방송으로 미국 전역에 중계되었다. 화성 표면을 찍은 최초의 사진이 한 줄씩 한 줄씩 텔레비전 화면에 구현되었다.

그것은 의심할 여지 없이 역사상 가장 중요한 사진 중 하나였다. 그것은 인류의 거의 전 역사를 통해 하늘을 배회하는 붉은 별에 불과했던 화성이 하나의 장소가 된 순간이었다. 바이킹 1호의 다리 하나가 도처에 암석이 널린 화성의 지면 위에 짧은 그림자를 드리웠다. 인간 탐사자를 동반하지 않은 바이킹 1호는 우리 대신에 그곳에 가서 기계적 눈을 통해 화성을 관찰했다.

텔레비전에서는 화성 표면에서 펼쳐지는 사건들을 매일 특별 방송으로 미국 전역의 거실들로 중계했다. 바이킹 1호는 역사상 최초로 화성의 기상도 전했다. 그날의 최저 기온은 -86°C, 오후의 최고 기온은 -33°C에 이르렀고, 최대 시속 50킬로미터에 이르는 강풍이 분다고 했다. 날씨 같은 일상적인 지구의 현상을 이제 다른 행성에서도 관찰하는 것이 현실이 되었다. 몇 주 뒤에 바이킹 2호가 화성 궤도에 도착했고, 곧이어 화성 표면에서 활동 중이던 쌍둥이와 합류했다.

두 착륙선은 사진을 계속 찍었다. 탐사선 다리 주위의 지면에는 자갈들이 도처에 널려 있었고, 바람에 날려 온 모래가 그 위에 쌓였다. 사진들은 굽이진 모래 언덕들이 끝없이 이어진 풍경을 보여 주었다. 겨울 동안에는 이산화 탄소와 물이 언 얼음 혼합물로 이루어진 아삭아삭한 서리가 모래와 암석에 들러붙어 온통 붉은색 일색인 풍경을 하얗게 뒤덮었다. 화성에도 지평선이 있었고, 그 위로 옅은 주황색 하늘이 펼쳐졌다. 바람에 날려 하늘을 뒤덮은 미세 먼지 입자가 희미한 햇빛을 받아 그런 색조를 빚어냈다.

착륙하고 나서 30일이 지났을 때, 바이킹 1호는 화성의 지평선 너머로 지는 태양을 촬영했다. 지구에서 수백만 번의 석양을 바라본 우리는 이제 다른 행성의 석양 장면을 지켜본 최초의 인류가 되었다.

이 세계의 것도, 저 세계의 것도 아닌

2005년, NASA가 보낸 화성 로봇 탐사차 오퍼튜니티는 324화성일 동안 화성의 붉은 표면 위를 돌아다닌 뒤에 특별히 기이하게 생긴 암석과 맞닥뜨렸다. 이 암석은 화성에 흔히 널려 있는 울퉁불퉁한 주황색 암석들과는 매우 대조적으로 바깥 면이 반들반들했고 골처럼 움푹 파인 부분들로 뒤덮여 있었다. 이 골들은 기묘하게도 이곳 지구의 운석에서 발견된 레그마글립트*를 연상시켰다. 화학적 분석 결과에 따르면 그 암석은 거의 다 철과 니켈로 이루어진 것으로 드러났다. 그것은 화성의 하늘에서 떨어진 금속 조각으로, 바로 철질 운석이었다.

이 소행성 파편에는 이곳 지구에서 발견된 운석에 이름을 붙이는 관행에 따라 발견된 장소의 이름을 따 히트실드록Heat Shield Rock**이라는 별명이 붙었다. 1년 전에 화성 표면으로 떨어질 때 오퍼튜니티를 보호했던 열 차폐가 떨어져 있던 장소 옆에서 이 암석이 발견되었기 때문이다. 붉은 행성은 짙은 대기의 보호막이 없기 때문에, 운석은 화성 표면까지 아무 저항 없이 떨어지며, 일단

* 167면 참고.

** 〈열 차폐 암석〉이라는 뜻 — 옮긴이 주.

땅 위에 떨어지면 녹이 잘 슬지 않는다. 거의 화성 전체를 뒤덮고 있는 황량한 사막에 떨어진 운석은 빗물의 파괴적 영향도 받지 않는다. 그 후 탐사차들은 화성 표면에서 운석을 9개 더 발견했다.

운석은 지구만의 전유물이 아니었다.

*

1970년대 후반에는 모든 운석이 소행성에서 날아온다는 것이 여전히 지배적인 견해였다. 앨런힐스 81005 — 달 표면에서 날아온 파편으로 확인된 최초의 운석 — 가 얼어붙은 남극 동부 빙상에서 발견된 때는 1982년이었다. 도중에 완전히 파괴되지 않고 달이나 행성 같은 큰 천체 표면에서 암석이 튀어나오는 것은 불가능하다고 생각되었다. 암석이 그렇게 강한 중력장을 뿌리치고 탈출하는 데 필요한 가속도를 견뎌 내면서 살아남을 수 없다고 보았기 때문이다.

한편 우주 화학자들은 각각의 운석이 소행성대의 작은 세계에서 유래했다는 가정하에 지질학적 유사성을 바탕으로 운석들을 주요 집단들로 분류하는 작업을 진행하고 있었다. 모든 운석은 소행성대에서 날아온 파편이 틀림없다고 생각했다. 하지만 가끔 이러한 소행성 위주의 세계관을 완강하게 거부하는 운석이 있었다.

운석에 기록된 지질학적 특성과 이야기가 점점 더 깊고 기본적인 수준에서 드러나자, 설명할 수 없는 관찰 사실들이 주목을 끌었다. 거기에는 잘못된 것이 있었다. 일부 운석에는 소행성대의 어떤 세계보다 훨씬 큰 천체에서 유래했다는 단서가 있었다. 그중에서도 세 운석 집단이 특별히 기묘한 것으로 드러났다.

기묘한 3개의 암석

세 집단 중 하나에 속한 운석이 1815년 가을에 풍성한 포도밭이 널린 프랑스 샹파뉴-아르덴 지방의 평온을 깨뜨렸다. 이 운석은 대기를 뚫고 지나올 때 마치 머스킷 총성 같은 소리를 냈다. 구름 한 점 없던 아침 하늘에서 화구는 목격되지 않았지만, 요란한 소리에 놀란 한 와인 양조업자는 하늘에서 날아온 고체 물체가 근처에 떨어지는 장면을 보았다. 땅에 새로 생긴 구멍에 다가가 보았더니 그 속에 돌이 있었다. 운석 낙하 소식은 현지의 지역 사회로 퍼져 나갔다. 근처의 샤시니 마을 사람들이 곧 몰려와 하늘에서 떨어진 암석 파편 — 모두 검은색 껍질로 뒤덮여 있었다 — 을 더 발견했는데, 이 기묘한 돌들의 무게는 모두 합쳐 4킬로그램이나 되었다. 떨어진 장소의 이름을 운석에 붙이는 관행에 따라 이 운석은 〈샤시니Chassigny〉라고 불리게 되었다.

두 번째 기묘한 운석은 1865년 8월 청명한 오전에 인도 북동부에 떨어지면서 큰 소동을 일으켰다. 『캘커타 가제트*Calcutta Gazette*』는 〈아주 큰 폭발음과 함께 하늘에서 돌이 떨어져 땅속에 무릎 깊이로 파묻혔다〉라고 보도했다. 밭에서 일하던 농부들은 그 돌이 정확하게 어디에 떨어지는지 보았고, 50년 전에 프랑스 양조업자들이 그랬던 것처럼 그 장소로 달려가 돌을 회수했다. 지구의 상층 대기에 들어온 지 불과 몇 분 만에 운석은 호기심 많은 구경꾼들의 손에 들어갔다. 무게 5킬로그램의 운석에는 그 마을 이름을 따 〈셔고티Shergotty〉라는 이름이 붙었다.

1911년 6월 28일, 고대 도시 알렉산드리아에서 동쪽으로 45킬로미터 떨어진 이집트의 엘나클라 엘바하리아 마을에 돌들이 비처럼 쏟아졌다. 돌들이 지나간 자리에 거대한 흰색 연기 기둥이 머물러 있었고, 무시무시한 폭발음이 나일강 삼각주 지역에 점점이 흩어져 있는 마을들을 뒤흔들었다. 현지 주민들은 처음에는 하늘에서 펼쳐지는 사건에 겁을 먹었지만, 이내 떨어진 돌들 — 일부 파편은 땅속으로 팔 길이만큼 들어가 박혀 있었다 — 을 회수하러 나서 모두 40개 이상을 채집했다. 그것들을 다 합친 무게는 10킬로그램이 넘었다. 대다수 돌은 특별히 밝게 빛나는 검은색 용융각으로 뒤덮여 있었다. 이것은 호기심을 더욱 자극했다. 이 운석은 〈나클라Nakhla〉로 불리게 되었다.*

약 100년에 걸쳐 각각 다른 세 대륙에 떨어졌지만, 셔고티 운석과 나클라 운석과 샤시니 운석에 수반된 이야기는 놀랍도록 비슷하다. 구경꾼들은 처음에는 놀라거나 두려워했지만 그 두려움은 곧 호기심과 흥분에 밀려났다. 그리고 세 운석은 서로 다른 반면, 모두 한때 용융되었던 암석이 결정화되면서 생긴 화성암이었다. 그 박편을 암석학 현미경으로 들여다보면 각각의 운석에서 화성암 광물들이 아름다운 색의 광채를 내면서 서로 맞물려 만화경처럼 보인다. 세 운석은 화학적으로도 비슷하다. 그다음 100년 동안 우주 화학자들의 손에 더 많은 운석이 들어가자, 셔고티 운석

* 우주 화학자들 사이에 일종의 전설이 된 이야기가 있는데, 나클라 운석이 떨어질 때 그 파편에 개가 맞아 죽었다는 것이다. 이 불행한 이야기의 진실 여부는 입증하기 어렵다(나는 이것이 진실이 아니길 바란다).

과 나클라 운석과 샤시니 운석과 비슷한 운석들이 더 발견되었다. 그래서 지질학적 유사성을 바탕으로 분류한 세 집단이 운석 분류 체계에 추가되었다. 이 집단들에는 같은 종류의 운석 중 맨 먼저 발견된 운석의 이름을 따서 각각 〈셔고티군〉, 〈나클라군〉, 〈샤시니군〉이라는 이름이 붙었다.

세 집단은 서로 밀접한 연관 관계가 있는 것이 분명했는데, 대다수 우주 화학자는 이들이 모두 같은 부모 천체에서 유래했다고 생각했다. 게다가 어떤 소행성보다 훨씬 큰 세계에서 유래했다는 것을 뒷받침하는 증거들이 점점 많아졌다. 그래서 세 운석 집단을 하나로 뭉뚱그려 〈SNC 운석〉이라고 부르게 되었다.

셔고티군 운석, 나클라군 운석, 샤시니군 운석

셔고티군 운석은 마그마가 천체 표면을 흘러가면서 두꺼운 카펫처럼 뒤덮은 뒤에 생겨났다. 뜨겁게 달아오른 용암이 식자, 결정화가 일어나면서 오늘날 지구와 달, 일부 소행성에서 흔히 볼 수 있는 화성암인 현무암이 만들어졌다. 현미경 위에 나란히 놓고 살펴보면, 많은 셔고티군 운석은 하와이와 아이슬란드의 용암류를 이루는 암석과 사실상 동일하다. 셔고티 운석과 나머지 셔고티군 운석들은 그 역사 중 어느 시기에 부모 세계의 표면에 있다가 고에너지 충돌 — 일종의 작은 소행성 충돌 — 사건을 겪었다. 충돌에서 나온 충격파가 현무암을 지나가면서 곳곳에 십자 무늬 형태의 균열과 용융 상태의 광맥을 남겼는데, 용융 상태의 광맥은 금방 식어 유리가 되었다.

나클라군 운석은 거의 다 단사휘석이라는 큰 화성암 광물 결정으로만 이루어져 있다. 이 결정들은 천천히 식은 마그마 이야기를 들려준다. 이 마그마는 지표면에서 굳은 셔고티군 운석의 결정과 달리 땅속에서 결정화가 일어났다. 그렇기 때문에 위에 쌓인 암석이 열이 빠져나가는 것을 막아 천천히 식었다. 나클라군 운석은 두꺼운 지하 마그마대의 바닥에서 생겼을 가능성이 높다. 큰 단사휘석 결정은 마그마대에서 아래로 가라앉아 그 바닥에 쌓였고, 위에서 더 많은 단사휘석이 쏟아지면서 결정들의 층이 점점 더 두꺼워졌다. 그러다가 결국 전체 지하 마그마계가 얼어붙었고, 그동안 무수히 쌓인 결정들이 그 바닥에 갇히면서 단사휘석 결정들도 거기에 자리를 잡게 되었다. 그리고 얼마 지나지 않아 우주에서 날아온 물체의 충돌로 지표면으로 나오게 되었다. 하지만 그렇게 튀어 나간 과정은 부드럽게 일어난 것이 분명한데, 단사휘석 결정에 큰 충격을 받은 흔적이 사실상 전혀 없기 때문이다.

샤시니군 운석도 비슷한 환경에서 생겨났지만 완전히 다른 종류의 화성암이다. 샤시니군 운석은 단 3개 — 프랑스 포도밭에 떨어진 것과 아프리카 사막에서 발견된 것 2개 — 만 알려져 있어 아주 희귀하고 소중한 운석이다. 그중에서 떨어지는 장면이 유일하게 목격된 샤시니 운석은 지구의 날씨와 산소 함량이 높은 대기에 고초를 겪지 않았다. 그래서 거의 순수한 감람석 광물의 옅은 초록색을 유지하고 있다. 구성 광물인 감람석은 지하에서 천천히 식은 마그마 동굴에서 아래로 가라앉아 서로 맞물린 초록색 결정들의 무더기를 형성했다. 샤시니군 운석은 충돌을 통해 지하 감옥에서 탈출하는 과정에서 강한 압력에 손상을 입었고, 충격파의 외상 때문에 일부 감람석은 비틀리거나 균열이 생겼다.

그런데 세 운석 집단은 용융 상태의 암석이 결정화되어 생긴 암석과 일반적으로 관계가 없는 특징을 포함하고 있는데, 그것은 바로 물이다. 많은 SNC 운석에는 광물을 많이 함유한 짠물에서 침전된 결정들이 섞여 있다. 이 암석들 사이에서 물이 순환하면서 화성암 결정들 사이의 액체 공간에 스며들어, 물에 영향을 받은 암석을 연구하는 지질학자들에게 익숙한 광물을 남겼는데, 탄산염과 점토, 소금 등이 그것이다. 이것은 SNC 운석군이 화성 활동이 활발할 뿐만 아니라 자유롭게 흘러 다니는 물이 있는 천체에서 유래했을 가능성을 시사했다.

시카고 대학교의 우주 화학자들은 여기서 조금 더 깊이 파고들어 몇몇 SNC 운석에서 산소 동위 원소 혼합물을 측정했다. 이들은 10여 년 전에 CAI의 기묘한 산소 동위 원소 지문을 발견했던 바로 그 연구 팀이다. 그들의 전문 지식은 당대 최고였고, 오늘날의 기준으로도 그들의 데이터는 여전히 인상적이다. 그들은 SNC 운석 집단에는 모두 가장 가벼운 산소 동위 원소인 ^{16}O이 없다는 사실을 발견했다. 이것은 SNC 운석군이 동일한 천체에서 유래했음을 합리적 의심을 넘어서서 입증했다.

그뿐만이 아니었다. 동위 원소 혼합물을 산소 동위 원소 그래프(66면에 소개한 것과 같은)로 나타내 보았더니, SNC 운석군은 하나의 직선 위에 놓였다. 그 직선은 기울기가 $\frac{1}{2}$이었다. 그것은 지구 분별 선 — 지질학적 시간 동안 화학적, 지질학적, 생물학적, 물리적 과정을 거치면서 변화해 생긴 지구의 모든 산소가 나타내는 선 — 과 정확하게 평행선을 그렸다. SNC 운석군이 나타내는 선을 〈SNC 분별 선SNC fractionation line〉이라고 부른다.

산소는 지질학적으로 더 진화하고 복잡한 공통의 부모 세계를 드러냈다. SNC 운석이 어디서 유래했건 간에, 지질학적 과정이 광범위하게 작용해 산소가 기울기 $\frac{1}{2}$의 직선을 나타내도록 만들었다. 그곳은 상대적으로 단순한 화성암 소행성(용융 상태에서 불과 수백만 년 이내에 얼어붙는 바람에 산소를 이리저리 뒤섞어 긴 분별 선을 만들 시간이 충분하지 않았던)보다 훨씬 풍부하고 복잡한 지질학적 역사를 가진 세계였다.

동위 원소가 제공한 통찰력

우주 화학에서 자주 일어나는 일이지만, 동위 원소가 추가로 통찰력을 제공했다. 운석의 오랜 나이는 운석의 고유한 특징 중 하나이다. 운석의 부모 천체인 소행성만이 태양계 역사의 최초 수백만 년 동안 생성된 암석을 보존할 수 있는 능력이 있다. 운석 내부에 있는 천연 원자시계는 방사성 동위 원소가 붕괴해 새로운 원소를 만들면서 끊임없이 재깍거리는데, 운석들에 기록된 나이는 모두 46억 년 전 부근을 가리킨다. CAI, 콘드룰, 유크라이트와 디오제나이트, 철질 운석, 서로 다른 소행성에서 유래한 그 밖의 화산암 집단은 모두 초기 태양계 시절에 결정화되었다.

운석의 나이가 아주 어리게 나올 수 있는 유일한 방법은 큰 충돌의 충격으로 그 내부 시계가 리셋되는 경우뿐이다. 그러한 충격은 암석의 구조에 명백한 파괴 이야기를 기록하는 경향이 있다. 그런데 일부 SNC 운석은 지질학적으로 어려 보이는데도 충돌로 큰 손상을 겪은 흔적이 전혀 없어 다소 불가사의하다.

예를 들면 나클라 운석은 약 13억 년 전에 마그마로부터 결정화되어 만들어진 거의 원시 상태 그대로의 화성암이다. 나클라 운석의 나이는 일반적인 운석들에 비하면 상당히 어린 편이다. 소행성들은 약 46억 년 전에 생성되었다. 일부 SNC 운석은 감질나게도 그보다 30억 년이나 어리다. 이것을 바탕으로 SNC 운석의 부모 세계에서 물이 자유롭게 흘러 다닌 시점에 상한선을 그을 수 있다.

셔고티군 운석과 나클라군 운석, 샤시니군 운석은 지질학적으로 비교적 가까운 과거에 화성 활동과 열수 활동이 일어난 태양계 천체 — 지구를 제외한 — 에서 유래했다. 화산 활동이 활발했던 세계! 물이 있었던 세계! 그래서 소행성은 가능한 후보에서 단번에 배제되었고, SNC 운석의 잠재적 부모 세계는 그 수가 100만 개가 넘던 것에서 단 4개로 줄어들었다. 그 후보는 수성과 금성, 목성의 위성인 이오, 화성이다.

배제 과정

수성의 표면은 전부 다 지구의 현무암과 비슷한 화성암으로만 이루어져 있다. 수성 주위의 궤도를 도는 탐사선이 수많은 화도(火道)를 촬영했고, 광대한 표면 위에 얼어붙은 용암이 혓바닥처럼 길게 늘어선 모습도 많이 포착되었다. 거의 모든 면에서 수성은 화성 활동이 만든 화성암 세계이다. 하지만 수성에는 곳곳에 수많은 크레이터가 곰보 자국처럼 널려 있다. 이것은 달처럼 수성도 수십억 년 동안 지질학적으로 죽은 행성이었음을 시사한다. 만약 수성이 지질학적 시간으로 비교적 최근에 화산 활동이 활발했더라면, 많은 크레이터는 용암으로 채워져 탐사선에 포착되지 않았을 것이다. 수성의 표면은 정말로 오래되었고, 표면을 덮고 있는 현무암은 나이가 너무 많아 비교적 어린 SNC 운석의 원천이 될 수 없다. 게다가 수성 표면에서 튀어나온 암석은 태양의 강한 중력장에 붙들려 금방 뜨거운 최후를 맞이할 가능성이 높다.* 수성에서 탈출한 암석이 태양계로 나와 지구로 날아오기는 매우 어렵다.

그렇다면 수성은 후보군에서 배제되고, 이제 금성과 이오와 화성만 남았다.

금성은 수성처럼 표면이 거의 다 결정성 현무암으로 이루어진 화성암 세계이다. 하지만 수성과 달리 금성은 충돌 크레이터가 거의 없다. 이것은 지질학적 시간으로 보면 비교적 최근에, 아마도 10억 년 전에서 5억 년 전 사이에, 표면이 새로운 용암으로 뒤덮였음을 시사한다. 비록 완벽하게 일치하는 것은 아니지만, 대략 SNC 운석의 결정화 연대와 일치한다.

하지만 금성의 두꺼운 이산화 탄소 대기는 너무나도 짙어 아주 거대한 것을 제외하고는 충돌체가 표면까지 도달할 수 없다. 그런데 금성 전체를 둘러싼 보호막은 양방향으로 작용하는데, 밖에서 들어오는 암석을 막기도 하지만 밖으로 나가려는 암석도 막

* 하지만 컴퓨터 시뮬레이션은 충돌을 통해 수성 표면에서 튀어나온 암석이 태양의 강한 중력장을 뿌리치고 탈출할 수도 있다는 것을 보여 주었다. 그중 일부가 지구의 중력에 붙들려 수성 운석으로 떨어질 수도 있다. 하지만 (아직까지는?) 그런 운석은 발견된 적이 없다.

는다. 충돌로 금성 표면에서 초음속으로 튀어 나간 암석조차도 구름을 뚫고 나가기 전에 속도가 늦춰져서 멈춰 서고 만다. 따라서 금성 표면에서 암석이 우주 공간으로 빠져나가는 것은 사실상 불가능하다. 게다가 금성은 전체적으로 매우 건조하기 때문에 SNC 운석에 섞여 있는, 물에서 생성된 광물이 어떻게 생길 수 있었는지 설명하기 어렵다.

이제 금성도 배제되고, 이오와 화성만 남았다.

1979년, NASA의 보이저 1호는 태양계에서 화산 활동이 가장 활발한 천체를 발견했다. 그것은 목성의 4대 위성 중 하나인 이오였다. 행성 주위의 궤도를 도는 위성에서 그렇게 기이한 세계가 발견되리라고는 아무도 예상하지 못했다. 수백 개의 화산 — 그중 150개 이상은 지금도 활동하고 있다 — 에서 시뻘건 용암 강이 흘러나왔고, 화산재 구름이 이오의 하늘로 수백 킬로미터 높이까지 치솟았다. 이오는 영원한 지옥과 같은 세계이다. 끊임없이 새로운 화성암으로 뒤덮이는 이오의 표면에서는 충돌 크레이터의 흔적을 전혀 찾아볼 수 없는데, 생기자마자 금방 용암으로 메워지기 때문이다.

이오는 얼핏 보기에 SNC 운석의 부모 세계로 아주 적합해 보인다. 우리는 이오 표면에서 우주 공간으로 솟아오르는 화산 연기 기둥 사진을 많이 얻었는데, 높이 솟아오르는 화산재와 화산 가스 기둥에 암석도 섞여 있을 것이라고 충분히 추측할 수 있다. 설령 화산이 아니더라도, 작은 소행성 충돌로 표면의 암석이 대기의 방해 없이 우주 공간으로 튀어 나갈 수 있다. 하지만 이오 표면에서 튀어나온 암석은 모두 즉각 목성의 강한 중력장에 끌려가 목성에 삼켜지고 말 것이다. 결국 이오에서 나온 암석은 모두 목성계에 머물러야 하는 운명이다. 그리고 극단적으로 건조한 이오의 환경이 최후의 일격을 날린다. 이오는 태양계에서 가장 건조한 천체로, 그 표면에서 물의 흔적이라고는 전혀 찾아볼 수 없다.

그렇다면 결국 이오도 배제된다. 이제 후보는 오직 하나만 남았다.

우주 화학계에서는 여러 가지 아이디어와 가설이 빠르게 흘러 다니고 있었다. 1980년대 초에 세계 각지에서 여러 연구 팀의 의견이 일견 불가능해 보이는 가설로 수렴했다. 그것은 바로 셔고티군 운석과 나클라군 운석, 샤시니군 운석이 화성에서 날아왔다는 가설이었다.

화성은 화성암으로 이루어진 표면, 이전에 액체 상태의 물이 흘러간 흔적(그 무렵에는 옛날에 화성 표면에 강이 흘렀던 흔적이 사진으로 촬영되었다), 세 운석군의 비교적 어린 결정화 나이(비교적 최근에 화산 활동이 있었던 큰 세계에서 유래했다는 것을 시사하는)를 비롯해 모든 면에서 조건을 충족했다. 하지만 그래도 화성은 그 후보로 어울리지 않는 면이 있었다.

모든 사람이 이 가설에 동의한 것도 아니었다. 게다가 그때까지 소행성 외에 다른 천체에서 유래한 암석은 발견된 적이 없었다. 그런데 1982년에 아폴로 우주선이 가져온 월석 표본과 비교한 결과, 앨런힐스 81005가 달 표면에서 유래했다는 사실이 분명해지면서 상황이 확 변했다. 앨런힐스 81005는 암석이 큰 천체에서 방출되는 과정에서 살아남을 수 있다는 것을 증명했다.

물론 SNC 운석이 화성에서 왔다는 증거는 설득력이 있긴 해도 정황 증거에 불과했다. 그 운석들을 화성 표면과 연결 지은 결론은 엄밀한 화학적 분석이나 동위 원소 분석 결과가 아니라, 셜록 홈스가 사용하는 것과 비슷한 일련의 추론을 통해서 내린 것이었다. 지구 실험실에서 운석을 화성의 암석과 나란히 놓고 화학적으로 비교 분석한 적은 전혀 없었다. 하지만 화성 탐사차에 탑재된 실험실에서 화성의 표본을 화학적으로 분석한 결과는 **있었다**.

얼음 위에서 일어난 발견

지구의 중위도 지역에서 SNC 운석의 기원에 관한 드라마가 펼쳐지는 동안, 지구의 바닥에 위치한 남극 대륙의 탐험가들은 모든 것을 바꿔 놓을 암석을 발견했다. 황량한 빙상 위에 사과만 한 크기의 운석이 놓여 있었다. 검은색의 용융각 베일 아래에 숨어 있는 회백색 암석이 군데군데 보였지만 겉모습만으로는 그다지 특별해 보이지 않았다. 이 운석은 처음 발견된 남극 동부 빙상 지역 이름과 발견된 해를 따서 엘리펀트 모레인 79001Elephant Moraine 79001로 명명되었고 셔고티군 운석으로 분류되었다. 다른 셔고티군 운석과 마찬가지로, 서로 맞물린 마그마질 결정으로 이루어져 있었고 격렬한 충격을 받을 때 생긴 유리가 섞여 있었다.

이 운석이 특별한 집단에 속한다는 사실을 알아챈 존슨 우주 센터의 우주 화학자들은 야심적인 목표를 세웠다. 충격을 받았을 때 운석 속에 갇힌 미소한 양의 기체를 끄집어내 정확한 화학적 조성을 측정한다는 것이었다. 그러면 그 운석이 어디서 왔는지 밝히는 데 큰 도움이 될 것으로 기대되었다. 그들이 선택한 도구는 질량 분석기에 초소형 용광로를 결합시킨 것이었다.

엘리펀트 모레인 79001에서 충격 흔적이 분명히 남아 있는 작은 조각을 떼어 내 초소형 용광로 안에 집어넣은 뒤, 강력한 펌프들을 사용해 전체 장비에서 공기를 모조리 뽑아냈다. 극미량이라도 지구의 대기가 질량 분석기 안에 남아 있으면, 셔고티군 운석 내부에 갇힌 미소한 양의 기체가 오염되고 말 것이다. 이 실험은 우주 공간과 같은 진공 상태에서 수행해야 했다.

그들은 초소형 용광로의 온도를 천천히 올렸다. 그러자 암석 내부에 갇힌 기체가 빠져나왔다. 그들은 비활성 기체 혼합물을 측정하기로 선택했다. 암석에서 빠져나온 첫 번째 기체는 지구의 대기에서 그 표면에 흡수된 공기였다. 결정에 갇혀 있다가 빠져나온 기체는 밀봉된 일련의 관을 통해 흘러갔고, 정확한 화학적 지문 측정을 위해 질량 분석기로 보내졌다. 예상했던 대로 그 기체는 지구의 대기와 일치했다. 특별히 흥미로운 것은 전혀 없었다.

미지근한 온도에서 지구의 공기를 다 뽑아낸 뒤에 우주 화학자들은 온도를 크게 높였다. 암석이 서서히 물렁해지다가 빛을 내며 달아오르더니 녹기 시작했다. 온도를 높이는 각 단계마다 암석 내부에 있던 작은 거품들이 빠져나와 팍 터지면서 미소한 양의 갇힌 기체를 용광로에 토해 냈고, 이것을 질량 분석기로 옮겨 분석했다.

이 암석이 우주에서 왔다는 것을 입증이라도 하듯이, 결정 내부에 갇힌 기체에는 지구에서 볼 수 없는 비활성 기체 혼합물이 들어 있었다. 비활성 기체 혼합물은 7년 전에 측정한 것과 비슷했는데, 그것은 지구에서 우주 화학자들이 측정한 것이 아니라 화성 표면에서 로봇이 측정한 것이었다.

바이킹 1호는 화성의 공기를 한 모금 가득 빨아들인 뒤, 대기에 포함된 원소들과 동위 원소들을 측정했다. 엘리펀트 모레인 79001에 갇힌 기체는 바이킹 1호가 측정한 것과 동일한 지문을 나타냈다. 엘리펀트 모레인 79001의 거품에는 화성의 대기가 갇혀 있었다.

결론은 불가피하면서도 놀라운 것이었다. 엘리펀트 모레인 79001은 다른 셔고티군 운석들과 함께 화성의 파편이었다. 공통의 산소 동위 원소 지문을 통해 셔고티군 운석과 밀접한 관계에 있는 나클라 운석과 샤시니 운석 역시 화성의 파편인 게 분명했다. 셔고티 운석과 나클라 운석과 샤시니 운석, 그리고 그 밖의 모든 SNC 운석은 하늘에서 지구로 떨어진 붉은 행성의 파편이었다. 즉 모두 화성의 파편이었다.

그래서 셔고티군 운석과 나클라군 운석, 샤시니군 운석은 〈화성 운석Martian meteorites〉으로 이름이 바뀌었다. 이 운석들은 어느 정도 확신을 가지고 그 부모 천체를 지목할 수 있는 극소수 운석 집단 중 하나로 남아 있다. 또 다른 운석 집단으로는 달에서 날아온 달 운석이 있다. 소행성 베스타에서 날아왔을 가능성이 높은 HED 운석군조차 이 특정 소행성과 연결 지을 수 있는 증거는 정황 증거밖에 없다. 이 말은 지금까지 과학계에 알려진 6만여 개의 운석 중 확신을 가지고 부모 천체와 연결 지을 수 있는 운석이 650여 개(이 글을 쓰고 있는 현재 400여 개는 달 운석, 250여 개는 화성 운석)밖에 없다는 뜻이다. 나머지 5만 9,000여 개의 운석을 우주 공간의 천체들 — 사실상 거의 다 상대적으로 크기가 작은 소행성 — 과 연결 짓는 것은 우주 화학의 가장 복잡하고 어려운 과제 중 하나이다.

셔고티군 운석과 나클라군 운석, 샤시니군 운석은 아폴로 우주선이 가져온 월석 표본이 달을 위해 한 것과 같은 일을 화성을 위해 했다. 즉 그 세계를 이야기가 있는 장소로 바꾸는 데 큰 도움을 주었다. 화성 운석은 지구로 떨어짐으로써 우리를 우리 조상들이 수십만 년 동안 동경하면서 바라보았던 붉은 행성과 물리적으로 연결시킨다.

*

지금까지 발견된 것 중 가장 큰 논란이 된 운석 이야기를 하지 않고서는 화성 운석 이야기를 완결할 수 없다. 그 운석은 바로 앨런힐스 84001이다. 이 암석은 행성 간 공간을 1600만 년 동안 여행한 끝에 지구의 남극 대륙에 떨어졌고, 빙상 위에 놓여 있다가 1984년에 채집되었다. 이 운석은 즉각 큰 흥분을 불러일으켰고, 발견 당시의 야외 탐사 기록은 옅은 회색을 띤 초록색 아콘드라이트를 기술하면서 〈와! 와!〉라는 감탄사를 덧붙였다. 직사각형 모양의 암석은 그해에 채집한 나머지 운석들과 함께 분류와 큐레이션을 위해 존슨 우주 센터로 보내졌다.

검은색 용융각 아래에서는 0.5센티미터쯤 되는 사방휘석 결정들이 암석의 구조에서 압도적인 부분을 차지했다. 이 운석은 깊은 지하에서 식은 화성암인데, 그곳에서는 서로 맞물린 결정들의 모자이크가 엄청난 크기로 자랄 수 있었다. 앨런힐스 84001 역시 화성 운석이었다.

화성의 독특한 파편

하지만 앨런힐스 84001의 지질학적인 특성은 셔고티군 운석과 나클라군 운석, 샤시니군 운석과는 완전히 달랐다. 앨런힐스 84001은 나머지 화성 운석들보다 훨씬 더 원시적이고 지질학적으로 훨씬 덜 진화했다. 앨런힐스 84001은 화성의 지각 깊숙한 곳에서 결정화된 완전히 새로운 종류의 화성 운석을 대표한다. 앨런힐스 84001은 독특했고 지금도 여전히 독특하다.

앨런힐스 84001은 또한 나머지 화성 운석들보다 20억 년이나 더 오래되었는데, 결정화된 시기가 놀랍게도 41억 년 전이다. 이것은 태양계가 생성되고 나서 불과 5억 년밖에 지나지 않은 시점이고, 나머지 모든 화성 운석보다 수십억 년이나 더 오래된 것이다. 이 암석은 아주 오래전에 붉은 행성의 화산계에서 생성되었다.

마그마에서 큰 결정들이 자란 후에 이 암석은 화성 표면에 충돌한 운석에 큰 충격을 받았다. 충격으로부터 큰 압력을 받아 광물들이 산산조각 나면서 원래의 화성암 구조 중 일부가 파괴되었다. 또 충격파 때문에 암석 일부에 으스러진 결정들로 가득한 균열이 생겼다. 그래서 앨런힐스 84001은 부분적으로 파괴되고 곳곳에 균열이 난 상태로 남게 되었다.

그런데 앨런힐스 84001에는 더 깊은 비밀들이 숨어 있었다. 앨런힐스 84001은 아주 오래전에 생성되었기 때문에, 심원한 지질학적 과거에 화성의 모습이 어떠했는지 파악할 수 있는 단서가 있을 가능성이 있었다. 화성 주위의 궤도를 도는 탐사선은 먼 과거에 그 표면 위로 액체 상태의 물이 흘렀음을 시사하는 강력한 증거 — 바다와 강과 삼각주의 흔적 — 를 발견했다. 그래서 앨런힐스 84001의 분석 결과는 먼 옛날의 환경을 추가로 탐구할 수 있는 수단을 제공했다. 이 암석은 오늘날 우리가 알고 있는 화성에서 생성된 것이 아니라, 환경이 지구와 비슷했던 화성에서 생성되었다. 그 당시 화성에는 폭포수가 계곡들 사이로 쏟아지고, 강물이 흘러 호수로 들어가고, 해안선 주변에 조수 웅덩이들이 널려 있었다.

화성에 존재했던 물의 흔적이 앨런힐스 84001 곳곳에 남아 있다. 용해된 광물을 잔뜩 머금은 열수가 화성의 지각에 난 균열을 통해 순환하면서 암석들 사이에 물에서 생성된 탄산염 광맥을 남겼다(오래된 솥이나 샤워기가 관물때로 뒤덮이는 것처럼). 침전된 탄산염은 타일들 사이를 메우는 그라우트grout*처럼 앨런힐스 84001의 균열을 통해 구불거리며 나아갔다. 이 탄산염이 침전된 온도는 정확하게 알 수 없지만, 목욕물보다 높지 않은 온도에서 생성되었을 가능성이 크다. 별개의 두 동위 원소 원자시계에 그 탄산염이 침전된 시기가 기록되어 있는데, 그것은 최초의 결정화가 시작된 지 1억 년 이내에 일어났다.

암석 사이의 균열을 통해 순환한 물, 지하 온도가 적당히 따뜻했을 가능성, 지구와 비슷했던 행성 표면……. 화성 탐사선과 화성 운석들은 먼 과거의 화성에 생명의 출현에 적절한 조건이 갖추어져 있었을 가능성을 제기했다.

얼마 후인 1996년에 우주 생물학자 데이비드 매케이David McKay가 이끈 연구 팀이 『사이언스』에 발표한 논문이 큰 흥분을

* 시멘트와 물, 또는 시멘트와 모래, 물을 섞어서 만든 재료 — 옮긴이 주.

불러일으켰다.[2] 이 논문은 그 후 우주 화학의 역사에서 가장 유명한(혹은 악명 높은) 논문이 되었다. 매케이와 8명의 공저자로 이루어진 그 연구 팀은 앨런힐스 84001에서 작은 조각을 떼어 낸 뒤, 존슨 우주 센터에서 강력한 전자 현미경으로 촬영하여 상상할 수 없을 정도로 작은 수준에서 그 암석의 구조를 드러냈다. 나노미터 수준의 지질학 영역에서 들여다보자, 기묘한 특성들이 뚜렷하게 드러났다.

매케이 팀은 앨런힐스 84001 내부에서 극소량의 유기 화합물을 발견했다. 용융각에 이 화합물이 존재하지 않는다는 사실은 그것이 화성에서 유래했다는 것을 입증했다. 만약 이 유기 화합물이 남극 동부 빙상에서 1만 3,000년간 머무는 동안 지구 생명체의 침입으로 생긴 것이라면, 당연히 바깥쪽에 있는 용융각에도 침입했어야 한다. 하지만 그것은 오직 운석 내부에서만 발견되었다. 게다가 유기 화합물은 암석 내부에 무작위로 분포된 게 아니라 열수 광맥에서만 발견되었다. 이 복잡한 분자들은 어떤 면에서 화학적으로 탄소질 스타-타르를 연상시킨다.

열수 광맥 내부와 유기 물질들 사이 여기저기에 일부 탄산염 표면에는 길쭉하고 기묘하게 생긴 광물들이 얼룩덜룩하게 분포하고 있다. 어떤 사람들의 눈에는 이 무해한 방울들이 작은 달걀 모양의 방울들처럼 혹은 여러 분절로 나누어진 기다란 쌀알 조각처럼 보인다. 매케이 팀에게는 완전히 다른 것으로 보였는데, 오래전에 죽은 미생물의 유해 화석으로 보였다.

고유한 유기 분자, 미생물처럼 생긴 방울, 물이 화성 표면과 그 암석들 사이로 흘렀을 때 생성된 운석……. 길이가 겨우 100나노미터밖에 안 되는데도 불구하고, 매케이 팀은 쌀알 모양의 방울들이 탄산염이 조각되어 만들어진 결과물이 결코 아니라고 해석했다. 그들은 약 40억 년 전에 따뜻한 물이 화성의 지각에서 순환할 때 나노미터 수준의 미생물이 앨런힐스 84001의 탄산염 광맥 내부에서 화석화된 유해를 보고 있다고 정말로 믿었다. 그들은 그 유기 물질이 암석 속에 갇힌 미생물의 화학적 잔해라고 주장했다. 즉 화성의 암석 속에서 화석화된 생명체의 유해를 발견했으며, 그것은 외계 생명체의 존재를 알려 주는 최초의 증거라고 주장했다.

대통령이 기자 회견까지 한 암석

그들의 논문은 즉각 언론 매체 사이에서 큰 센세이션을 불러일으켰다. 화성에 생명체가 존재했을 가능성에 대중의 관심도 폭발했다. 전 세계의 헤드라인들은 일제히 붉은 행성의 생명체를 다루었고, 화성의 나노박테리아 사진이 신문과 텔레비전 화면에 실렸다. 이 뉴스가 큰 화제가 되자, 빌 클린턴 미국 대통령마저 백악관의 사우스론(남쪽 잔디밭)으로 나와 많은 기자와 텔레비전 카메라 앞에서 기자 회견을 열었다. 아폴로 시대와 치열했던 우주 경쟁 시대 이후에 우주 탐사에 대한 일반 대중과 정치인의 관심은 다소 시들해졌다. 하지만 대통령의 연설에 어울리는 운석인 앨런힐스 84001이 대중의 관심에 다시 불을 지피려 하고 있었다.

과학계 내에서 곧 논쟁이 불붙었다. 대다수 과학자는 그 주장을 크게 의심했고(이 의심은 옳았다), 얼마 지나지 않아 우주 화학계의 일부 최고 과학자들이 앨런힐스 84001을 집중적으로 조사했다. 과학사에서 단 한 편의 논문 발표를 통해 그대로 받아들여진 개념은 하나도 없다. 화성에서 생명체의 증거를 찾는 것처럼 굉장한 의미를 지닌 개념이라면 더더욱 그렇다.

즉각 강한 의심을 불러일으킨 것 — 매케이 팀도 인정한 것이지만 — 은 이른바 미생물 화석의 크기였다. 그것은 화석이건 살아 있는 것이건 이곳 지구에서 알려진 그 어떤 생명체보다 훨씬 작았다. 일부 사람들은 화성의 생명체는 지구의 생명체와 아주 다른 방식으로 작용할지 모른다고 주장했다(그리고 지금도 계속 그렇게 주장한다). 따라서 어쩌면 그렇게 작은 세포 단위의 생명체가 화성에 존재할지도 모르며, 화성의 생명체가 지구의 생명체와 비슷한 모습이어야 한다는 생각은 편협한 것일 수도 있다. 어쩌면 그럴 수도 있을 것이다. 그렇다 하더라도 그렇게 작은 생명체는 지구에서는 아주 드물고 화석 기록에서는 사실상 전혀 찾아볼 수 없다. 그렇기 때문에 앨런힐스 84001의 〈나노화석〉의 본질에 대해 진지하고 합리적인 의심을 제기할 수 있다. 그토록 놀라운 생명의 다양성이 펼쳐진 지구 같은 행성이라면, 그렇게 작은 생명체도 충분히 많은 사례가 발견되어야 하지 않겠는가?

지구 표면에 1만 3,000년 동안 머문 뒤에도 앨런힐스 84001의 이야기 중 일부는 아직 기록되지 않은 채 남아 있었는데, 사람의 손으로 채집하는 단순한 행동이 이 운석의 수십억 년 역사 중 일부가 되었다. 가끔 의도치 않게 실험실에서 암석의 미묘한 본질을 변화시키는 일이 일어나며, 자기도 모르게 암석에 우리 자신의 이야기를 추가할 수 있다. 이러한 인간의 이야기는 인간이 전혀 개입하지 않은 장(章)들에서 분리하기 어려울 수 있다. 『사이언스』

에 폭발적 반응을 불러일으킨 논문이 실린 지 1년이 지나기 전에 다른 실험실의 우주 화학자들도 앨런힐스 84001 조각으로 〈미화석(微化石)〉을 재현하는 데 성공했다. 일부 연구자들은 — 매케이 팀과 정확하게 동일한 준비 과정을 사용해 — 전자 현미경 관찰을 위해 표본을 준비하는 과정에서 암석의 자연적 특징을 두드러지게 드러나게 함으로써 미생물처럼 보이게 했다는 사실을 발견했다. 심지어 기다란 방울의 분절들을 인위적으로 재현하는 데에도 성공했다. 앨런힐스 84001의 〈미화석〉은 실제로 생명체의 산물인 것처럼 보였지만, 그 생명체는 화성이 아니라 지구의 생명체였다. 구체적으로는 인간의 상상력이 빚어낸 산물이었다.

화성 운석에 유기 분자가 포함되어 있다고 해서 그것이 생명의 존재를 강하게 뒷받침하는 근거는 아니다. 앨런힐스 84001에 포함된 탄소 고리 화합물은 분석 우주 화학의 아주 흥미로운 발견이자 경이로운 결과이지만 이것들은 비교적 단순한 분자들이다. 화학적 정교함 면에서는 심지어 탄소질 콘드라이트에 포함된 스타-타르에도 훨씬 못 미친다. 그리고 스타-타르조차도 진짜 생명의 화학과는 복잡성 면에서 어마어마한 괴리가 있다. 우리가 아는 생물은 모두 복잡한 유기 화학이 필요하다. 하지만 복잡한 유기 화학에 반드시 생명이 필요한 것은 아니다.

앨런힐스 84001에 포함된 기묘한 형태가 생명체에서 유래했을 가능성을 절대적으로 배제할 증거는 없다. 그러나 세이건이 말했듯이 〈비범한 주장에는 비범한 증거가 필요하다〉. 과학계에는 모든 것을 의심하는 태도와 함께 예외적으로 높은 기준을 적용하면서 일관성 있고 재현 가능한 증거를 요구하는 관행이 있다. 모든 가설은 엄격한 견제와 균형 과정을 거쳐야 한다. 제기된 개념은 학술지 논문이나 연례 학술 대회나 회의에서 직접적인 발언을 통해 자유로운 토론이 벌어진다. 그렇게 집단 과학적 사고방식의 철저한 감시를 견뎌 낸 개념만이 살아남는다.

화성 운석에서 화석 미생물을 발견했다는 주장은 가장 비범한 수준의 강한 증거가 필요하다. 그런데 그런 증거는 없다. 앨런힐스 84001의 지질학적 구조에 기록된 증거는 잘해야 모호한 수준에 불과하며, 우주 화학계(그리고 생물학계)는 대체로 매케이 팀의 결론을 확신하지 못하고 있다.

앨런힐스 84001은 가끔 우리는 자신이 보고 싶어 하는 것을 본다는 사실을 조심스럽게 상기시키는 사례이다. 자연은 경이로운 복잡성을 펼치는 와중에 기묘한 형태의 물체를 아주 많이 만들어 낸다. 그중 일부는 생명체와는 아무런 상관이 없는데도 한때 살았던 생명체의 유해와 비슷한 형태를 띨 수 있다. 형태만으로는 미소한 화석 생명체의 존재를 확인하기에 충분하지 않다.

*

2014년 1월 31일, NASA의 화성 로봇 탐사차 큐리오시티가 밤이 다가온 화성의 하늘 사진을 찍었다. 태양은 80분 전에 지평선 너머로 졌고, 황혼은 지평선에 늘어선 언덕들 뒤편의 칠흑 같은 어둠 속으로 사라져 가고 있었다. 하늘에서 파란 점 하나가 나머지 빛들보다 훨씬 찬란하게, 마치 횃불처럼 환하게 빛나고 있었다. 만약 큐리오시티가 이 환한 빛을 밤마다 지켜보았더라면, 그것이 항성이 아니라 제자리에 고정된 별들의 배경 앞에서 천천히 움직인다는 사실을 알아챘을 것이다. 우리 조상들은 그것을 배회하는 별이라고 불렀을 것이다. 즉 밤하늘에서 환하게 빛나는 파란색 빛은 행성이었다. 그 행성은 바로 지구였다.

화성에도 하늘과 지평선이 있다. 날씨 변화도 나타나 바람에 휘날린 모래가 표면 위로 이리저리 돌아다니며 차가운 서리가 풍경을 뒤덮기도 한다. 태양은 굽이진 모래 언덕과 산들 위로 지면서 화성의 풍경 위로 긴 그림자를 드리운다. 그 아래의 암석에는 행성의 역사가 기록되어 있다. 화성의 붉은 흙을 체로 치고 암석을 뒤집어 분석하기 위해 우리가 보낸 로봇 탐사차들은 지구에서 보낸 대사로, 우리가 직접 그곳에 가기 전에 미리 상황을 살피는 역할을 한다.

우리가 행성 간 종으로 진화하는 여정에 나선 시간은 아주 짧다. 이제 유인 우주 탐사 시대의 도래와 함께 달과 그 너머의 행성들을 방문하는 여행에 다시 나설 준비가 되었다. 우리는 다른 세계들의 표면 위에 정착해 살아갈 것이다. 처음에는 일시적으로 머물겠지만 결국에는 영구적으로 정착할 것이다. 우리는 태양이 새로운 지평선들 너머로 지는 모습을 바라보면서 새로운 모래땅 위에 발자국을 남길 것이다. 그리고 새로운 미답의 풍경 위에 우리의 그림자를 길게 드리울 것이다. 우리가 어디서 — 하늘에서 찬란하게 빛나는, 파란 물의 행성으로부터 — 왔는지 결코 잊지 않겠지만, 우리 후손들은 언젠가 지구가 아닌 다른 세계를 〈고향〉이라고 부를 것이다. 이미 여기서 태어나 우리 사이에서 걸어다니는 사람들 중에서 이런 사람들이 나올 가능성도 얼마든지 있다.

붉은 흙 아래에 묻혀 있는 화성의 암석을 채취해 거기에 기록된 지질학적 역사를 해독하면, 이곳 지구에 기록된 것에 못지않게 아름다운 이야기를 발견하게 될 것이다. 우리는 화성의 지질학과 기후의 역사를 조금씩 재구성하면서 심원한 시간이 지나는 동안 행성이 나아갈 수 있는 경로들에 대한 지식과 이해를 넓혀 갈 것이다. 우리는 셔고티군, 나클라군, 샤시니군 운석을 닮은 암석들을 찾아 화성의 화산 지대를 샅샅이 뒤질 것이다. 그러다가 결국 이 운석들이 행성 간 공간을 거쳐 지구에 도착하기까지 1000만 년 동안의 여행을 시작하기 전에 화성 표면 위에 놓여 있었던 바로 그 지점을 발견할 것이다.

우리 이전에 이곳을 방문한 탐험가들은 화성의 역사책에 기록될 것이다. 마르스 2호와 마르스 3호의 일그러진 잔해는 순례 장소와 인내의 상징이 되어 초기에 실패한 시도들을 상기시킬 것이다. NASA의 로봇 탐사차들 — 최초의 화성 탐험가들 — 이 착륙한 장소는 이곳 지구의 신성한 장소들만큼 추앙받는 유적지가 될 것이다. 그중에는 바이킹 기념관, 오퍼튜니티 관광지, 큐리오시티 화성 탐사 박물관도 있을 것이다. 각 기념관에서는 오래전에 작동을 멈춘 탐사차의 금속 섀시가 중심 무대를 차지하며 보존되어 모든 사람이 최후의 안식처에 놓인 그 모습을 볼 것이다. 어쩌면 히트실드록은 화성 우주 화학 센터가 될지도 모른다. 나는 내심 이곳이 콘서트홀이 되었으면 하는 바람이 있다.

이곳 지구에서 우리가 채집한 6만여 개의 우주 암석 중 화성에서 유래한 것은 채 300개가 안 된다. 그래서 화성 운석은 인류에게 알려진 우주 암석 중 가장 희귀하고 소중하고 과학적으로 중요한 것에 속한다.

하지만 운석들은 단순히 과학적 호기심의 대상에 불과한 게 아니다. 화성의 운석은 (현재로서는) 붉은 행성의 암석을 아주 자세하게 연구할 수 있는 유일한 수단이다. 암석과 화성 로봇 탐사차들 덕분에 우리는 밤하늘에서 밝게 빛나는 붉은 빛에 대해 먼 옛날에 처음 던졌던 질문들의 답을 발견했다. 태양에서 네 번째 행성에 대해서는 아직도 밝혀내야 할 것이 많이 남아 있지만, 화성의 운석은 그 표면 아래에 숨겨져 있는 일부 비밀을 엿보게 해 주었다. 화성의 운석은 장차 우리의 고향이 될지도 모를 세계의 파편이다.

10장
하늘에서 떨어진 재앙

약 6600만 년 전, 백악기가 끝나 가던 무렵이었다. 침엽수림 임관이 가볍게 흔들거리는 가운데 그 아래의 숲 바닥이 양치식물로 뒤덮인 백악기의 세계에서는 곧 하늘에서 닥칠 대소동의 징후를 전혀 찾아볼 수 없었다. 지구에서 1억 8000만 년 — 지구의 역사를 24시간으로 압축한 우리의 지질학적 하루에서 한 시간이 조금 못 되는 — 동안 이어진 긴 공룡 시대가 종말을 향해 다가가고 있었다.

폭이 20여 킬로미터인 소행성이 소행성대에서 출발해 행성 간 여행을 마치고 마침내 지구에 도착했다. 대기도 그 속도를 늦추는 데 별 도움이 되지 않았다. 초음속으로 지상을 향해 질주한 소행성은 아무런 경고도 없이 지표면에 충돌했다. 핵폭탄 수천억 개가 폭발하는 것과 맞먹는 에너지가 순간적으로 방출되면서 지상은 아마겟돈으로 변했다.

폭발로 발생한 지진파가 호수에 돌을 던졌을 때 일어나는 물결처럼 꿈틀거리며 주변의 풍경으로 퍼져 나갔고, 그와 함께 땅이

쩍쩍 갈라져 나갔다. 수천조 톤의 암석이 땅에서 파여 거대한 바윗덩어리와 용융된 암석 파편과 성난 뱀처럼 구불거리는 기체의 형태로 하늘 높이 치솟았다. 충돌 지점의 온도는 태양 표면 온도보다 약 3배나 뜨거운 2만 °C 이상으로 치솟았다. 충돌의 충격을 직접 받은 암석들은 즉각 나노 수준에서 완전히 분해되어 구성 원자들로 변하면서 기체가 되었다.

폭발에서 나온 에너지와 급속하게 팽창한 기체는 충돌 장소에서 바깥쪽으로, 그리고 하늘 높이 암석의 장막을 뿜어냈다. 팽창하는 암석의 벽은 사방으로 음속의 15배 속도로 뻗어 나갔다. 만약 5킬로미터 떨어진 곳에 서 있었더라면, 여러분은 귀를 찢는 굉음이 도착하기 14초 전에 소나기처럼 쏟아지는 암석 세례에 가루가 되었을 것이다. 암석들 가운데에는 건물만 한 크기의 바위들도 포함되어 있었다. 그로부터 몇 초가 지나자 수십억 톤의 암석이 폐허로 변한 풍경 위로 굴러다니면서 사방을 뒤덮었다.

뒤죽박죽 뒤섞인 잔해 — 건물 크기의 바위에서부터 가루로 변한 먼지 알갱이에 이르기까지 — 의 층이 온 사방의 풍경을 뒤덮었다. 그 높이는 런던의 건물 대부분을 손쉽게 그 밑에 파묻어 버릴 수 있을 정도였다. 공기는 한동안 그 부스러기들로 가득 차 몹시 탁했다. 지표면에 깊이 파인 크레이터가 생겼고 용융된 암석과 파편들이 그곳을 채우면서 붉게 이글거리는 웅덩이로 변했다. 그곳은 마치 지옥의 입구처럼 보였을 것이다. 더 큰 돌들이 하늘에서 마치 폭탄 세례처럼 떨어지면서 거대한 재 구름이 높이 솟아올랐지만, 결국에는 재마저 땅으로 떨어졌다. 충돌 후 몇 분, 몇 시간, 며칠이 지나는 동안 이 재는 폐허로 변한 지상의 풍경을 마치 눈처럼 뒤덮었다. 재는 땅에 떨어질 무렵에도 여전히 뜨겁게 달구어진 상태였기 때문에 재가 쌓인 층에서 갈라진 틈과 도랑 사이로 맹렬한 가스 제트가 뿜어져 나왔고, 뒤죽박죽 섞인 그 혼합물은 서서히 식어 가면서 굳어 고체 암석으로 변했다.

충돌의 폭발이 일어난 그 위에서는 대기가 높은 온도로 가열되어 빛을 뿜어냈고 화염 폭풍이 전 지구를 휩쓸었다. 지구의 생태계는 타서 재로 변했고, 숲들은 쓰러졌고, 지진 해일이 온 대양을 가르고 지나갔다. 충돌 후 약 1년 동안 검댕과 재가 하늘을 뒤덮어 햇빛이 지상에 도달하지 못하게 방해했고, 그 때문에 식물은 광합성을 하지 못해 먹이 사슬의 맨 밑바닥이 붕괴되었다. 황을 포함한 입자들이 대기 중으로 분출되어 비를 산성으로 만들었으며, 산성비는 결국 바다로 흘러가 바다를 산성화시켰다. 그 결과로 해양 생태계가 황폐화되었다. 지구의 평균 기온은 적어도 몇 도나 떨어져 전체 생태계를 파멸 상태로 몰아넣었다. 이로 인한 기후 변화로 공룡이 종말을 맞이한 것은 유명한 사건이다. 이러한 종말론적 규모의 사건은 지구의 암석 기록에 영구적인 흔적을 남기는데, 현대 과학의 렌즈를 들이대면 그 흔적을 찾아낼 수 있다.

암석에 남은 선

6600만 년 전에 형성된 얇은 퇴적층을 기준으로 그 위아래에 있는 암석들은 지질학적으로 분명한 차이를 드러내며 구별된다. 이 암석층 아래에서는 공룡 화석이 발견되지만 그 위에서는 전혀 발견되지 않는다. 어느 층까지는 공룡이 들어 있지만 다음 층에서는 연기처럼 사라진다. 지질학적 시간에서 공룡은 어느 한순간에 갑자기 사라진 것처럼 보인다. 이 암석층은 공룡이 갑자기 멸종한 시점에 해당하며, 지구 이야기에서 중요한 두 장인 중생대 백악기(1억 4400만 년 전~6600만 년 전)와 신생대 고제3기(6600만 년 전~2300만 년 전)를 가르는 경계선이다.

그런데 사라진 것은 공룡뿐만이 아니다. 수많은 해양 생물 종(암모나이트를 포함해)도 멸종했고, 식물 종도 상당수가 멸종해 지구 전체 규모에서 대멸종이 일어났다. 이때 지구의 생물 다양성은 급작스럽게 심각한 타격을 입었는데, 이것은 약 40억 년 전에 생명이 출현한 이래 생명의 나무에 가장 큰 파괴를 초래한 단일 사건 중 하나로 남아 있다. 대멸종 사건은 그 양쪽에 위치한 두 지질 시대의 이름을 따서 백악기-고제3기 대멸종이라 부른다. 간단히 K-Pg 멸종*이라고도 부른다.

전 지구적 규모의 생물 다양성 파괴는 화석 기록에서 분명하게 드러나는 반면에 K-Pg 멸종의 원인은 오랫동안 수수께끼로 남아 있었다. 그 답은 암석 속의 잘 보이는 곳에 기록된 채 숨어 있었지만 그것을 해독하기가 무척 어려웠다. 대멸종이 서서히 일어났다는 주장(지구 기후의 점진적 변화로 환경이 급변점을 넘어섰다는 가설처럼)에서부터 기이한 가설(거대한 민물 호수의 물이 갑자기 바다로 흘러들어 전체 생태계를 교란시켰다는 가설)과 우주 차원의 가설(가까이 있던 초신성이 폭발해 치명적인 복사를

* K와 Pg는 각각 백악기Cretaceous와 고제3기Paleogene의 약어이다(왜 C-Pg가 아니고 K-Pg일까 하고 의아할 수 있는데, 여기서 K는 백악기를 뜻하는 독일어 Kreidezeit의 머리글자를 딴 것이다 — 옮긴이 주).

뿜어냈다는 가설)에 이르기까지 온갖 가설이 난무했다. 하지만 그중 어떤 가설도 물리적 증거가 부족했기 때문에 가설들은 기껏해야 추측의 영역에 머물렀다.

그런데 1980년에 암석이 자신의 이야기를 들려주기 시작했다. 캘리포니아 대학교의 네 과학자로 이루어진 팀 — 물리학자 한 명(루이스 알바레즈Luis Alvarez), 지질학자 한 명(루이스의 아들인 월터 알바레즈Walter Alvarez), 화학자 두 명(헬렌 미셸Helen Michel과 프랭크 아자로Frank Azaro) — 이 백악기 암석과 고제3기 암석을 나누는 얇은 퇴적층의 화학적 조성을 분석했다. K-Pg 경계층은 대멸종 사건과 같은 시기에 퇴적되었기 때문에 대재난의 원인을 찾기에 최상의 장소처럼 보였다. 만약 어떤 암석층에 대재난의 흔적이 남아 있다면, 이곳이야말로 가장 유력한 후보로 보였다.

그들은 이탈리아 북부 아펜니노산맥의 한 협곡 표면과 덴마크 코펜하겐 부근에 있는 스테운스클린트 해안 절벽의 암석에 초점을 맞추었다. 두 장소에는 백악기와 고제3기를 포함한 퇴적층이 아름답게 순서대로 보존되어 있었고, 무엇보다도 이 둘을 가르는 암석층 — 두께가 1센티미터밖에 안 되는 — 을 분명하게 식별할 수 있었다.

그 암석들 속에 기묘한 것이 들어 있었다. 실험실에서 분석했더니 백악기와 고제3기를 나누는 퇴적층에는 희귀한 화학 원소인 이리듐이 예외적으로 많이 들어 있었다. 지구 표면에 널린 암석들은 각설탕만 한 부피 안에 이리듐이 대개 10억분의 1그램 정도 들어 있다. 그런데 K-Pg 경계층에는 그것보다 수백 배나 많은 이리듐이 들어 있었다. 이것은 매우 예외적인 일이었다. 그들은 재확인을 위해 경계층 양쪽에 위치한 암석들에서도 이리듐 함량을 측정했다. 기묘한 이리듐 함량 급증은 오직 얇은 K-Pg 경계층에만 국한된 현상이었다. 대멸종과 이리듐 사이에 어떤 관계가 있는 것이 분명했다.

이리듐은 친철원소여서 45억 년 전에 지구가 지옥 같은 용융 상태였을 때 거의 다 아래로 가라앉는 철과 함께 금속 핵으로 갔다. 그 결과로 오늘날 지구의 암석층 — 맨틀과 지각 — 에는 오직 극소량의 이리듐만 남아 있다. 그런데 이리듐이 예외적으로 많이 들어 있는 암석이 있는데, 그것은 바로 우주에서 날아온 운석이다. 이리듐은 K-Pg 대멸종에 외계에서 비롯된 사건이 개입했음을 암시한 최초의 물리적 증거였다.

알바레즈와 그의 팀은 K-Pg 경계층과 소행성 암석(즉 운석) 사이에 매우 흥미로운 화학적 연결 관계가 있음을 알아챘고, 그래서 거대한 소행성 충돌 사건이 대멸종의 원인이라는 가설을 세웠다. 만약 그 소행성이 충분히 컸다면 지표면에 엄청난 충격을 가해 전체 생태계를 파괴하기에 충분했을 것이고, 그 구성 원소들 — 이리듐을 포함해 — 이 지옥 같은 아수라장 속에서 지구 전체에 퍼졌을 것이라고 추정했다. 그리고 소행성 충돌의 에너지에 암석이 가루로 변해 공중으로 솟아오른 먼지의 부피는 몇 년 동안 지표면에 도달하는 햇빛의 양을 크게 감소시키기에 충분했다는 계산 결과를 얻었다. 이 어둠은 전 세계에 큰 환경 변화를 초래했다. 특히 식물의 광합성 능력에 큰 타격을 입힘으로써 전 지구적인 먹이 사슬을 뿌리에서부터 싹둑 잘랐다. 그 뒤를 이어 곧 생태계 붕괴가 일어났다. 모든 것이 딱 들어맞는 것처럼 보였다.

그들은 이리듐 데이터와 극단적인 가설을 1980년에 『사이언스』에 발표했다. 하지만 과학계는 전반적으로 눈살을 찌푸리는 반응을 보였다.[1] 간단히 말하면 그 가설을 곧이곧대로 믿은 사람은 거의 없었다. 만약 비교적 최근의 지질학적 과거에 지구 전체에 생물학적 대재난을 초래할 정도로 큰 소행성 충돌이 일어났다면, 이리듐처럼 희귀한 화학 원소가 예외적으로 풍부하게 포함된 1센티미터 두께의 퇴적층뿐만 아니라 더 명백한 증거가 발견되어야 하지 않겠는가? 예컨대 거대한 충돌 크레이터의 흔적이 남아 있어야 하지 않겠는가?

이리듐 퇴적층이 발견되고 나서 7년이 지난 1987년, 미국 덴버에서 지질 조사국 소속 지질학자 세 명이 아주 희귀한 지질학 현상을 발견했는데, 그것은 바로 K-Pg 경계층에서 발견된 〈충격 석영shocked quartz〉이었다.

석영은 지각에 가장 많이 존재하는 광물 중 하나(예컨대 해변의 모래는 가루로 변한 석영이 대부분을 차지한다)일 뿐만 아니라, 무색투명한 것은 수정이라 불리며 준보석으로 쓰이기 때문에 가장 널리 알려진 광물 중 하나이기도 하다. 석영은 기계적으로도 단단하다. 충격 석영은 화학적으로 일반 석영과 동일하지만 변형된 결정 구조 때문에 명확히 구별되는데, 원자 차원에서 결정 구조가 비틀려 있다. 지질학 현미경으로 들여다보면, 일반 석영은 흠 하나 없이 아무 특징 없는 광물로 보이지만, 충격 석영은 무수한 금이 곳곳에 그물 모양으로 나 있다. 석영처럼 단단한 광물이 그 결정 구조에 손상이 일어나려면 엄청난 규모의 외부 충격이 있어야 한다. K-Pg 경계층의 광물들은 아주 큰 외상을 입었다. 사실, 충격 석영이 생길 수 있는 방법은 단 두 가지밖에 없다. 하나는 지하 핵폭탄 폭발이고, 또 하나는 초음속으로 날아온 소행성 충돌이다.

증거가 계속 쌓였다. K-Pg 멸종의 원인은 거대한 소행성 충돌이었고, 백악기와 고제3기를 나누는 1센티미터 두께의 퇴적층에 그 사건의 기록이 남아 있다. 북유럽에서 남유럽, 뉴질랜드, 미국 중서부, 중앙 태평양에 이르기까지 풍부한 이리듐과 충격 석영을 포함한 K-Pg 경계층이 도처에서 발견되었다. 지구 전체에 그 먼지가 쌓였을 정도라면, 그 충돌은 정말로 거대한 규모였음이 틀림없다.

훌륭한 가설이 으레 그렇듯이, 이 개념은 많은 관찰 증거를 설명했다. 그런 증거로는 지구 전체에서 일어난 대멸종, 지구에서는 희귀하지만 소행성에서는 풍부한 원소 함량이 높은 얇은 퇴적층, 거대한 충돌을 통해서만 생길 수 있는 충격 석영*이 있다. 그리고 중요하게는 이 가설은 검증 가능한 예측도 몇 가지 내놓았는데, 가장 명백한 것은 거대한 충돌 크레이터의 생성에 관한 가설이다. 이런 규모의 충돌은 아주 큰 크레이터를 남기게 마련인데, 6600만 년 전에 생긴 충돌 크레이터는 그때까지 발견된 적이 없었다.

잃어버린 크레이터를 찾기 위한 시도가 시작되었다.

* 충격 석영은 6600만 년 전에 공룡이 핵 실험을 했다면 생겼을 수도 있지만, 그랬을 가능성은 전무하다.

숨겨진 흉터

1950년대에 중앙아메리카에서 새로운 유전을 찾던 탐사 지질학자들이 멕시코만의 유카탄반도 아래에 거대한 원형 구조가 있다고 밝혔다. 1970년대에 두 지질학자가 그 지역에 대한 후속 탐사 작업을 진행했다. 그들은 땅속을 관통하는 첨단 촬영 기술을 사용해 지하 암석 지역의 미세한 교란 패턴을 지도로 작성했다. 그 데이터는 멕시코의 지상 풍경 아래에 숨어 있는 지름 180킬로미터의 거대한 원을 분명히 드러냈다. 하지만 그들은 우주에서 날아온 물체의 충돌을 확실하게 뒷받침하는 증거 — 충격 석영 같은 — 를 찾지 못했기 때문에, 그 원형 구조가 오래전에 활동을 멈춘 화산의 잔해라고 생각했다.

하지만 수십 년 뒤에 지표면 어딘가에 거대한 충돌 크레이터가 발견되지 않은 채 남아 있을 것이라고 확신한 지질학계는 유카탄반도로 다시 관심을 돌렸다. 1970년대에 그곳의 원형 구조를 지도로 작성한 두 탐사 지질학자는 추가로 다섯 명의 지질학자와 함께 팀을 이루어, 수십 년 전에 그 지역에서 채취한 표본을 재검토했다. 그러자 유카탄반도의 암석 기록에서 이전에 미처 알아채지 못했던 세부 사실들이 새로 드러나면서 과학계에 큰 흥분을 불러일으켰다.

그 팀은 원형 구조 주변 지역에서 여러 종류의 암석이 뒤섞인 두께 약 90미터의 암석층을 발견했는데, 재가 굳어 생긴 암석층에 거대한 바위가 여기저기 혼란스럽게 섞여 있었다. 게다가 용융된 암석이 급랭하면서 생긴 잎 모양의 덩어리들도 뒤엉켜 있었다. 흥미롭게도 이 암석층에는 강한 압력에 외상을 입은 흔적이 남아 있는 광물 파편들(충격 석영을 포함해)이 들어 있었다. 이 암석들은 지구에서 가장 희귀한 암석 중 하나였는데, 오직 특별한 한 가지 상황에서만 생기기 때문이다. 그것은 우주에서 날아온 물체가 지면에 폭발적으로 충돌할 때에만 생긴다. 〈스웨이바이트suevite〉* 라는 이름이 붙은 이 암석은 거대한 충돌 후에 하늘에서 떨어진 재와 부스러기가 뜨겁게 달구어졌다가 굳어서 생긴다.

원형 구조, 혼란스러운 스웨이바이트, 충격 석영, 이리듐을 비롯해 퍼즐 조각들이 빠르게 제자리를 찾으며 맞춰지기 시작했다. 일곱 명의 과학자는 자신들이 발견한 것을 『지올로지*Geology*』에 발표했는데,[2] 해당 논문은 알바레즈의 이리듐 논문과는 아주 대조적으로 즉각 긍정적이고 열광적인 반응을 얻었다. 동료 심사 과정에서 그 논문을 검토한 과학자 중 한 명은 발표된 논문 각주에서 호의적인 평을 남겼다. 〈[저자들은] 오랫동안 찾았던 [K-Pg] 크레이터 — 스모킹 건 — 를 제안한다.〉 그들은 정말로 그것을 발견했다. 그들은 공룡이 죽던 그날에 생성된 크레이터를 발견했다.

폭이 180킬로미터에 깊이가 거의 30킬로미터(에베레스트산보다 3배 이상 깊은)나 되는 원형 흉터는 지구에서 알려진 충돌 크레이터 중 두 번째로 크며, 그 중심에 위치한 도시의 이름을 따서 〈칙술루브〉라고 부른다. 칙술루브가 오랫동안 발견되지 않았던 이유는 지표면에 분명하게 드러난 지형이 아니기 때문이다. 충돌 크레이터가 생기고 나서 6600만 년이라는 긴 지질학적 시간이

* 독일 남서부 지방인 슈바벤Schwaben의 라틴어명인 수에비아Suevia에서 유래했다 — 옮긴이 주.

흐르는 동안 원형 테두리는 침식되어 사라지고, 크레이터는 1킬로미터 두께의 새로운 퇴적층 아래에 파묻히고 말았다. 지금은 첨단 지하 영상 기술을 사용해야만 볼 수 있다.

크레이터의 크기와 폭발에서 나온 에너지로 판단할 때, K-Pg 소행성은 폭이 약 20킬로미터였던 것으로 추정된다. 도시만 한 크기의 암석 덩어리가 초음속으로 날아와 지면을 강타한 것이다. 그런 규모의 충돌에서는 다른 방법으로는 행성이 경험할 수 없는 에너지가 방출되는데, 그 규모는 지진이나 화산 분화 같은 정상적인 지질학적 충격을 훨씬 능가한다. 이런 규모의 에너지는 제대로 이해하기가 불가능하지만, 지상에 남은 거대한(그 폭이 브리스틀과 셰필드 사이의 거리에 해당하는) 크레이터는 그것이 얼마나 엄청난 규모의 폭발이었는지 어느 정도 감을 잡게 해준다.

알바레즈는 1989년에 77세의 나이로 세상을 떠났다. 2년만 더 살았더라면 칙술루브 크레이터의 발견 소식을 들었을 텐데, 그러지 못해 안타깝다. 자신의 가설이 합리적 의심을 넘어서서 증명되는 것을 볼 만큼 충분히 오래 살았더라면 얼마나 좋았을까!

핵무기 척도

1961년, 우리 종이 일으킨 폭발 중 가장 무시무시한 폭발이 소련 북쪽 가장자리에서 일어났다. 그것은 차르 봄바Tsar Bomba라는 이름이 붙은 수소 폭탄이었다. 그 폭발의 위력은 1945년에 히로시마에 떨어져 극심한 파괴와 함께 수많은 인명을 앗아 간 원자 폭탄보다 3,000배나 더 강했다. 폭발의 위력을 나타내는 수치 —

70킬로미터(에베레스트산보다 7배나 높은) 상공까지 치솟은 버섯구름, 폭발 지점에서 900킬로미터 떨어진 곳에서 산산이 부서진 유리창, 지구를 세 바퀴나 빙 돈 지진 등 — 를 들어도 차르 봄바의 실제 위력이 어느 정도인지 상상하기가 쉽지 않다. 그렇다면 이렇게 한번 생각해 보라. 차르 봄바 같은 수소 폭탄의 폭발을 촉발하는 방아쇠로 히로시마급 핵무기를 사용한다. 〈보통〉 원자 폭탄이 그저 **방아쇠**에 불과하다면, 그 폭발은 얼마나 어마어마한 것일지 상상해 보라. 그것은 실로 엄청난 규모의 폭발이다.

소행성 충돌에서 발생하는 에너지를 다룰 때 차르 봄바는 유용한 척도가 된다.

원

폭이 약 120미터인 충돌체 — 이것은 템스강 변에 위치한 대관람차 런던 아이와 비슷한 크기이고, NASA의 〈잠재적 위험 천체〉 정의에 조금 못 미치는 크기이다 — 가 지표면에 충돌한다면, 즉각 차르 봄바의 3배에 해당하는 에너지가 방출될 것이다. 그리고 지각에 폭이 1.6킬로미터에 이르는 크레이터가 파일 것이다. 우리가 약 7만 5,000년 전에 동굴 벽에 그림을 그리기 시작한 이래 이런 규모의 충돌은 대여섯 번 일어났다.

행성 간 공간을 떠도는 소행성은 큰 것보다 작은 것이 훨씬 많고, 그 크기가 클수록 지구와 충돌할 확률은 급속하게 낮아진다. 지름이 약 300미터로 에펠 탑과 비슷한 크기의 소행성을 한번 생각해 보자. 이런 크기의 소행성은 평균적으로 8만 년에 한 번씩 지구와 충돌한다. 따라서 현생 인류가 진화한 이래 이런 규모의 소행성 충돌은 두어 번 일어났을 것이다. NASA의 공식 기준에 따라 〈위험 천체〉로 분류되는 이런 소행성이 지구에 충돌하면, 지름이 6킬로미터에 조금 못 미치는 원형 크레이터가 파인다. 이것은 큰 읍을 충분히 빙 둘러쌀 수 있는 크기이다. 여기서 방출되는 에너지는 차르 봄바 46개의 폭발에 해당한다.

폭이 1킬로미터 이상인 잠재적 위험 소행성 900개 중 하나가 지구에 충돌한다면, 차르 봄바 1,600개가 폭발하는 것과 같은 에너지가 방출되면서 지각에는 폭이 약 16킬로미터에 이르는 크레이터가 파일 것이다. 이 정도 크기의 크레이터라면 큰 도시도 그 원형 테두리 안에 넉넉하게 들어간다. 그렇다면 차르 봄바조차도 척도로 삼기에 너무 작다. 여기서 우리는 척도에 대해 다시 깊이 고민하게 된다.

지구에 남은 충돌 크레이터 중 가장 눈길을 끄는 사례는 애리조나주 사막에 있는 미티어 크레이터Meteor Crater이다. 우묵한 사발 모양의 이 운석 구덩이는 폭이 1.2킬로미터에 이르고, 달 표면에 갖다 놓더라도 전혀 낯설어 보이지 않을 것이다. 원형 테두리는 주변의 편평한 사막 위로 우뚝 솟아 있으며, 거기서 곧장 200미터를 곤두박질치며 크레이터 바닥까지 뻗어 있다. 위에서 내려다보면 미티어 크레이터는 마치 누가 거대한 볼베어링을 부드러운 공작용 점토에 떨어뜨린 것처럼 보인다(이것은 적절한 비유인데, 다만 이보다 훨씬 큰 규모로 일어났을 뿐이다). 안쪽에서 바라보면 폐소 공포증이 느껴지는데, 지평선이 아주 가까이 있기 때문이다.

게다가 크레이터를 둘러싼 사막에는 운석의 철 조각이 곳곳에 널려 있다. 기이한 금속 물질을 신성하게 여겼던 아메리카 인디언부터 시작해 지난 수천 년 동안 수거된 철은 수 톤에 이른다. 운석 철 조각들을 크레이터 옆을 지나가는 개울 이름을 따 캐니언 디아블로Canyon Diablo라 부른다.

흩어진 금속 조각들은 충돌체의 파편으로, 운석이 대기권에 진입하면서 산산조각 날 때 본체에서 떨어져 나온 것이다. 지상에 도달할 무렵에 충돌체는 폭이 40미터로 줄어들었지만, 주성분이 철이어서(단위 부피로 따지면 보통 돌보다 2배 이상 무겁다) 애리조나 사막에 뚜렷한 흔적을 남겼다. 흥미로운 캐니언 디아블로 운석의 대규모 수집은 19세기 후반에 시작되었다. 그중 한 조각이 기묘한 운명의 장난으로 패터슨의 화학 실험실로 가게 되었다. 패터슨이 처음으로 지구의 나이를 정확하게 측정하는 데 결정적 역할을 한 시원 납 측정은 바로 이 운석 조각에서 일어났다.

캐니언 디아블로와 미티어 크레이터는 아주 특이한데, 충돌 크레이터 부근에서 충돌한 소행성 파편이 발견되는 경우는 아주 드물기 때문이다. 거대한 K-Pg 충돌체의 경우에도 진짜 소행성 파편은 발견된 적이 없다. 폭발에서 방출되는 에너지가 너무나도 커서 충돌체는 거의 항상 완전히 기화하면서 원자 수준에서 분해되어 대기 중에 광범위하게 흩어지고 만다. 대개는 화학적 흔적만 남는다. 그런데 미티어 크레이터 충돌체에서 떨어져 나온 파편들은 대기권 진입 과정과 그 후의 폭발에서 기적적으로 살아남았는데, 격렬한 충돌 장소에서 멀리 떨어진 곳에 추락했고, 게다가 이 크레이터는 비교적 최근에 생긴 것이어서 녹이 슬거나 땅속에서 분해되는 과정을 통해 아직 완전히 사라지지 않았기 때문이다.

살아남은 소행성 파편은 말할 것도 없고, 소행성 충돌로 생긴 크레이터조차 발견하기 힘든 경우가 많다. 끊임없이 변하는 시간의 모래는 행성 표면에서 금방 흔적을 지워 그 존재를 알아보지 못하게 한다. 우뚝 솟았던 테두리는 닳아서 주변과 같은 높이로 낮아지고 움푹 파인 구덩이는 퇴적물로 메워진다. 그 이야기 위에는 새로운 지질학 이야기가 겹쳐서 기록되지만 완전히 감춰지지는 않는데, 지질학의 도구를 사용하면 땅속에 숨어 있던 그 이야기를 되살릴 수 있다.

애리조나주의 미티어 크레이터는 비교적 작은 편이다. 비슷한 크기의 크레이터가 지표면 곳곳에 많이 널려 있을 텐데, 뚜렷하게 드러나지 않은 채 숨어 있는 이 크레이터들은 미래의 탐구적인 지질학자들이 찾아 줄 날을 끈기 있게 기다리고 있다. 우리가 알고 있는 충돌 크레이터는 대부분 겉으로는 두드러진 특징이 드러나지 않는다. 지면 위로 원형 테두리가 돌출되어 있지도 않고, 우묵한 구덩이도 남아 있지 않으며, 주변 지역에 하늘에서 떨어진 암석들이 흩어져 있지도 않다. 유카탄반도의 거대한 충돌 크레이터에서 보는 것처럼 암석에 기록된 단어들은 훨씬 미묘한 방식으로 적혀 있다.

뇌르틀링겐

독일 바이에른주의 중세 도시 뇌르틀링겐은 원형 성벽으로 완전히 둘러싸인 풍경을 800년 이상 보존해 오고 있다. 도시가 한눈에 내려다보이는 빨간색 타일 지붕 위의 큰 둥지에서는 황새가 새끼를 키우고 있다. 도시 중심에는 성 게오르크 교회가 있는데, 구불구불 얽혀 있는 거리들을 굽어보며 우뚝 서 있는 높이 90미터의 거대한 첨탑(〈다니엘〉이라는 애칭으로 불린다)은 주변 농경지에서 바라보면 멋진 장관이다. 이 웅장한 독일 건축물과 주변의 녹색 농경지를 보여 주는 엽서는 평온함을 전달하지만, 그 아래의 암석에 기록된 재난 이야기를 감추고 있다. 거기에는 거대한 리에스 충돌 크레이터가 숨겨져 있다.

약 1500만 년 전 — 지구의 역사를 24시간으로 압축한 우리의 지질학적 하루에서는 불과 5분 전 — 에 한 소행성이 지금의 바이에른주에 충돌했다. 충돌 크레이터의 크기로 미루어 볼 때 그 지름은 뇌르틀링겐의 원형 성벽보다 2배나 큰 1.5킬로미터 정도로 추정된다. 비록 칙술루브 소행성에 비하면 아무것도 아니지만, 이 정도 크기의 암석은 실로 엄청난 충격을 줄 수 있다. 충돌하는 순간에 차르 봄바 5,500개에 해당하는 에너지가 순간적으로 방출되었고 주변은 지옥처럼 변했다. 수십억 톤의 암석이 지구의 지질학적 힘으로는 평소에 도달할 수 없는 온도와 압력에 노출되었다. 그 폭발 소리는 멀리 1,000킬로미터 밖에까지 많은 차의 소음처럼 들렸을 것이다.

지진이 주변 지역으로 퍼져 나갔다. 암석층 중의 작은 결함 — 기존의 균열이나 작은 자갈 — 이 충격파의 전파를 방해하는 장애물 역할을 해, 충격파는 마치 물이 뱃머리를 만나 갈라지듯이 그 주위로 퍼져 나갔다. 충격파 전면은 작은 결함을 만나면 바깥쪽과 앞쪽으로 구부러지며 나아가면서 암석들을 쪼개 아이스크

림콘 모양으로 만들었는데, 콘의 뾰족한 끝부분은 결함 지점에서 시작된다. 〈충격 원뿔shatter cone〉이라 부르는 원뿔 모양의 이 균열은 충돌 사건을 알려 주는 스모킹 건 증거인데, 가장 격렬하고 순간적인 압력을 받아야만 생기기 때문이다. 이것 외에 충격 원뿔을 만들 수 있는 방법은 딱 하나밖에 없는데, 그것은 지하 핵 실험이다.

충격 원뿔은 단지 은유적으로만 충돌 크레이터를 가리키는 데 그치지 않는다. 문자 그대로 충돌 크레이터를 분명히 가리킨다. 충격 원뿔 끝부분은 마치 암석 속에 들어 있는 작은 주먹 크기의 화살처럼 항상 지진 충격파가 온 방향을 가리킨다.* 바이에른 주 일대에서 충격 원뿔들이 가리키는 방향을 지도로 작성함으로써 지질학자들은 충격의 진앙이 뇌르틀링겐에서 북동쪽으로 수 킬로미터 떨어진 지점이라는 사실을 알아냈다. 그곳은 그야말로 아수라장으로 변했다. 유카탄반도의 암석들과 마찬가지로 뇌르틀링겐 주변의 암석들도 매우 파괴적인 불행을 겪었다.

최초의 파편이 땅에 떨어졌을 때, 그것은 충돌 장소로부터 땅을 긁으며 굴러갔다. 마치 못이 칠판 위로 지나가듯이 땅 위에 긴 자국을 새겼다. 떨어진 바위들이 굴러가는 곳에 있던 것들은 모조리 사라졌다. 잇따라 떨어진 부스러기 잔해들이 몇 초 만에 그 자국을 묻어 버렸다. 오늘날 그 잔해가 깨끗이 사라지고 노출된 표면에서는 소행성 파편이 새긴 자국들을 여전히 볼 수 있다. 이것은 내가 본 가장 희귀하고 기이한 지질 구조 중 하나이다. 이 자국

* 나는 아름다운 충격 원뿔을 하나 갖고 있다. 자랑스럽게 여기는 이 충격 원뿔은 대학생 시절에 리에스 충돌 크레이터에서 야외 탐사 작업을 하던 도중에 발견한 것으로, 6년 전부터 내 침대 옆 탁자 위에 놓여 있다.

은 충돌 지점에서 순식간에 바깥쪽으로 바퀴살처럼 뻗어 나가면서 땅 위에 새겨졌다.

잎 모양의 용융 암석이 많이 섞인 뜨거운 재 기둥이 파괴 현장 위로 높이 치솟았다가 폭발이 있고 나서 몇 시간이 지나기 전에 다시 지상으로 떨어져 그레이베이지색의 스웨이바이트*가 지면을 뒤덮었을 것이다. 성 게오르크 교회(그리고 다니엘 첨탑도)를 포함해 뇌르틀링겐의 많은 역사적 건물은 스웨이바이트 블록으로 지어졌다. 뇌르틀링겐은 단지 충돌 크레이터 안에 세워지는데 그치지 않고 그 일부가 충돌 크레이터의 구성 물질을 **사용해** 세워졌다.

도시의 건축가와 장인들은 알지 못했지만, 그 건물들은 지구에서 가장 희귀한 종류의 암석으로 지어졌다. 그들은 그 당시에 자신들이 그렇게 기이한 암석을 사용하는 줄도 몰랐고 그 암석 속에 어떤 경이로운 비밀이 숨어 있는지도 몰랐다.

충돌의 충격파가 땅속에서 물결치며 나아갈 때, 암석 속의 원자들이 짧은 순간에 아주 특이한 방식으로 짓눌려 압축되면서 특이한 형태의 물질을 만들어 냈다. 충격 석영 같은 이국적인 광물들이 새로 만들어진 것이다. 그중에는 다이아몬드도 있었다. 건축재로 쓰인 스웨이바이트 암석 속에 수없이 많은 다이아몬드가 들어 있는데, 물론 이것은 고성능 현미경으로만 볼 수 있다.

뇌르틀링겐은 정말로 다른 곳에서는 볼 수 없는 특별한 도시이다.

* 내 침대 옆 탁자 위에는 충격 원뿔 옆에 뇌르틀링겐의 스웨이바이트 조각도 하나 놓여 있다.

텍타이트

유카탄반도와 바이에른주에 닥친 재난의 영향은 충돌 크레이터 주변 지역에만 국한되지 않았다. 용융 분출물 중 일부는 40여 킬로미터(여객기의 순항 고도보다 4배나 더 높은)나 치솟아 상부 성층권까지 올라갔다가 충돌 장소에서 멀리 떨어진 지역에도 떨어졌다. 자두만 한 것에서부터 소금 알갱이만 한 것에 이르는 방울들이 대기권에서 탄도 궤적을 따라 나아가는 동안 식어서 굳어, 방울과 끈 모양의 유리가 되었다. 기이하고 놀라운 모양이 많이 생겼는데, 구슬처럼 동그란 것이 있는가 하면, 짓눌린 구체도 있었고, 양 끝이 뾰족한 손가락처럼 생긴 막대 모양이나 길게 잡아 늘인 아령처럼 생긴 것도 있었다. 또 울퉁불퉁한 공작용 점토처럼 생긴 것도 있었다. 기묘한 지질학적 물체들은 우주에서 날아온 물체가 충돌하는 사건에서만 만들어진다. 이 유리질 물질을 〈텍타이트tektite〉라고 부른다.

K-Pg 경계층에서 비정상적으로 많은 이리듐이 발견된 지 1년이 지나기 전에 네덜란드 지질 연구소의 두 지질학자가 에스파냐의 K-Pg 경계층에 섞여 있는 현미경적 텍타이트를 발견했다. 용융 물질이 굳어서 생긴 작은 방울들은 폭이 1밀리미터 미만이어서 핀 대가리 위에 넉넉히 올려놓을 수 있을 정도였는데, 대기권에서 수천 킬로미터를 이동한 뒤에 지상에 떨어진 것이었다. 충돌 장소에서 3,000여 킬로미터 떨어진 미국 노스다코타주의 K-Pg 경계층에서도 이와 비슷하게 작은 텍타이트들이 발견되었다. 2019년에 한 고생물학자 팀은 민물고기 화석에서 아가미에 박혀 있는 현미경적 텍타이트를 발견했다.[3] 남쪽에서 일어난 충

돌 사건 직후 한 시간쯤 지났을 때, 마치 집중 야포 공격이라도 퍼붓는 듯이 하늘에서 현미경적 텍타이트가 쏟아져 노스다코타주 동물들의 몸에 박혔다. 그러고 나서 얼마 후 동물들은 화재와 지진에 죽어 갔다.

텍타이트는 대부분 유리 광택이 나는 검은색이지만, 리에스 충돌에서 생긴 유럽의 텍타이트는 다르다. 바이에른주의 용융 암석은 그 화학적 특성 때문에 굳을 때 반투명한 진녹색 유리가 되었다. 이곳 텍타이트는 독특한 색과 광택 때문에 나머지 텍타이트와 구별되어 〈몰다바이트moldavite〉라는 특별한 이름으로 불린다. 몰다바이트는 보석상과 광물 채집인 사이에서 귀한 대접을 받는다. 몰다바이트는 리에스 충돌 크레이터를 중심으로 동쪽 — 대개는 체코 공화국 — 지역에서 발견되지만, 흥미롭게도 서쪽과 북쪽, 남쪽에서는 발견되지 않는다. 이 단순한 관찰 사실로부터 1500만 년 전에 바이에른주에 충돌한 소행성은 서쪽에서 얕은 각도로 지구 대기권에 진입하여 대부분의 잔해를 동쪽으로 흩뿌렸다는 것을 알 수 있다.

텍타이트의 먼 확산 거리와 공중으로 높이 치솟은 고도는 폭발의 위력이 얼마나 대단했는지 증언한다. 몰다바이트는 리에스 충돌 크레이터에서 서쪽으로 300킬로미터 이상(글래스고와 리즈 사이의 거리보다 더 먼) 떨어진 곳에서도 발견되었다. 그런데 섬뜩한 사실은 텍타이트 같은 물질을 만드는 것은 소행성뿐만이 아니라는 것이다.

1945년 7월 16일 오전 5시 29분 45초(현지 시각), 뉴멕시코주의 사막에서 미국은 인류 문명을 끝장낼 힘을 지닌 기술을 보여 주었다. 그곳에서 〈트리니티Trinity〉라는 암호명으로 불린 최초의 대량 살상 핵무기가 폭발했다. 이 사건은 20만 년에 이르는 우리 종의 역사에서 가장 중요한 전환점 중 하나였으며, 우리가 자신에게 실존적 위협이 된 최초의 순간이었다.

핵 연쇄 반응을 통해 폭발한 트리니티는 1초도 안 되는 사이에 TNT 2만 1,000톤과 맞먹는 에너지를 방출했다(하지만 이마저도 오늘날의 핵폭탄과 비교하면 아무것도 아니다). 폭발 물질로 사용된 것은 겨우 6킬로그램의 플루토늄-239[4]와 우라늄-235의 혼합물이었는데, 그 결과로 생겨난 버섯구름은 태양 표면보다 더 뜨거웠고 상공으로 20킬로미터까지 치솟았다.

맨해튼 계획에 참여해 이 폭탄의 개발에 관여한 과학자 엔리코 페르미Enrico Fermi는 폭발 현장에서 목격한 파괴 양상을 다음과 같이 묘사했다. 〈지름 360미터의 함몰 지역이 초록색 유리 같은 물질로 빛났고, 그 지역의 모래가 모두 녹았다가 다시 굳었다.〉

폭발 현장 근방에서는 사막의 맨 위층을 덮고 있던 모래가 즉각 녹아 서로 들러붙으면서 기괴한 초록색 유리로 변했다. 유리질 물질은 그 이후로 〈트리니타이트trinitite〉로 불리게 되었다. 트리니타이트는 텍타이트와 비슷한 과정 — 즉 즉각적이고 완전하게 녹은 암석이 급랭하면서 — 을 통해 생성되었지만, 우주를 떠돌던 암석이 충돌해 만들어진 것이 아니라 우리가 직접 만든 것이다. 바로 우리 손으로 해낸 것이다.

우리 인간은 20만 년 이상 부드러운 모래 위에 발자국을 남겼고, 적어도 7만 5,000년 동안 암석 덩어리에 여러 가지 형태를 새겼으며, 적어도 4만 년 동안은 동굴 벽에 아름다운 벽화를 그렸다.

트리니타이트는 우리가 지구의 형태를 변화시키고 암석 기록에 우리의 흔적을 남길 힘이 있음을 보여 주는 많은 예 중 하나에 지나지 않는다. 그와 동시에 그것은 오늘날 우리에게 하늘에서 떨어지는 소행성과 같은 힘을 지니고 있다는 사실을 상기시킨다.

크리스마스이브

우주 공간을 배회하는 모든 암석이 K-Pg 소행성이나 캐니언 디아블로와 같은 힘을 지닌 것은 물론 아니며, 목격되는 운석 낙하는 대부분 행성 차원의 멸종 사건보다는 가벼운 소동을 일으키는 데 그친다.

지금까지 알려진 운석 6만여 개 가운데 떨어지는 장면이 목격된 것은 1,300개 미만이다. 대다수 낙하 운석은 크기가 작았고, 충돌은 둔탁하게 지면에 부딪치는 정도에 그쳤다. 가끔은 1969년의 아옌데 운석이나 1492년의 엔시스하임 운석처럼 훨씬 밝은 섬광과 폭발음을 동반하면서 조금 더 큰 소동을 일으키는 것도 있다. 1965년에 영국 중부 지방에 떨어진 운석도 그런 소동을 일으켰다.

크리스마스 전날 밤에 레스터셔주 상공에서 드문드문한 구름들의 틈 사이로 밝은 화구가 하늘을 가로지르는 모습이 목격되었다.* 그것은 (대부분의 운석처럼) 정상 콘드라이트였고, 크기는 칠면조만 했으며, 소행성대에서 출발해 행성 간 공간을 여행한 뒤

* 산타클로스가 하늘에서 불타는 덩어리로 떨어지는 것을 보고서 레스터셔주 어린이들이 어떻게 느꼈을지 상상해 보라.

에 지구의 중력에 붙들려 대기권으로 들어온 것이었다. 이 운석은 하늘에서 추락하는 동안 산산조각 났고, 화염에 휩싸인 비행은 바웰이라는 작은 마을에 떨어지면서 끝났다.

그때 밖에 나와 있던 주민들은 큰 폭발음 다음에 하늘에 섬광이 나타났고, 그 뒤를 이어 씽 하는 소리와 무거운 물체들이 거리에 떨어지는 소리가 났다고 보고했다. 그것은 바웰 운석의 파편들이 비처럼 쏟아지는 소리였다. 운석 파편들은 거실 유리창을 깨고, 지붕 타일을 손상시켰으며, 도로 곳곳에 움푹 파인 구멍들을 뚫었다. 한 주민은 소동의 원인을 알아보려고 집 밖으로 나왔다가 산 지 얼마 안 된 자신의 복스홀 비바 자동차가 운석에 파손된 것을 보았다. 보험 회사는 〈천재지변act of God〉*이라는 이유로 피해 보상을 거부했다. 〈신의 행위〉보다는 〈중력의 행위act of gravity〉가 더 정확한 표현이었겠지만, 그렇다고 한들 재난을 당한 자동차 주인에게는 별 위안이 되진 않았을 것이다. 그 사람이 현지 목사를 찾아가 자신의 자동차 파손에 대해 하느님이 뭐라고 말할지 따져 물었고, 교회에 그 비용을 지불해 달라고 요청했다는 소문이 돌았다. 그의 탄원은 묵살된 것으로 보인다.

주민들은 곧 암석 파편들을 채집했는데, 대부분은 큐레이션과 과학적 연구를 위해 런던 자연사 박물관으로 보내졌다. 바웰 운석은 영국에서 목격된 가장 큰 낙하 운석으로 남아 있다. 현지 마을에서는 큰 바위(운석이 아닌)에 초록색 명판을 부착해 그 사건을 기념했다.

주거 지역에 운석이 떨어지는 일은 극히 드물지만, 우리 인간

* 〈act of God〉은 직역하면 〈신의 행위〉라는 뜻이다 — 옮긴이 주.

이 지표면 위에서 차지하는 공간은 극히 일부에 지나지 않는다. 대다수 운석은 바다에 떨어지며, 육지에 떨어지는 운석들도 대부분 목격되지 않는다. 재산상의 피해를 초래하는 경우도 드물며, 사람이 운석에 맞은 사건은 몇 건만 기록되어 있을 뿐이다.

불운한 한 피해자는 미국 앨라배마주에 살던 앤 호지스Ann Hodges이다. 1954년의 그날, 앤은 자기 집 거실 소파에 누워 오후의 낮잠을 즐기고 있었다. 그런데 운석이 지붕을 뚫고 들어와 라디오에 부딪친 뒤 통통 튀면서 앤의 몸 옆쪽을 때려 럭비공만 한 멍을 남겼다. 정상 (〈H〉) 콘드라이트로 분류된 그 운석은 가장 가까운 대도시 이름을 따서 실러코가Sylacauga 운석이라는 공식적인 이름이 붙었다. 하지만 일반적으로는 호지스 운석으로 불린다.

기록상 지금까지 운석에 맞아 죽은 사람은 단 한 명뿐이다.[5] 1888년 8월 22일, 운석 하나가 이라크 상공의 지구 대기권으로 들어왔다. 그 운석은 중간에 폭발하면서 산산조각 났다. 그런데 믿기 어렵게도 그중 파편 2개가 아무런 낌새도 채지 못하고 있던 두 남자에게 날아가, 한 사람을 마비 상태로 만들고 다른 한 사람의 목숨을 앗아 갔다. 두 남자는 끔찍한 우주 로또에 당첨된 셈이다.

다행히도 매년 지표면에 떨어지는 4만 톤의 운석 가운데 대부분은 아주 작은 파편의 형태로 떨어진다. 보기 드물게 큰 낙하 운석인 바웰 운석조차도 도로 표면에 작은 구멍을 뚫는 데 그쳤다. 하지만 아주 가끔 아주 큰 소행성 파편이 지구에 떨어져 엄청난 피해를 초래하기도 한다.

러시아위에 떨어진 운석

2013년에 전 세계 사람들은 그렇게 크지 않은 소행성조차 얼마나 엄청난 위력을 지니고 있는지 생생하게 보았다.

2013년 2월 15일 금요일 오전 9시 20분, 러시아의 작은 도시 첼랴빈스크에서는 수정처럼 맑은 겨울 하늘이 점점 밝아지고 있었고, 눈으로 덮인 풍경은 아침 햇살을 받아 눈부시게 빛났다. 차가운 공기 속에서 윙윙거리는 자동차 엔진 소리와 차 문을 세차게 닫는 소리가 들려왔다. 주민들은 차를 몰고 일터로 출근하거나 차로 아이들을 학교에 데려다주거나 쓰레기를 버리는 등 아침마다 하는 일을 하고 있었다. 그때 작은 공 모양의 빛이 나타났다. 그것은 점점 밝아지고 또 밝아지고 더욱 밝아지더니, 하늘을 가로지르면서 그 뒤에 두꺼운 흰색 꼬리를 남겼다. 그 빛은 겨울 낮의 빛조차 약해 보일 정도로 밝았다.

그것은 점점 더 밝아지고 커지더니, 결국은 실눈을 뜨지 않을 수 없을 정도로 밝아졌다. 그러더니 폭발했다. 몇 초 동안 그 섬광은 한낮의 태양보다 더 밝게 빛났고, 그 빛은 사방으로 100킬로미터 밖의 하늘까지 퍼져 나갔다. 눈 덮인 풍경에는 잠깐 동안 태양 30개에 해당하는 빛이 비쳤고, 나무와 건물, 사람 그림자가 눈 덮인 지면 위에 순간적으로 아주 강렬하게 드리워졌다.

그러고 나서 소리가 났다. 쾅! 폭발의 메아리가 러시아의 겨울 풍경을 가로지르며 울려 퍼졌고, 그 충격파가 지축을 뒤흔들었다. 뇌성 같은 그 끔찍한 소리는 마치 영원히 계속될 것처럼 들렸다. 쾅! 창틀에서 유리가 뒤흔들리더니 산산조각 나며 부서졌다. 한 공장은 테니스 코트 면적의 3배쯤 되는 지붕이 무너졌다. 사람들은 다리가 후들거려 그 자리에 주저앉았다. 굉음이 우르릉거리는 소리로 잦아들면서 사라지자, 도처에서 울려 대는 자동차 경보음과 당혹스러움에 빠진 주민들이 허둥대면서 움직이는 소리만 남았다. 5초도 안 되는 사이에 건물들이 입은 피해 규모는 약 400억 원으로 추산되었다. 전체 상황은 약 30초 만에 종료되었다.

첼랴빈스크 주민들은 그 사건을 하늘에서 태양이 떨어진 것에 비유함으로써 약 4,000년 전에 떨어진 아르헨티나의 캄포 델 시엘로 운석 전설을 연상시켰다. 물론 사실은 그저 큰 운석이 또 하나 지구에 떨어졌을 뿐이었다. 지난 100년 사이에 우주에서 날아온 자연 물체 중 가장 컸던 첼랴빈스크 운석은 즉각 국제적인 뉴스가 되었다.

그 난리를 일으킨 범인은 초속 20킬로미터로 날아온 7층짜리 건물만 한 크기의 정상 콘드라이트였다. 이 암석은 지구의 상층 대기권에 진입하자마자 즉각 그 속도가 줄어들기 시작했다. 무게가 1만 2,000톤으로 어른 코끼리 3,000마리와 맞먹는 이 암석은 대기권을 가르며 날아오다가 지상에서 30킬로미터 높이에 이르렀을 때 산산이 쪼개지고 말았다. 그와 함께 거대한 폭발이 일어났다. 이 폭발에서 방출된 에너지는 1945년에 히로시마에 투하된 원자 폭탄 30개에서 방출된 것보다 많았다. 폭발의 충격파는 약 1,000명의 첼랴빈스크 주민을 다치게 한 뒤에 지구 전체로 퍼져 갔다.

광택이 나는 새카만 색의 용융각으로 뒤덮인 파편들이 눈으로 덮인 첼랴빈스크 주변에 떨어졌다. 대부분은 주먹만 한 크기의 바웰 운석과 비슷하게 작았지만 아주 큰 것도 일부 있었다.

우연히도 이 운석의 본체가 떨어지는 모습이 많은 보안 카메라와 차량용 블랙박스를 통해 각각 다른 각도에서 촬영되었다. 그 덕분에 삼각 측량을 통해 그 경로를 정확하게 계산할 수 있었고, 그것을 바탕으로 계속 나아간 궤적을 예상할 수 있었다. 이 정보로 과학자와 운석 채집자들은 이 거대한 암석이 어디에 떨어졌을지 상당히 정확하게 알 수 있었다.

낙하 장소는 첼랴빈스크에서 서쪽으로 70여 킬로미터 떨어진 체바르쿨 호수 주변 지역으로 좁혀졌다. 눈으로 덮인 풍경 위에 어색한 자세로 놓여 있는 거대한 검은색 암석을 발견할 수 있을 것이라고 기대하면서 흥분한 수색대가 곧 그곳에 도착했다. 하지만 눈을 씻고 봐도 그런 암석은 보이지 않았다. 그러다가 얼마 지나지 않아 운석의 흔적이 드러났다. 호수를 뒤덮은 얼음 위에 폭이 8미터나 되는 거대한 구멍이 뚫려 있었다. 운석은 얼음을 뚫고 어둡고 차가운 호수 바닥으로 가라앉은 것이었다.

몇 달 뒤 호수 표면을 덮고 있던 얼음이 많이 녹자, 한 수색 팀이 수중 음파 탐지기와 전문 잠수부의 도움으로 운석이 있는 장소를 정확하게 알아냈다. 그리고 운석 회수 작전이 시작되었다. 실트로 뒤덮인 호수 바닥에서 거대한 암석을 끌어 올리는 것은 결코 쉬운 일이 아니다. 현지 당국은 많은 잠수부와 강력한 윈치를 동원했다. 그리고 8개월 뒤에 현지 주민과 기자들이 지켜보는 가운데 그 암석은 물속 깊은 곳에서 인양되었고, 그 장면은 텔레비전으로 생중계되었다. 다소 품위가 떨어지는 방식이긴 했지만, 거대한 암석은 새카맣게 탄 용융각의 자태를 드러내면서 물속에서 나와 호숫가에 놓였다.

운석의 기준에서 볼 때, 이 암석은 정말로 거대한 축에 들었다. 무게가 0.5톤이 넘어 저울을 — 문자 그대로 — 한쪽으로 기울어지게 했고, 큰 조각 3개로 쪼개졌다. 그날 찍은 사진들은 흥분과 완전한 혼돈이 넘치던 광란의 장면을 보여 준다. 호수 바닥에서 파편 몇 개가 더 회수되었다. 이렇게 회수된 운석의 양은 모두 합쳐서 약 1톤에 이르렀는데, 이것은 기록된 낙하 운석 중 여섯 번째로 큰 것이다. 러시아에서 블랙박스가 널리 보급된 덕에, 그리고 운 좋게도 적절한 장소와 시간에 떨어진 덕분에, 첼랴빈스크 운석은 모든 낙하 운석 중에서 가장 잘 기록된 운석이 되었다. 이 운석은 전 세계 사람들의 상상력을 사로잡았다.

*

K-Pg 소행성이 지표면에 충돌하면서 기화했을 때, 구성 화학 물질들이 대기권 높이 올라가 전 세계로 확산되었다. K-Pg 경계층에 비정상적으로 많이 포함된 이리듐은 바로 여기서 유래했다. 하지만 충돌의 화학적 흔적은 단지 시작에 불과한데, 자연은 K-Pg 재난 이야기를 동위 원소 — 특히 24번 원소인 크로뮴 동위 원소들 — 언어로도 기록했기 때문이다.

산소 동위 원소들과 마찬가지로 크로뮴 동위 원소들도 운석 분류의 강력한 도구로 쓰일 수 있다. 모든 크로뮴 원자는 원자핵에 양성자가 24개 들어 있다. 하지만 중성자 수는 달라질 수가 있어 크로뮴은 모두 네 종류의 동위 원소가 있는데, 각각의 비율은 체계적이고 예측 가능한 방식으로 정해져 있다. 운석이 이 규칙에서 벗어나는 것은 전혀 놀라운 일이 아닌데, 기본적으로 다른 천체들에서 유래했고, 그 천체들은 성운 물질로부터 각자 나름의 독특한 동위 원소 조성을 물려받았기 때문이다. 대다수 운석 집단은 각자 독특한 크로뮴 동위 원소 조성을 갖고 있다.

K-Pg 경계층의 크로뮴 동위 원소 조성은 분명히 지구와 다른 것으로 드러났다. 이것은 기화한 소행성 물질이 그 암석층에 섞여 들어갔다는 증거이다. 프랑스 파리에 있는 지구 화학 및 우주 화학 연구소의 우주 화학자 팀은 경계층에 포함된 이 동위 원소들의 정확한 비율을 측정한 뒤, 그동안 우리가 확보한 다양한 운석들과 비교함으로써 충돌한 소행성의 동위 원소 특성을 해독했다.

그들은 K-Pg 경계층에서 대멸종을 초래한 소행성이 물을 포함하고 있는 종류의 운석이었고, 악취를 풍길 정도로 많은 유기 물질이 들어 있었다는 사실을 발견했다. 공룡 시대를 끝내고 수많은 종을 멸종시킨 소행성은 머치슨 운석처럼 거대한 탄소질〈CM〉 콘드라이트였다.

아이러니의 극치라고나 할까, 지구에 생명의 불꽃을 전달했을 가능성이 있는 것과 동일한 우주의 암석들이 지질학사를 통틀어 손꼽을 만큼 큰 규모의 대멸종을 일으키는 원인이 되었다. 소행성과 운석은 지구에 생명을 가져다주었을 수도 있는 존재일 뿐만 아니라, 생명을 앗아 가는 존재이기도 하다. 하지만 파괴는 혼돈을 낳고 혼돈은 잠재력을 잉태한다. 대멸종이 남긴 공백은 진화를 통해 새로운 생명체들이 등장할 수 있는 황금 같은 기회를 제공했다.

공룡이 사라지자, 땅굴을 파고 살던 작은 동물 집단이 땅굴에서 나와 지상으로 진출할 기회를 얻었다. 살아 있는 새끼를 낳고 젖을 먹이고 몸에 털이 있다는 점에서 동물계에서 아주 독특한 부류인 작은 온혈 동물은 대재앙의 여파를 금방 떨쳐 내고 크게 번성했다. 그 동물 집단은 바로 포유류인데, 이들은 대멸종 이후의 세계에서 급속하게 다양한 종으로 진화해 갔고, 6600만 년 후에는 오늘날 지구에 서식하는 놀랍도록 다양한 포유류 종 — 박쥐에서부터 고래, 고양잇과 동물과 사람, 그리고 그 사이에 있는 온갖 종에 이르기까지 — 을 탄생시켰다. 새끼에게 젖을 먹이고 몸이 털로 덮인 온혈 동물은 모두 다 유카탄반도에 충돌한 소행성이 비워 버린 생태적 지위를 채울 기회를 잡았던 조상으로부터 유래했다.

지구에 스타-타르를 쏟아부은 탄소질 운석이 없었더라면, 생명의 불꽃은 피어나지 않았을지도 모른다. 6600만 년 전에 지구의 생태계를 폐허로 만든 탄소질 소행성이 없었더라면, 지구의 생명은 포유류의 확산과 결국에는 우리의 출현을 낳은 길을 결코 걸어가지 않았을 것이다. 운석 충돌은 생명의 나무를 가지치기해 새로운 순이 자라나게 하는 한 가지 방식에 지나지 않는다. 오늘날 우리의 존재는 그것 말고도 여러 가지 방식의 도움이 있었기 때문에 가능했다.

위로 그리고 앞으로

암석의 파괴는 암석의 생성과 마찬가지로 지질학의 일부이다. 단단한 암석 — 영원히 존재해 왔고 앞으로도 영원히 존재할 것처럼 느껴지는 우리 발밑의 단단한 땅 — 은 결국에는 바스러지고 만다. 자연은 절대적으로 무관심한 태도로 작용한다. 결국에는 영원한 것은 아무것도 없다. 원자들의 결합으로 형성된 암석 같은 실체는 늘 변한다. 이렇게 덧없는 사물의 속성은 우주의 특징이다.

지질학은 이미 존재하는 재료를 사용하는 힘으로, 어떤 암석이 파괴될 때마다 그 대신에 새로운 암석이 만들어진다. 파괴는 창조의 전제 조건이다. 둘은 끝없이 순환하는 주기 속에서 서로 긴밀하게 연결되어 있다. 파괴와 창조는 음과 양, 혼돈과 질서이다. 둘은 정반대인 것처럼 보이지만, 궁극적으로는 합쳐서 전체를 이루는 일부이며, 삐걱거리는 시간의 수레바퀴가 지질학의 역사를 단단한 암석에 천천히 기록하는 동안 둘은 서로를 보완하면서 나아간다.

30억 년 전의 암석으로 만들어진 높은 절벽도 오랜 세월 동안 바다에 침식되어 서서히 무너지고 해체되어 오늘날 해변에 널린 모래로 변했다. 그 모래 알갱이들은 언젠가 사암층으로 변할 것이다. 나무는 흙과 물과 공기를 줄기와 뿌리와 잎으로 변화시켰다가 썩어서 다시 흙 속으로 돌아간다. 살아 있는 우리의 몸 또한 다르지 않다. 우리도 언젠가 파괴되고 해체되어 우리가 온 곳인 지구로 돌아갈 것이고, 우리 몸을 이루는 성분들은 새로운 실체로 탄생할 것이다. 우리는 암석에서 왔고, 암석으로 돌아갈 것이다.

지구에서 지질학적 시간이 꾸준히 안정적으로 흐르는 가운데 간간이 종말론적 사건들이 일어났다. 지구의 암석들은 과거에 일어난 완전한 파괴 이야기를 들려준다. 그러한 사건들은 지구를 완전히 뒤흔들어 놓았지만, 그 뒤에 풍부한 광물 집단과 기묘한 화학 물질과 독특한 종류의 암석을 남겼다. 우주를 배회하는 암석은 충분히 클 경우에는 아주 큰 재앙을 가져왔지만, 그 사건으로 아름답고 흥미로운 지질학적 형태들이 새로 나타났고, 그중 일부는 생명 자체의 경로를 변화시킬 힘을 지녔다.

우주에 존재하는 모든 사람 — 그리고 이 문제에서는 알려진 모든 생명체 — 이 단 하나의 세계에 국한되어 살아가는 것은 (잘해야) 위태롭기 짝이 없고,(잘못하면) 파멸적인 결과를 맞이할 수 있다. 격언처럼 모든 달걀을 한 바구니에 담는 것은 현명한 짓이 아니다. 그저 충분한 크기의 악당 소행성 하나만으로도 우리 문명 전체가 뿌리째 뒤흔들릴 수 있다. 만약 그 충돌체가 대도시에서 수백 킬로미터 이내의 거리에 떨어진다면, 수백만 명이 목숨을 잃을 것이고 수십억 달러에 이르는 기반 시설이 파괴될 것이다. 대기권 높이 치솟은 먼지가 햇빛을 가려 기온이 떨어지면, 10년 혹은 그 이상 전 세계에 심각한 식량 부족 사태가 발생할 것이다.

직접적인 인명 손실 외에도 많은 지역이 정치적으로나 경제적으로 불안정해질 수 있다. 그런 사건의 결과로 대규모 인구 이동이 일어난다면, 우리가 세계 문명으로서 아직까지 겪어 보지 못한 인도주의적 위기가 발생할 것이다.

소행성 경로 변경은 암울한 시나리오를 피할 수 있는 한 가지 방법이다. 먼 미래에 지구 횡단 궤도로 다가오는 소행성을 발견한다면, 필시 우리는 그런 전략을 채택할 것이다. 하지만 소행성의 경로를 변경하는 것은 나름의 위험을 안고 있으며, 결코 가볍게 생각할 문제가 아니다. 자칫 실수라도 일어나면, 지구에 충돌할 가능성을 더 높이는 쪽으로 소행성의 경로가 바뀔 수도 있다. 게

다가 그런 기술을 사악한 집단이 악용할 가능성도 있다. 만약 우리에게 소행성을 지구 충돌 경로에서 벗어나게 할 힘이 있다면, 반대로 소행성의 경로를 지구 충돌 경로로 바꿀 수도 있다. 역사는 그러한 파괴를 자행할 기회를 망설이지 않는 개인이 권력을 잡는 경우가 가끔 있다는 것을 가르쳐 준다. 그러니 그러한 기술적 능력을 손에 쥐기 전에 신중하게 생각할 필요가 있다.

소행성의 궤도를 변경시켜 지구 충돌 경로에서 벗어나게 하는 기술을 갖추려면 아직도 갈 길이 멀다. 하지만 또 다른 해결책은 그보다 더 가까이 있다. 그것은 바로 다른 세계로 이주하는 것이다. 소행성의 경로를 변화시키는 것보다는 다른 세계로 이주해 정착하는 것이 더 쉽고 현명한 방법일 수 있다.

운석은 우리 발밑의 행성이 태양계에서 유일한 암석 표면이 아니라는 사실을 계속 상기시켜 준다. 태양계에는 다른 세계도 아주 많으며, 우리가 선택하기만 한다면 그곳에 가서 살 수 있는 장소가 많다. 우리가 정착할 — 그리고 결국엔 그곳에서 번성할 — 만한 곳도 많다. 다만 수십 년간의 기술 혁신이 뒷받침되어야 한다는 조건이 붙는다.

우리는 달 표면에 발을 디딤으로써 이미 이 목적을 향한 발걸음을 내디뎠다. 그리고 국제 우주 정거장에서 거의 20년 동안 계속 살아가는 실험을 하면서 우리가 미소 중력 환경에서도 살아갈(그리고 번성할) 능력이 있다는 것을 보여 주었다. 전제 조건들은 이미 갖추어져 있다. 이제 우리에게 필요한 것은 의지뿐이다.

행성 간 유인 우주 비행과 다른 암석 세계에서의 정착 성공에 우리의 미래가 달려 있다. 만약 악당 소행성이 인류를 멸종시키는 사태를 피하고 싶다면 반드시 그렇게 해야 한다. 우리는 위로 그리고 앞으로 나아가야 한다.

우리 이야기의 시작에는 하늘에서 떨어진 암석들이 있었다. 그 이후로 그 암석들은 우리의 이야기를 만들어 나갔다. 이야기가 전개됨에 따라 그것들은 비어 있는 페이지들을 기록되지 않은 이야기로 채웠으며, 앞으로도 계속 그럴 것이다.

후기
이야기는 계속된다

우리는 지구 이야기를 거꾸로 거슬러 올라가면서 발밑의 깊은 곳에서부터 하늘 높은 곳까지 그 이야기를 추적했다. 다른 세계들에서 출발해 행성 간 공간을 가로지르며 펼쳐진 암석 이야기에 해당하는 운석은 그 첫 장을 들려준다. 우주에서 날아온 이 암석들은 우리를 지구의 어떤 암석보다 더 오래된 과거로 데려가면서 태양계와 태양계를 이루는 세계들의 초기 역사를 들려준다.

이것은 우리 자신의 이야기 중 일부이기도 하다. 문자로 기록된 인류의 역사는 5,000년 정도이고, 그림 문자의 역사는 그보다 수만 년 더 앞서며, 진화와 지질학의 역사는 그보다 수십억 년 더 앞선다. 끊어지지 않고 이어지면서 우리 각자의 〈이곳〉과 우리 각자의 〈지금〉을 약 46억 년 전인 〈그때〉 태양계의 우주적 집합체와 연결시키는 사건들의 사슬이 있다.

이 성간 구름의 작은 부분들이 — 별의 진화와 물리적 진화, 화학적 진화, 그리고 그다음에는 지질학적 진화와 생물학적 진화를 거쳐 — 결국에는 바깥쪽으로 눈을 돌려 우주를 바라보면서 자신의 이야기, 즉 우리의 이야기를 고찰하게 되었다. 생명을 띠게 된 성운의 작은 조각들인 우리는 심원한 시간의 심연을 깊이 들여다보다가 태양계와 우리 자신의 자연사를 발견했다. 우리는 현미경을 들여다보면서 수 광년에 걸쳐 기록된 이야기를 발견했고, 가장 큰 시간 척도에 맞닥뜨리게 되었다.

그 이야기는 지금도 계속 펼쳐지고 있다. 암석의 빈 서판에는 미지의 미래로 나아가는 길이 기록될 것이다. 새로운 암석에 새로운 이야기들이 새겨지고 새로운 역사가 기록될 것이다.

하지만 여기서부터 펼쳐지는 이야기는 우리 인간과 행성 지구 모두에게 이전의 장들과는 다를 것이다. 지구 이야기의 다음 몇 페이지에 기록될 단어들 중 일부는 역사상 처음으로 한 특별한 종이 의식적으로 기록할 것이다. 그 종은 바로 호모 사피엔스, 즉 우리 자신이다. 우리는 트리니타이트처럼 새로운 지질학적 물질을 만들어 낼 수 있다. 우리는 플라스틱처럼 기이한 물질로 해저를 뒤덮어 그것을 새로운 암석의 일부로 만들 수 있다. 우리는 행성 차원에서 기후를 변화시키고 있고, 그것도 자연적인 순서를 훨씬 넘어서는 속도로 그런 일을 하고 있다.

우리는 이보다 더 극심하게 분열된 적이 없었다고 일컬어지는 세계에서 살고 있으며, 생태학적으로 그리고 환경적으로 심각한 혼란에 빠진 행성에서 살고 있다. 이보다 더 절망적이었던 적이 있었나 하는 생각이 드는 것도 전혀 놀라운 일이 아니다. 우리는 높은 기준을 따르려고 하며, 그것은 옳은 일이다. 우리는 아주 놀라운 독창성과 인간성을 지니고 있지만 정상 경로에서 이탈하는 일이 자주 일어난다.

그럼에도 불구하고 낙관론과 희망을 버리지 말아야 할 이유가 충분히 있다.

1960년대의 아폴로 우주 계획은 문제가 있어도 그것을 해결하려는 의지가 있다면, 그 방법을 생각하고 실행에 옮길 수 있는 길이 있다는 것을 일깨워 주는 사례이다. 우리 종은 1957년에 신호를 발신하는 비교적 원시적인 인공위성을 발사하던 수준에서 1969년에는 달에 우주 비행사를 보내고 다시 돌아오게 하는 수준으로 발전했다. 불과 10년도 안 되는 사이에 그러한 진전이 일어났다! 그 후 우리는 로봇 우주 탐사선을 8개의 천체에 연착륙시켰다. 그 천체들은 두 행성(금성과 화성), 달, 토성의 거대한 위성인 타이탄, 67P/추류모프-게라시멘코 혜성, 세 소행성(에로스, 이토카와, 류구)이다. 그리고 여섯 행성 주위에 탐사선을 보내 궤도를 돌게 했고, 태양에서 태양풍을, 혜성 꼬리에서 먼지를 채집해 돌아왔다. 국제 우주 정거장의 우주 환경에서는 사람들이 거의 20년 동안 머물면서 항구적인 우주 거주 생활을 시험하고 있다. 파이어니어호와 보이저호 같은 무인 우주 탐사선으로 전체 태양계 탐사에도 나섰다. 또 허블 우주 망원경과 아레시보 전파 망원경 같은 첨단 망원경을 통해 새로운 눈으로 우주를 발견하고 있다. 여러분이 이 책을 읽고 있을 무렵에는 무인 우주 탐사선이 아홉 번째 천체에 성공적으로 착륙할 가능성이 높다. 그 천체는 지구 가까이에 위치한 소행성 베누로, 이곳에는 스타-타르와 물을 함유한 광물이 존재한다.

과학은 계속해서 우리 종에게 자신을 최선의 버전으로 만들 핑계를 제공한다. 우리는 집단적으로 하기로 마음먹기만 한다면 어떤 일이라도 할 수 있다.

우리는 사고와 실험 능력을 사용해 우리가 어떻게 출현하게 되었는지 그 이야기를 이해함으로써 우주에 우리 자신의 아름다운 형태를 추가할 능력이 있다. 그것은 별이 어떻게 빛을 내는지 그 비밀을 알아내고, 땅에서 아무것도 없는 상태에서 나무가 어떻게 자라는지 이해하고, 세계를 92여 종의 화학 원소들의 조합으로 바라보고, 우리가 어떻게 존재하게 되었는지 알려 주는 지질학적 이야기(그 기원이 저 높은 하늘의 천체들에 있다고 말하는)를 읽음으로써 이해할 수 있다. 우리는 우리의 마음과 손으로 이 모든 일을 해냈다.

과학에 관한 아주 흥미로운 사실 중 하나는 우리가 과학을 시작한 것이 얼마나 오래되었느냐(혹은 얼마나 오래되지 **않았느냐**) 하는 것이다. 문자는 약 5,000년 전에 발명되었다. 우리가 과학적 방법을 사용한 시간은 그것의 10분의 1에 불과하다. 그리고 우리가 지구를 행성 차원에서 변화시킬 힘이 있다는 사실을 깨달은 것은 다시 그 시간의 10분의 1에 불과하다. 과학은 새로운 발명이기 때문에 가끔 우리가 실수를 저지르더라도 놀랄 필요가 없다. 심지어 심각한 실수에도 놀랄 필요가 없다. 강력한 기술을 무책임하게 사용하는 행위를 용서해야 한다는 뜻은 아니다. 오히려 이것은 자기반성과 책임의 짐을 우리 자신에게 정확하게 지우고, 만약 우리가 어떤 것을 존재하게 한다면 그것이 얼마나 좋은 결과를 가져다줄 수 있는지 우리에게 정확하게 직시하도록 강요한다. 만약 이것이 책임 있게 행동하고 우리가 직면한 문제의 해결을 위해 노력하게 하는 동기가 아니라면, 나는 그 밖의 어떤 것이 그런 동기가 될 수 있는지 모르겠다.

우리가 과학적으로 박식한 기술을 소유한 종으로서 이 행성에서 지낸 짧은 기간에 저지른 실수들에도 불구하고, 우리는 여전히 단순히 존재하는 것만으로 우주에 아주 큰 가치를 기여하고 있다. 우리는 성운의 파편 — 태양계와 우주의 파편 — 이고, 바깥쪽으로는 망원경으로, 안쪽으로는 현미경으로, 그리고 뒤쪽으로는 우리가 지금까지 걸어온 길을 따라 심원한 시간의 협곡을 바라보면서 우리 자신을 바라본다. 우리는 적어도 지구에서는 유일하게 자신의 존재를 관조하고 자신의 이야기를 이해할 능력이 있는 물질 형태이다. 모든 개인의 눈은 세계의 빛이 스스로를 알 능력이 있는 마음에 들어오는 길이다. 우리가 아는 한 우리는 우주가 자신의 아름다움을 인식할 수 있는 유일한 길이다.

우리가 어디서 왔는지에 대한 지식과 과학이 가져다준 열매의 혜택을 누리는 우리는 먼 미래까지 생존할 책무와 수단을 다 갖고 있다. 그런 미래에서 우리는 여태까지 저지른 실수를 바로잡고 새로운 고지를 향해 계속 나아갈 것이다. 그런 미래가 단지 가능할 뿐만 아니라 실현될 공산이 크다고 믿어야 할 이유는 없다. 우리는 우리 종을 헐값에 팔아넘겨서는 안 된다. 우리의 미래는 우리 자신과 우주에 달려 있는데, 우리는 우주의 일부이기 때문이다.

가스에서 먼지로, 먼지에서 세계로, 세계에서 마음으로. 우리가 존재하지 않았던 때가 있었다. **이제** 우리가 존재하는 때가 있다. 그리고 우리가 더 이상 존재하지 않을 때가 있을 것이다. 지구 이야기는 우리가 그곳에 있건 없건 계속될 것이다. 우리의 과거는 암석 — 지구의 암석과 운석 모두 — 에 기록되어 있지만, 우리의 미래는 그렇지 않다.

그것은 이제 여러분에게 달려 있다.

부록 1
유성우

운석이 어디에 떨어질지 예측하고 그것을 직접 두 눈으로 보는 것은 불가능하다. 하지만 우주에서 날아와 결코 지상에 도달하지 않는 일부 돌들은 매년 시계처럼 정확한 시기에 하늘에서 볼 수 있다.

얼음을 많이 포함한 미행성체 중 약 46억 년 전의 행성 생성 시대를 무사히 넘기고 오늘날까지도 살아남아 존재하는 것이 일부 있다. 많은 것은 길쭉한 타원 궤도 — 원에 가까운 궤도 대신에 — 를 돈다. 이 천체들은 태양계 바깥쪽의 아주 차가운 곳에서 아주 뜨거운 안쪽 지역으로 다가왔다가 재빠르게 태양 주위를 빙 돌아 다시 저 멀리 차가운 영역으로 날아간다. 천체들은 자신의 경로를 다시 밟으면서 같은 궤도를 따라 여행을 끊임없이 반복한다. 우리는 이 천체를 〈혜성〉이라고 부른다.

혜성은 태양에 가까워지면 뜨거운 태양열에 표면의 얼음(물, 암모니아, 메탄, 이산화 탄소 등이 언 얼음)과 그 밖의 휘발성 물질이 기화한다. 그러면 증기 제트가 쉭쉭거리며 뿜어져 나와 혜성의 표면은 아수라장으로 변한다. 대개 모래 알갱이보다 작은 암석 조각들이 분수처럼 분출되는 증기에 함께 딸려 나와 우주 공간에 흩뿌려진다. 이 작은 암석 조각을 〈유성체〉라고 부른다. 혜성이 지나간 자리에는 많은 유성체가 남아 있다.

궤도를 한 번 지나갈 때마다 혜성 표면에서 더 많은 암석 조각이 분출된다. 또 유성체가 흩뿌려진 길은 갈수록 점점 더 유성체의 밀도가 높아진다. 혜성의 궤도를 따라 바깥쪽으로 퍼져 있는 이 암석 부스러기는 태양 주위에 가느다란 고리를 이루는데, 이것을 〈먼짓길〉이라고 부른다. 각각의 혜성마다 자기 나름의 먼짓길을 만든다. 먼짓길은 가장 유명하고 매력적인 천문학적 사건 중 하나를 일으키는 원인인데, 그 사건은 바로 〈유성우〉이다.

지구는 매년 태양 주위의 궤도를 돌다가 가끔 혜성의 먼짓길을 지나간다. 그러면 많은 유성체가 대기권으로 들어오면서 빠른 속도 때문에 확 불타오른다. 유성체는 너무나도 빠른 속도로 달리기 때문에 눈부시게 밝은 빛을 내며 탄다. 우리는 하늘을 가로지르는 이 빛줄기를 〈유성〉이라고 부르는데, 흔히 〈별똥별〉이라고도 부른다. 유성은 광공해가 심해 은은한 주황색을 띤 현대의 밤하늘에서도 볼 수 있다. 유성은 그토록 아주 밝게 빛난다.

유성은 1년 내내 매일 밤마다 하늘을 가로지르며 떨어지지만,* 지구가 혜성의 먼짓길을 지나갈 때에는 그 수가 증가하고 때로는 아주 크게 증가한다. 이렇게 일시적으로 유성의 수가 급증하는 현상을 〈유성우〉라고 부른다. 각각의 유성우는 매년 같은 시기에 일어난다. 먼짓길들은 늘 같은 지점에 머물러 있고, 지구가 궤

* 사실은 낮에도 떨어지지만, 밝은 햇빛 때문에 보이지 않을 뿐이다.

도를 돌다가 매년 같은 시기에 그 지점을 통과하기 때문이다.

이곳 지상에서 볼 때, 유성우는 하늘의 한 점에서 출발해 바깥쪽으로 뻗어 나오는 것처럼 보이지만, 실제로는 유성들은 평행한 경로를 따라 나아간다. 그 이유는 이렇다. 지금 여러분이 폐기된 선로 사이에 서 있다고 상상해 보라. 두 줄의 레일은 직선 방향으로 저 멀리 지평선까지 죽 뻗어 있다. 두 레일은 정확하게 평행하지만, 지평선으로 다가감에 따라 한 점에 수렴하는 것처럼 보인다. 유성우도 방향만 반대일 뿐 이와 똑같은 일이 일어난다. 순전히 우리의 관점 때문에 한 점에서 바깥쪽으로 뻗어 나오는 것처럼 보일 뿐, 실제로는 모든 유성이 평행하게 달린다. 각각의 유성우에는 그것이 출발한 곳(이곳을 복사점이라고 부른다)처럼 보이는 별자리를 딴 이름이 붙어 있다. 예를 들어 페르세우스자리 유성우는 복사점이 페르세우스자리에 있다.

유성우는 1년에 100차례 이상 일어난다. 그 세기는 시간당 대여섯 개에서부터 100개 혹은 그 이상에 이르는 것까지 다양하며, 개개 유성우의 세기도 해마다 변한다. 가끔 지구가 특별히 먼지가 풍부한 먼짓길을 지나갈 때면 기록적인 유성우가 쏟아진다. 이렇게 특별히 극적인 유성우를 〈유성 폭우〉라고 부른다.

유성우를 보는 데에는 특별한 전문 장비가 필요하지 않다. 망원경도 큰 도움이 되지 않는다. 유성은 고정된 점에 머물지 않고 짧은 시간에 하늘을 가로지르며 긴 경로를 움직이기 때문이다. 누구나 손쉽게 볼 수 있지만, 하늘에서 벌어지는 이 멋진 빛의 쇼를 보는 데 꼭 필요한 것은 구름이 없는 맑은 하늘과 인내심과 따뜻한 외투나 담요이다(따뜻한 차가 담긴 보온병도 있으면 더 좋다).

일찍 일어나는 사람이 유리한데, 유성이 가장 밝게 빛나는 시간은 자정에서 새벽 사이이기 때문이다. 이 시간에 지구는 유성이 날아오는 방향 쪽을 향해 돈다. 그래서 유성체가 대기권에 정면으로 들어오면서 더 밝게 빛나는 것처럼 보인다.

주목할 만한 유성우 명단을 발생 시기와 세기, 그 먼짓길을 남긴 혜성과 함께 표로 정리해 놓았으니 즐겁게 잘 구경하기 바란다.

유성우 이름	별자리	발생 시기*	극대기*	세기	모혜성
사분의자리 유성우	목자자리	12월 22일 ~1월 17일	1월 4일	아주 강함	(196256) 2003 EH_1**
거문고자리 유성우	거문고자리	4월 14일 ~4월 30일	4월 22일	약함	C/1861 G_1 (대처 혜성)
물병자리 에타 유성우	물병자리	4월 17일 ~5월 24일	5월 6일	강함	핼리 혜성
물병자리 델타 남쪽 유성우	물병자리	7월 21일 ~8월 23일	7월 29일	약함	96P /맥홀츠 혜성
페르세우스자리 유성우	페르세우스 자리	7월 17일 ~9월 1일	8월 12일	아주 강함	스위프트 -터틀 혜성
오리온자리 유성우	오리온자리	9월 23일 ~11월 27일	10월 22일	약함	핼리 혜성
사자자리 유성우	사자자리	11월 2일 ~11월 30일	11월 18일	약함	55P/템펠 -터틀 혜성
쌍둥이자리 유성우	쌍둥이자리	12월 1일 ~12월 22일	12월 14일	아주 강함	3200 파에톤***
작은곰자리 유성우	작은곰자리	12월 19일 ~12월 24일	12월 21일	약함	8P/터틀 혜성

* 이 날짜들은 윤년 때문에 해마다 조금 다를 수 있다.

** (196256) 2003 EH_1은 엄밀하게는 소행성으로 분류된다. 이 사례는 혜성과 소행성을 구분하는 경계가 흐릿하다는 것을 보여 준다.

*** 3200파에톤도 혜성이 아니라 소행성이다—옮긴이 주.

부록 2
영국의 운석

스트레치리, 잉글랜드 데번셔주, 1623년 낙하/10킬로그램(추정)

과수원에 아주 강하게 떨어지면서 표토에 팔 길이만큼 깊은 구멍을 뚫었다. 이제까지 기록된 영국의 낙하 운석 중 가장 오래된 것이지만, 불행하게도 그 정확한 행방은 알려지지 않았다.

햇퍼드, 잉글랜드 옥스퍼드셔주, 1628년 낙하/29킬로그램(추정)

구름이 몇 점만 낀 따뜻한 날에 옥스퍼드셔주 하늘에서 떨어졌다. 땅에 닿기 전에 두 조각으로 쪼개졌는데, 목격자들은 〈기이하고 무서운 천둥소리가 크게〉 났다고 말했다. 그 뒤에 두 조각의 행방은 아직까지 묘연하다.

월드코티지, 잉글랜드 요크셔주 이스트라이딩, 1795년 낙하/25킬로그램

요크셔주 이스트라이딩의 월드코티지 사유지 농경지에 떨어졌다. 하마터면 한 농부가 운석에 맞을 뻔했다. 그 후 이 운석은 런던에 전시되었다. 운석 과학을 탄생시키는 데 결정적 역할을 했다.

하이포실, 스코틀랜드 글래스고, 1804년 낙하/4.5킬로그램

지금까지 기록된 스코틀랜드 운석 중 가장 오래된 것이다. 공중에서 폭발한 뒤 채석장에 떨어져 두 조각으로 쪼개졌다.

퍼스, 스코틀랜드 퍼스셔주, 1830년 낙하/2그램

여름에 폭우를 동반한 천둥 번개가 칠 때 농경지에 떨어졌다. 암석은 원래 폭이 17.5센티미터나 되었지만 지금은 몇몇 부스러기만 남아 있다.

론턴, 잉글랜드 옥스퍼드셔주, 1830년 낙하/1킬로그램

안개 낀 아침에 하늘에서 세 번의 폭발음이 나더니, 곧이어 〈가장 밝은 빛과 함께〉 운석이 떨어졌다. 한 목격자는 떨어지는 운석에 맞을까 두려워 본능적으로 몸을 숙였다. 다행히도 운석은 그를 비켜 갔다. 다음 날, 사람들이 땅속에서 운석을 파냈다.

올즈워스, 잉글랜드 글로스터셔주, 1835년 낙하/700그램

구름 한 점 없는 오후에 운석이 부드러운 흙에 떨어져 표토를 뚫고 땅속으로 들어갈 때, 가까이 있던 노동자들은 땅이 흔들리는 것을 느꼈다. 운석이 하늘을 가르며 떨어지는 동안 본체에서 작은 파편들이 떨어져 나왔다. 아이들은 검은 딱정벌레들이 쏟아지는 줄 착각하고서 붙잡으려고 손을 내밀었다.

로턴, 잉글랜드 슈롭셔주, 1876년 낙하/3.5킬로그램

비가 세차게 내리고 있었는데, 크게 우르릉거리는 소리가 나더니 하늘에서 격렬한 폭발이 일어났다. 하지만 그것은 천둥이 아니라 운석이었다. 나중에 들판에 새로 뚫린 구멍에서 금속 파편이 하나 발견되었다. 지금까지 기록된 것 중 영국에 철질 운석이 떨어진 것은 로턴 운석이 처음이었다(그리고 지금까지도 유일한 철질 운석으로 남아 있다).

미들즈브러, 잉글랜드 노스요크셔주, 1881년 낙하/1.6킬로그램

철도 보수 작업을 하던 노동자들이 노스이스턴 철도 옆에 운석이 떨어지는 것을 목격했고, 폭발 소리는 30킬로미터 밖에까지 들렸다. 검은색 광택의 용융각으로 둘러싸이고 표면 여기저기에 골들이 파여 있어, 가장 기이한 영국 운석 중 하나이다.

크룸린, 북아일랜드 앤트림주, 1902년 낙하/4.5킬로그램

과수원에서 한 남자가 사과를 따고 있었는데, 마치 보일러 터지는 소리와 비슷하게 쿵 하는 소리와 〈새어 나오는 증기〉처럼 쉭 하는 소리와 함께 거기서 20미터쯤 떨어진 지점에 돌이 떨어졌다. 그것이 떨어진 곳에서 공중으로 먼지 구름이 솟아올랐다. 그리고 팔 길이만큼 깊이 파인 구멍 속에서 운석은 금방 회수되었다.

애플리브리지, 잉글랜드 랭커셔주, 1914년 낙하/15킬로그램

〈갑자기 나타난 화구가 하늘을 환하게 밝혔고〉, 구름 낀 하늘을 가로지르며 나아가던 화구는 천둥 비슷한 소리를 내며 폭발했다. 창문들이 흔들렸다. 다음 날, 한 농부가 자기 밭에서 45센티미터 깊이의 구멍을 보았고, 그 바닥에서 운석을 발견했다.

스트래스모어, 스코틀랜드 퍼스셔주, 1917년 낙하/13.4킬로그램

지축을 뒤흔드는 쿵 소리와 함께 운석이 떨어졌을 때 공습이라는 소문이 나돌았다. 운석은 공중을 나는 동안 네 조각으로 쪼개졌다. 첫 번째 조각은 양 떼를 겁먹게 했고, 두 번째 조각은 땅에 떨어지는 장면이 목격되었으며, 세 번째 조각은 들판에 떨어졌다. 그리고 마지막 조각은 어느 집 지붕을 뚫고 떨어졌다. 다친 사람은 아무도 없었다.

애시든, 잉글랜드 에식스주, 1923년 낙하/1.4킬로그램

한 노동자는 머리 위에서 쉭쉭거리는 소리를 지나가는 비행기 소리로 착각했다. 그 사람에게서 불과 몇 미터 거리에 운석이 떨어졌다. 운석은 땅속으로 깊이 파고들면서 많은 흙을 솟구치게 했다. 흥미롭게도 이 운석이 떨어질 때 폭발 소리가 전혀 나지 않았다.

폰틀리프니, 웨일스 귀네드주, 1931년 낙하/160그램

하늘에서 일련의 폭발 소리가 들려오고 곧이어 〈특이한 휘파람 소리〉가 나자, 코흐어비그 농장 사람들은 온몸이 얼어붙었다. 놀랍게도 그것은 하늘에서 날아오는 운석 소리였는데, 운석은 쿵 하고 둔탁한 소리를 내며 땅에 떨어졌다.

베드겔러트, 웨일스 귀네드주, 1949년 낙하/800그램

프린스 르웰린 호텔의 지배인이던 틸럿슨은 한밤중에 개 짖는 소리와 일련의 폭발이 일어나는 것 같은 소리에 잠이 깼다. 하지만 대수롭지 않게 생각하고는 다시 잠이 들었는데, 아침에 일어나 보니 운석이 호텔 지붕을 뚫고 떨어져 있었다.

바웰, 잉글랜드 레스터셔주, 1965년 낙하/44킬로그램

크리스마스이브에 바웰 마을에 돌들이 쏟아져 창문이 깨지고, 도로가 파손되고, 적어도 한 대의 자동차에 움푹 들어간 흠집이 생겼다. 오늘날 이 초록색 마을에는 당시의 사건을 기념하는 초록색 명판이 세워져 있다. 지금까지 영국에 떨어진 낙하 운석 중 가장 큰 것으로 남아 있다.

보베디, 북아일랜드 런던데리주, 1969년 낙하/5.4킬로그램

큰 굉음과 함께 밝은 청록색으로 빛나는 화구가 잉글랜드 남서부와 웨일스를 지난 뒤에 마침내 북아일랜드에 떨어졌다. 땅에 도달하기 전에 여러 조각으로 쪼개졌는데, 하나는 경찰서 지붕을 뚫고 바닥에 떨어졌고, 또 하나는 밭에 떨어졌다.

데인버리, 잉글랜드 윌트셔주, 1974년 발견/30그램

고고학자들이 데인버리의 철기 시대 언덕 성채를 발굴하던 도중에 발견된 작은 운석이다. 어떻게 된 영문인지 곡물을 저장하는 구덩이에 들어 있었다. 사람들이 의도적으로 그곳에 갖다 놓은 것인지, 아니면 여러 곳을 전전하다가 우연히 그곳으로 가게 된 것인지는 알 수 없다.

레이크하우스, 잉글랜드 윌트셔주, 발견 시기 미상/93킬로그램

약 9,500년 전에 윌트셔주에 떨어졌다. 19세기에 발굴되어 레이크하우스 — 엘리자베스 양식의 시골 저택 — 에서 문 받침대로 쓰였다. 그곳 사람들은 그 돌이 운석이 아닐까 하고 의심했다. 1990년대 초에 런던 자연사 박물관 과학자들이 마침내 그 돌이 하늘에서 떨어진 운석이라는 것을 확인했다.

글래턴, 잉글랜드 케임브리지셔주, 1991년 낙하/800그램

페티포라는 사람이 채소밭에 양파를 심고 있었는데, 쿵 하는 둔탁한 소리와 함께 하늘에서 무언가가 떨어졌다. 흔들거리는 침엽수와 파손된 산울타리를 보고서 그 물체가 떨어진 장소를 짐작할 수 있었다. 그리고 거기서 검은색 운석을 발견했다.

글렌로시스, 스코틀랜드 파이프주, 1998년 발견/13그램

로브 엘리엇Rob Elliott은 낚시를 하다가 우연히 암석 조각을 몇 개 발견하고는 그것이 운석일 수도 있겠다고 생각했다. 그래서 퍼석퍼석해 보이는 그 돌들을 자연사 박물관으로 보냈다. 그곳에서 그 돌들이 운석이라는 것이 확인되었다.

햄블턴, 잉글랜드 노스요크셔주, 2005년 발견/18킬로그램

엘리엇은 파이프에서 운석을 발견하고 나서 열렬한 운석 사냥꾼이 되었다. 7년 동안 운석을 찾아 돌아다닌 끝에 그는 아내와 함께 노스요크무어스에서 하이킹을 하다가 두 번째 운석을 발견했다. 그것은 팰러사이트라는 아주 희귀한 종류의 운석이었다.

*

1991년에 글래턴 운석이 떨어진 후로는 영국에서 운석 낙하가 목격된 적이 없다. 지난 200년 동안 영국에서 목격된 운석 낙하 사건의 평균 간격이 13년이라는 사실을 감안하면, 또 다른 운석 낙하가 임박했다고 볼 수 있다.

대다수 유성은 대기권에 불타면서 완전히 분해되어 사라지지만 가끔 살아남은 조각이 지상에 떨어진다. 이제 무엇을 보고 무엇에 귀를 기울여야 하는지 잘 알 것이다. 다음에 하늘을 바라볼 기회가 있거든 유성을 주의 깊게 살펴보길 바란다. 여러분이 스물세 번째 영국 운석이 떨어지는 모습을 지켜본 목격자가 될지도 모르니까 말이다. 행운을 빈다.

감사의 말

모든 과학 연구는 여러 사람의 협력을 통해 일어나며, 어떤 업적의 발견자로 거명되는 모든 이름 뒤에는 도움을 준 수많은 사람이 있다. 나는 지구 과학 석사와 박사 학위를 마치면서 이 사실을 직접 깨달았다. 이 책을 쓰는 것 역시 마찬가지였다. 고마움을 표시해야 할 사람이 너무나도 많다.

무엇보다도 혼자서 내 여동생과 나를 키워 준 어머니에게 감사드린다. 어머니는 늘 우리에게 주방 테이블에 평화로운 장소를 마련해 주려고 노력했고, 그곳에서 우리는 숙제를 했다. 게다가 백과사전이 가득 찬 책장은 자연계에 대한 우리의 관심을 끊임없이 자극했다. 어머니는 지금도 우리가 살아가면서 맞닥뜨리는 모든 일에 전폭적인 지원을 아끼지 않는다.

나에게 글을 쓰도록 영감을 제공하고, 또 최고의 친구이자 헌신적인 교열자인 아내 루시 키식Lucy Kissick에게도 감사하다. 아내의 사랑과 지원이 없었더라면, 이 책은 결코 쓸 수 없었을 것이다. 첫 번째 단어부터 마지막 단어까지 항상 그 뒤에는 루시가 있었다. 나는 매일 우리가 심원한 시간 중에서 그 짧은 순간에 함께 살아간다는 사실을 큰 행운이라고 느낀다. 〈우리의 신발에는 많은 길이 남아 있어.〉

다음 분들에게 감사의 인사를 빼놓을 수 없다. 좋을 때나 나쁠 때나 항상 도움을 주고 늘 준비된 복안이 있는 루시 매니폴드Lucy Manifold, 지질학에 대한 사랑을 다시 불타오르게 해준 커리Currie 선생님, 건전한 조언을 해준 앤 호일Ann Hoyle 박사, 문학의 중요성을 가르쳐 준 톰프슨Thompson 여사, 변함없이 계속 지원을 제공한 팀 엘리엇Tim Elliott, 내 사기를 북돋우고 요크셔주의 차를 계속 권하며 제공한 스티브 노블Steve Noble, 함께 일하기가 즐거웠던 크리스 코스Chris Coath, 열정을 감염시키는 능력이 있는 세라 러셀Sara Russell, 학위를 따는 것에는 그 이상의 것이 있음을 가르쳐 준 제이미 길모어Jamie Gilmour, 내게 아콘드라이트의 즐거움을 보여 준 케이티 조이Katie Joy, 나를 운석학의 길로 안내한 마이크 졸렌스키Mike Zolensky, 대서양 건너편에서 격려를 해준 론 리Loan Le, 내가 박사 학위를 마치는 데 최선의 장소였던 브리스틀 대학교의 지구 과학 대학원, 연구 과학자에게는 환상의 장소인 영국 지질 조사국, 늘 흥분에 동참한 대니 스터브스Danny Stubbs, 고요의 기지에서 현실 도피를 가르쳐 준 댄 베번Dan Bevan과 매즈 손턴Madds Thornton, 내게 집을 상기시킨 소피 윌리엄스Sophie Williams, 유기 화학 부분에 도움을 준 아이비자〈아이소토프〉그런메인Aivija 〈Isotope〉 Grundmane, 함께 일하기 즐거운 실험실 동료인 딕샤 비스타Diksha Bista, 중등학교 시절에 내가 진로를 제대로 찾도록 도와준 브로엄Brougham 선생님과 허스트Hirst 선생님, 노스웨일스의 지질학적 즐거움에 입문하는 데 도움을 준 게스트Guest 선생님, 음악의 세계에 눈을 뜨게 해준 라이더Ryder 선생님, 솔직한 조언(그것은 10년이 넘도록 큰 도움이 되었다)을 해준 엘리스Ellis 선생님, 내가 과학에 대한 사랑을 키우도록 도와준 길로이Gilroy 선생님과 네일러Naylor 선생님과 오언Owen 선생님.

그리고 이 책과 관련해, 나를 믿어 주고 첫 번째 출간 경험을 즐겁게 해준 조지나 레이콕Georgina Laycock, 세심한 편집으로 도움을 준 캔디다 브라질Candida Brazil, 놀라운 주의력과 세부적인 것도 놓치지 않은 하워드 데이비스Howard Davies, 이 책의 표지에 성간 다이아몬드의 광택을 넣어 준 캐럴라인 웨스트모어Caroline Westmore, 나의 과학 지식을 온 세계 사람들과 함께 나눌 수 있도록 도와준 노스뱅크 탤런트 매니지먼트, 특히 이 책을 현실로 실현시키는 데 크게 기여한 마틴 레드펀Martin Redfern, 내게 장황한 이야기를 풀어놓도록 격려한 헬렌 토머스Helen Thomas, 애초에 이 책을 쓰라고 제안한 수 라이더Sue Rider, 그리고 책을 쓰는 동안 곁에서 함께 해준 내 고양이들인 미시Missy, 피치스Peaches, 프리스틀리Priestley, 셸리Shelly에게 감사드린다.

마지막으로 독자 여러분에게도 감사드린다. 호기심과 경이감은 늘 좋은 결과를 낳는다. 그러니 항상 호기심을 놓지 말기 바란다.

주

1장 하늘에서 떨어진 암석

1. Comelli *et al*. (2016), *Meteoritics & Planetary Science*, vol. 51, pp. 1301-9.

2. Topham (1797), *Gentleman's Magazine*, vol. 67, pp. 549-51.

3. Howard (1802), *Philosophical Transactions of the Royal Society of London*, vol. 92, pp. 168-212.

4. Herschel (1802), *Philosophical Transactions of the Royal Society of London*, vol. 92, pp. 213-32. 하워드의 우주 화학 분석과 허셜이 만든 단어 〈소행성asteroid〉이 같은 학술지의 같은 호에 실린 것은 흥미로운 우연의 일치이다.

2장 운석의 종류와 기원

1. 운석 회보 데이터베이스Meteoritical Bulletin Database, 2020년 초 현재. 운석 회보 데이터베이스는 운석 연구를 촉진하고 지원하기 위해 1933년에 설립된 국제 학회인 운석 학회가 운영한다. 그 온라인 데이터베이스는 알려진 모든 운석을 종합하여 목록으로 정리하며, 늘 업데이트된다. www.lpi.usra.edu/meteor에서 누구나 자유롭게 이용할 수 있다. 나는 이 사이트를 늘 이용한다.

2. 우리는 사과만 한 크기의 운석을 구입했고, 나는 그것을 박사 과정 연구 중 일부로 약 4년 동안 연구했다. 그것을 어디서 구입했느냐 하면…… 바로 이베이에서 구입했다. 구체적으로는 〈미스터 미티어라이트Mr Meteorite〉라는 이름을 사용하는 유명한 운석 거래상에게서 구입했다. 운석을 구입하겠다는 연구비 신청서가 대학교 경리과 책상에 제출되었을 때, 아마도 담당자는 눈살을 찌푸렸을 것이다.

3. Clayton *et al*. (1973), *Science*, vol. 182, pp. 485-8.

4. 남극의 운석은 발견된 빙상 위의 장소에서 딴 이름을 붙이고, 거기다가 (대개) 다섯 자리 숫자로 된 식별 번호를 추가한다. 처음 두 자리는 발견된 탐사 시즌을 나타내고, 나머지 세 자리는 존슨 우주 센터에서 목록에 실린 순서를 나타낸다. 앨런힐스 81005는 1981년 탐사 시즌 때 앨런힐스에서 발견되었고, 휴스턴에서 다섯 번째로 목록에 실린 운석이었다.

5. 이것은 비교적 간단한 수학을 사용해 증명할 수 있다.

소행성의 지름이 2배로 늘어나면, 그 부피는 $2^3 = 8$배 늘어나는 반면, 표면적은 $2^2 = 4$배 늘어나는 데 그친다. 지름이 3배로 늘어나면, 그 부피는 $3^3 = 27$배 늘어나는 반면, 표면적은 $3^2 = 9$배 늘어난다. 부피는 표면적보다 훨씬 빠르게 증가한다.

예를 들어 살펴보자. 폭이 각각 3킬로미터와 25킬로미터인 구형의 두 소행성이 있다고 하자. 구의 표면적 공식은 $4\pi r^2$이고, 부피 공식은 $\frac{4}{3}\pi r^3$이다. 구의 지름은 반지름의 2배라는 사실을 명심하라.

작은 소행성의 표면적은 약 28제곱킬로미터이고 부피는 약 14세제곱킬로미터이므로, 표면적 대 부피의 비는 약 2:1 (28 ÷ 14)이다. 큰 소행성의 표면적은 약 2,000제곱킬로미터이고 부피는 약 8,000세제곱킬로미터이므로, 표면적 대 부피의 비는 약 1:4 ($2,000 \div 8,000 = \frac{1}{4}$)이다. 이렇게 큰 소행성일수록 부피에 대한 표면적의 비율이 작다.

정확하게 똑같은 계산을 사용해 큰 컵에 든 차가 작은 컵에 든 차보다 따뜻한 온도를 더 오래 유지한다는 사실을 증명할 수 있다.

4장 금속과 용융된 암석으로 이루어진 구

1. 비트만슈테텐 패턴은 1808년에 이 독특한 광물 구조를 발견한 오스트리아 과학자 알로이스 폰 베크 비트만슈테텐Alois von Beckh Widmanstätten 백작의 이름에서 딴 용어이다. 사실 이 패턴은 영국 과학자 윌리엄 톰슨William Thomson이 그보다 4년 앞서 발견했다. 톰슨은 비영어권 학술지에 그 발견을 발표했지만(명확한 삽화를 곁들여), 2년 뒤에 죽고 말았다. 불행하게도 이 때문에 그의 발견은 널리 알려지지 못했다.

2. 박편으로 관찰할 때 대부분의 암석에서 나타나는 이 색들을 〈간섭색〉이라 부른다. 백색광을 박편에 비추면, 암석을 이루는 광물의 분자 구조와 상호 작용을 하면서 광학적 간섭이 일어나 특정 파장의 빛이 스펙트럼에서 제거된다. 이 때문에 박편의 반대편으로 나가 사람 눈(혹은 카메라 렌즈)에 당도하는 빛의 색이 변한다. 이 색은 실제

로 거기에 존재하는 것이 아니다. 대신에 빛과 결정과 정교한 편광 필터 배열의 복잡한 상호 작용을 통해 나타난다. 나는 운 좋게도 맨체스터 대학교에서 지구 과학 석사 과정을 밟으면서 하워다이트 박편을 연구할 수 있었다.

3. 하워다이트 약 380개, 유크라이트 약 1,400개, 디오제나이트 약 500개.

5장 우주 퇴적물

1. CV 콘드라이트 외에도 탄소질 콘드라이트 집단은 7개가 더 있는데, 그것들은 CI, CM, CO, CR, CH, CB, CK 콘드라이트이다. 각 집단은 독특한 지질학적, 화학적, 동위 원소 특성을 바탕으로 분류되는데, 이 특성은 각 운석의 독특한 부모 소행성에서 유래했을 것이다. 각 탄소질 콘드라이트 집단의 이름은 그 집단 내에서 유명한 운석의 이름을 따서 붙인다. 예를 들어 CO 콘드라이트는 오르낭Ornans 운석에서 이름을 딴 것이다. 즉 〈탄소질 오르낭 운석과 비슷한〉이란 뜻의 〈carbonaceous Ornans-like〉의 머리글자를 딴 이름이다.

2. McKeegan *et al*. (2011), *Science*, vol. 332, pp. 1528-32.

3. Patterson (1956), *Geochimica et Cosmochimica Acta*, vol. 10, pp. 230-7.

4. 지구의 나이를 계산하기 위한 초기의 시도 중 주목할 만한 것으로 17세기에 북아일랜드의 어셔Ussher 주교가 성경 구절을 바탕으로 계산한 것이 있다. 어셔 주교는 1650년에 출판된 『구약성경 연대기*Annales veteris testamenti*』에서 성경에 나오는 사건들의 시간을 모두 더함으로써 세상이 창조된 날짜를 계산했다. 성경 구절을 문자 그대로 해석함으로써 어셔 주교는 지구가 기원전 4004년(더 구체적으로는 그해 10월 23일)에 창조되었다고 결론 내렸다. 그것은 지질학자들이 꿈만 꿀 수 있는 수준의 정밀도였지만, 수치가 매우 부정확하다면 아무리 정밀해 봤자 아무 쓸모가 없다. 어셔는 성경 해석에서 인상적인 묘기를 보여 주었지만, 패터슨은 어셔의 계산이 실제 지구의 나이에 비해 거의 100만분의 1밖에 안 될 정도로 크게 어긋난다는 것을 보여 주었다.

5. Amelin *et al*. (2010), *Earth and Planetary Science Letters*, vol. 300, pp. 343-50.

6장 하늘에서 쏟아지는 불비

1. Sorby (1877), *Nature*, vol. 15, pp. 495-8.

2. 수천 개의 콘드룰이 과학 문헌을 통해 아주 자세히 기술되고 분석되었지만, 납시계를 사용해 나이가 측정된 것은 비교적 극소수이다. 이 방법으로 콘드룰의 나이를 측정하기는 매우 어려우며, 전 세계에서 그런 장비를 갖춘 실험실도 손으로 꼽을

정도인데, 내가 일하는 영국 지질 조사국 실험실(영국 노팅엄 소재)이 그런 곳 중 하나이다. 나는 운 좋게도 개인적으로 한 콘드룰의 나이를 측정했다. 그 나이는 45억 6400년 전으로 나왔고, 오차 범위는 ±100만 년이다.

7장 현미경 아래의 별들

1. Burbidge, Burbidge, Fowler, and Hoyle (1957), *Reviews of Modern Physics*, vol. 28, pp. 547-650. 저자들의 성을 따서 간단히 〈B^2FH〉라고 부르는 이 과학 논문은 지금까지 가장 중요하고 큰 영향력을 떨친 과학 연구 논문 중 하나이다. 이 논문은 별 내부에서 화학 원소가 어떻게 만들어지는지 논리 정연한 방식으로 명쾌하고 우아하게 설명한다.

2. Abbott *et al*. (2017), *Astrophysical Journal*, vol. 848, L2. 이 논문의 저자는 무려 3,664명이다. 현대 과학의 협력적이고 국제적인 성격을 잘 보여 주는 모범 사례라고 할 수 있다.

3. Heck *et al*. (2020), *Proceedings of the National Academy of Sciences*, vol. 117, pp. 1884-9.

8장 스타-타르

1. Anders *et al*. (1964), *Science*, vol. 146, pp. 1157-61.

2. Hamilton (1965), *Nature*, vol. 205, pp. 284-5.

3. Sagan and Khare (1979), *Nature*, vol. 277, pp. 102-7.

9장 붉은 행성의 파편

1. 우리는 밤하늘에서 맨눈으로 5개의 행성을 볼 수 있다. 한편, 밤이나 낮이나 늘 볼 수 있는 여섯 번째 행성이 있는데, 바로 우리가 살고 있는 지구이다.

2. McKay *et al*. (1996), *Science*, vol. 273, pp. 924-30.

10장 하늘에서 떨어진 재앙

1. Alvarez *et al*. (1980), *Science*, vol. 208, pp. 1095-108.

2. Hildebrand *et al*. (1991), *Geology*, vol. 19, pp. 867-71.

3. DePalma *et al*. (2019), *Proceedings of the National Academy of Science*, vol. 116, pp. 8190-9.

4. 플루토늄-239는 천연으로는 지구에 존재하지 않는 합성 동위 원소이며, 원자로

안에서 우라늄에 중성자를 충돌시켜 만든다. 우리 인간은 별이 하는 일을 할 수 있는 능력이 있는데, 그것은 바로 새로운 원소를 만드는 것이다. 나는 이 사실에 극도의 전율과 공포를 동시에 느낀다.

5. Unsalan *et al*. (2020), *Meteoritics and Planetary Science*, vol. 55, pp. 886-94.

추천의 말

우리 각자가 살아온 삶의 이야기는 사람과 나무와 같이 생명체라고 분류된 것들에서만 찾을 수 있는 것이 아니다. 따분해 보이는 길거리의 돌멩이에도, 바닷가의 모래에도, 높이 솟아 있는 바위에도 46억 년에 가까운 지구의 역사가 새겨져 있다. 차갑고 어두운 우주 공간을 떠돌아다니다가 지구에 떨어지면 운석이라 불리곤 하는 소행성은 특별한 이야기를 숨기고 있다. 소행성은 태양계의 탄생과 더불어 만들어졌다. 다양한 지각 활동을 겪은 지구 표면의 물질은 원시 태양계의 특성을 잃어버린 지 오래지만, 소행성의 일부는 원시 태양계의 모습을 비교적 잘 간직하고 있다. 여기서 우리는 태양계 생성의 비밀을 찾을 수 있다. 소행성은 더 나아가 생명의 기원에 관해서도 많은 단서를 제공할 수 있는 중요한 천문학적 연구 대상이다. 어떤 소행성에서는 단순히 철, 니켈과 같은 금속뿐 아니라 생명에 필수적인 다양한 분자들도 발견된다. 물 분자를 비롯해 아미노산의 기본 형태인 글리신이 그 대표적인 예이다. 지구 역사의 이른 시기에는 소행성과의 충돌이 상대적으로 매우 빈번했다. 이를 통해 전달된 복합 유기 분자들은 생명의 씨앗 역할을 했을 것이라 추정된다. 오늘날 우리는 소행성과의 충돌이 가져올 죽음을 두려워하지만, 이런 재앙적 충돌이 없었다면 지구의 생명과 인간은 여기 존재하지 못했을 것이다. 소행성은 하고 싶은 이야기들이 이렇게나 많다. 과학자들은 주의 깊게 그 이야기를 들어 주었고, 이제 그 모든 내용이 이 책에 기록되어 있다.

— 윤성철(서울대학교 물리천문학부 교수)

찾아보기

ㅊ

ㅋ

ㅎ

지은이 **팀 그레고리**Tim Gregory 영국의 지질학자로서, 지질학 학사와 우주 화학 박사 학위를 취득했다. 현재 브리스틀 대학교와 노팅엄 소재 영국 지질 조사국에서 연구 과학자로 일하고 있다.
팀 그레고리는 암석에 대한 지식을 활용해 하늘에서 떨어지는 암석, 즉 운석을 연구한다. 특히 운석의 지질학적, 화학적 조성을 자세히 분석하고, 그 연구를 바탕으로 약 46억 년 전 태양계가 생성될 무렵에 펼쳐진 사건들을 연구한다. 그뿐만 아니라, 영국의 텔레비전과 라디오 방송에 출연하며 과학의 대중화를 위해 노력하고 있다. 실험실에서 일하거나 글을 쓰지 않을 때면, 대개 하이킹을 하거나 자연 사진을 찍거나 기타를 치며 시간을 보낸다.

옮긴이 **이충호** 서울대학교 사범대학 화학과를 졸업하고, 현재 과학 전문 번역가로 활동하고 있다. 『신은 왜 우리 곁을 떠나지 않는가』로 2001년 제20회 한국과학기술도서 번역상을 받았다. 옮긴 책으로는 『이야기 파라독스』, 『사라진 스푼』, 『진화심리학』, 『통제 불능』, 『오리진』, 『원소의 이름』, 『미적분의 힘』, 『천 개의 뇌』 등이 있다.

운석 돌이 간직한 우주의 비밀

발행일 **2024년 7월 15일 초판 1쇄**

지은이 **팀 그레고리**
옮긴이 **이충호**
발행인 **홍예빈 · 홍유진**
발행처 **주식회사 열린책들**

경기도 파주시 문발로 253 파주출판도시
전화 **031-955-4000** 팩스 **031-955-4004**
홈페이지 **www.openbooks.co.kr** 이메일 **humanity@openbooks.co.kr**

Copyright (C) 주식회사 열린책들, 2024, *Printed in Korea.*
ISBN 978-89-329-2446-5 03440